照明设计手册

FUNDAMENTALS OF LIGHTING

[美] 苏珊·M.温奇普（Susan M. Winchip） 著

霍雨佳 译

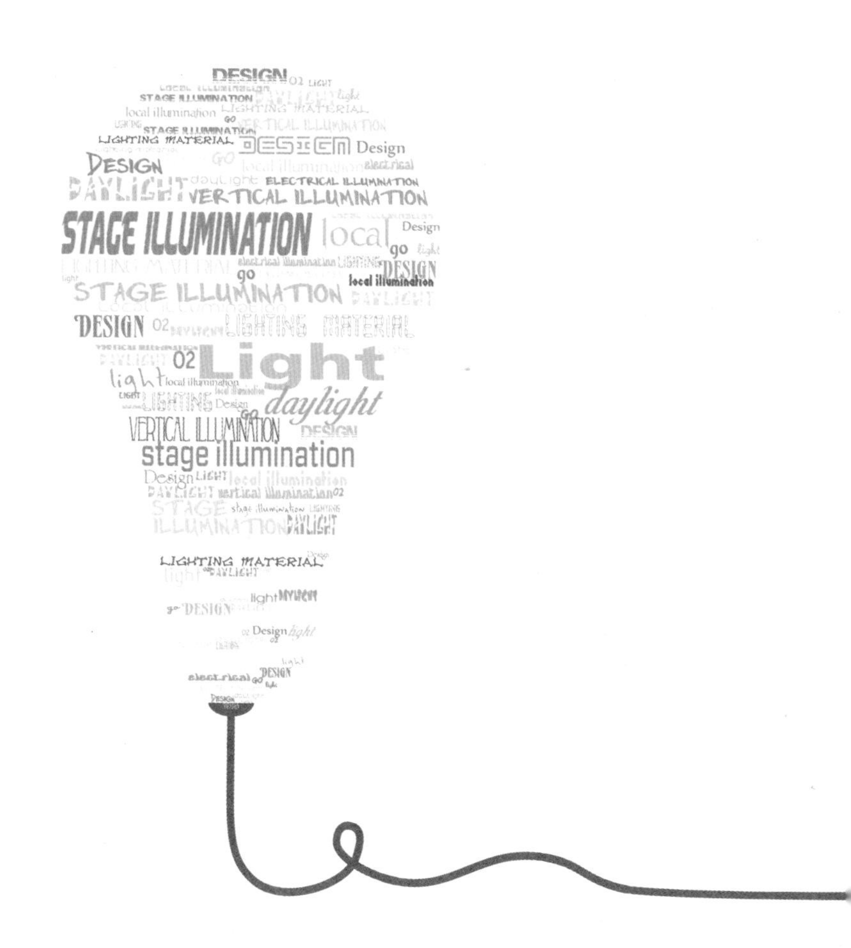

華中科技大學出版社
http://www.hustp.com
中国 · 武汉

图书在版编目(CIP)数据

照明设计手册 / (美) 苏珊 · M. 温奇普著 ; 霍雨佳译. －武汉：华中科技大学出版社，2020.6
ISBN 978-7-5680-5144-6

Ⅰ.①照… Ⅱ.①苏… ②霍… Ⅲ.①照明设计－手册 Ⅳ.①TU113.6-62

中国版本图书馆CIP数据核字(2019)第074141号

照明设计手册

ZHAOMING SHEJI SHOUCE

[美] 苏珊 · M. 温奇普　著
霍雨佳　译

出版发行：华中科技大学出版社（中国 · 武汉）　　电话：（027）81321913
武汉市东湖新技术开发区华工科技园　　邮编：430223
出 版 人：阮海洪

责任编辑：梁　任　　责任监印：朱　玢
责任校对：周怡露　　美术编辑：张　靖

印　　刷：武汉市金港彩印有限公司
开　　本：710 mm×1000 mm　1/16
印　　张：20
字　　数：359千字
版　　次：2020年6月第1版第1次印刷
定　　价：88.00元

前　言

室内设计师能够详细说明优质的照明设计，这在今天变得尤为重要。全世界关注可持续发展，而这也使人们将更多的注意力转向优质照明环境的设计。很明显能证明这一点的证据，就是许多更加严格的要求出现在最新的规范和标准，以及如LEED（Leadership in Energy and Environmental Design，绿色建筑评估体系）这样的全球可持续认证项目之中。

可持续的室内空间照明必须高效、高性能、成本效益好，而且必须减少寿命期限内对环境造成的影响。可持续照明系统还必须能提高房屋使用者的健康水平、幸福感和生产效率。

与照明科学相辅相成的是照明艺术。照明具有神奇的特质，可以化普通为非凡，同时调动情绪，使人激动、镇静、振奋、痛苦、冷静或悲伤。

《照明设计手册》一书，在可持续性、人为因素、专业实践和视觉艺术等语境下探究优质的照明环境。具体说来，此教材采用综合方法来谈照明，不仅包含了照明系统的基础知识，也展示了照明是如何与设计过程、人类健康、幸福快乐、美学、节能、全球问题、规章制度、商务事件以及LEED建筑评级项目等方面联系在一起的。

英文版第三版《照明设计手册》不止是一次版本的更新。此书的再版过程反映了与照明相关方面（包括科学、技术、艺术等）的不断进步和发展。

核心理念

- 英文版第三版修订与更新中保持了本书的核心理念。
- 内容与方法适合有意成为专业室内设计师的大学生。
- 写作风格精炼、有趣、易于理解，适合学生阅读。
- 总结可持续照明设计的方法和分层照明策略，加强跨学科合作和专业实践，以实现优质照明环境。
- 与照明环境品质相关的现有产品、科技、问题和时间。
- 研究型材料、推荐和实例。
- 通用的方式使得讲师可以在不同的情境下运用此书，包括照明入门课程、设计工作室和相关学科的教学。

- 跨学科内容可以通过具体课程设置来巩固，包括可持续设计、能量标准与规定、人为因素，或设计过程的不同阶段等。
- 本教材基于大脑学习过程的规律编制，教学方法可以满足不同学习者的需求。

组织结构

本教材分为两大部分，从如何在注重可持续性的同时设计出优质的照明环境依次展开讲解。

第一部分：照明设计原则。探究优质照明环境的基本概念和元素，包括照明系统的组成部分、采光设计、能量依据、可持续性、人为因素以及照明的颜色与指向效果。第一部分中，每一章结尾都有方框栏目，小结本章节中应用于可持续性和LEED评级要求的步骤。第一部分的作用就是为考察第二部分中的具体应用打下基础。

第二部分：照明设计过程与应用。围绕设计过程的各个阶段展开：①项目计划；②具体规划；③方案设计；④设计展开；⑤合同文件；⑥合同管理；⑦评价鉴定。最后总结了住宅和商用空间的具体设计、检验、施工和运行。相关案例分析可以加强读者对于优质照明概念和专业实践的理解。

英文版第三版中的核心课题及主要变化

第一章：优质照明入门。探究并评价优质照明的重要性。添加了照明设计师的部分，扩展了照明历史发展的内容，增强了分层照明中有关注重照明艺术的部分。

第二章：照明的颜色与指向效果。涉及有关颜色和灯源的基本概念。添加了关于颜色与照明、物体颜色、视觉与色觉的内容。

第三章：自然光源与电气光源。探讨自然光源与电气光源的特点，以及两者的优势与弊端。添加了有关LED（light-emitting diode，发光二极管）光源和OLED（organic light-emitting diode，有机发光二极管）光源的综合内容，以及有关最新采光科技和传统电气光源的讨论。

第四章：能量、环境和可持续设计。阐述了可持续设计的定义，并将这个概念和实践应用在照明系统之中，分析了照明系统所需的能耗。新增了有关节能灯源、灯具、控制器和经济性考虑的扩展内容。

第五章：照明、健康和行为。探究光照对人产生的生理、心理和行为的影响，以及将通用设计应用于照明时的原则。新增的有关光照和健康的讨论内容，侧重于老年人和与视力相关的疾病。

第六章：照明系统：灯具。探究一个环境中灯具的规格参数与放置。光纤照明系统是新添入本章的内容，本章还更新了有关灯具的深入讨论。

第七章：照明系统：控制器。本章涉及照明系统中的基本控制设备，定义了可以通过控制器节约能源的基本方式。新增信息包括 LED 驱动器、可调色照明系统以及感光器应用。

第八章：光照量。本章回顾了照明中使用的基本度量量，比如照度和亮度，以及它们之间的关系。新增内容包括照度建议和采光软件，以及简化版测光数据与计算方法，包括流明法、分区空间计算、逐点法。

第九章：照明设计过程：从项目规划到设计发展。在前八章的内容范围内，解释了照明设计过程的初级阶段。新增内容包括将照明与 NCIDQ（National Council for Interior Design Qualification，美国国家室内设计师资格委员会）考试相联系，并为调查问卷、物理评估、考察表格提供样本答案。

第十章：照明设计过程：从合同文件到使用状况评价。在前八章的内容范围内，解释了照明设计过程的最后阶段。新增内容包括将照明与 NCIDQ 考试相联系，以及根据新版 LEED 证书要求更新的设计步骤。

第十一章：住宅应用。将前八章的内容与住宅设计照明的实践相结合。更新和重组后的内容更易于学生使用。

第十二章：商业应用。将前八章的内容与商用建筑设计照明的实践相结合。有关商用室内空间内优质照明的新增内容包括更新的亮度水平、当代商业实践，以及一些新的 LEED 白金级认证案例研究。

英文版第三版中的教学方法及主要变化

本教材中的每一章都有教学特色的更新与修订，旨在帮助老师指导和学生学习。

教学目标： 每一章开头都有一列目标，可在每一课的开始与结束时用于评估。

一分钟学习指南： 每一章都有若干处新式“一分钟”自测题，可通过秒表图案识别。这个插入板块的目的是提醒读者暂停休息一下，并督促大家花一分钟简单回答每个问题。

建议： 在几个小时后再读读之前记下的答案，加深理解。阅读材料的过程应该消除所有的疑惑。也应该订正笔记，用于制作该章节的学习指南。

采用这种教学方法的建议基于大脑学习的过程研究。研究发现，暂停与写作——而不仅仅是思考回答或划出文本——对于提升记忆力和恢复已存储的信息会起到至关重要的作用。

照片与插画： 在超过 300 张全球室内空间和新型照明系统的全彩照片中，有许多是新增添的照片。学生可以研习某章节某张特定照片中的照明效果，并回答相应提问。许多照片和插图可以帮助解释相关概念和技巧。最值得注意的是分类照片，分类照片包含了一部灯具、一幅描述该灯具光照分布的图纸和一张含有灯具的房间照片，用于展示真实空间内的照明效果。这个方式可帮助理解照明系统的诸多方面，包括 LED、常见灯源、嵌入式灯具、灯具的配光方式、测光表和控制器。

表格、方框栏目和曲线图： 易于读者理解的表格、方框栏目和曲线图可以用于综合具体信息，提供来源信息，实现产品、实践和规范间的快速比较和对比。

有关 LEED 认证： 新版 LEED 在室内设计与施工方面的认证要求，为照明设计如何达到顶级环保水平和其他可持续设计标准提供了宝贵建议。每一章的特色方框栏目或表格会小结每一章的内容与可持续设计和 LEED 认证要求之间的联系。

计算： 简化照明计算和测光数据的新方法包括协助视觉学习者的颜色编码、公式推导以及分布解决方案。

章节概念→专业实践： 基于大脑学习过程研究的原则，每一章都有挑战读者批判性思维的新作业。

- 理解书本内容与专业实践之间的联系。
- 增强观察、研究视觉还原技能。
- 使用“思维导图”技巧来综合信息。
- 辨认新学习内容与之前篇章之间的“回忆闪现联系”。
- 通过因特网和影视资料探索全球的照明世界。

案例研究： 提供了可持续照明设计的成功专业案例，展示了 LEED 白金级认证建筑中的采光与电气光源设计。

小结： 精炼的小结可以巩固核心

课题、还原教学目标。

关键术语：每一章中都有照明概念相关的关键术语解释。这些术语也反映在词汇表中。英文版第三版中大约有 50 个新添的关键术语。

附录 I 和附录 II：英文版第三版补充材料，包括一系列照明制造商、经销商、供应商，专业组织、政府机构和贸易协会的联系方式。

附录 III：重新整理的英文版第三版参考文献。

附录 IV：英文版第三版小结，梳理优质照明与 LEED 最近更新的《室内设计与施工参考指南》中的认证评分点的关系。

教师与学生资源

英文版第三版新增了在线多媒体资源——Fundamentals of Lighting Studio（照明基础工作室）。该在线多媒体资源是专为补充本书设计开发的，包含丰富的媒体辅助设备，读者可依据各自的视觉学习习惯，借助该多媒体资源更好地掌握概念、提高成绩。在该多媒体资源中，学生可以实现：

- 通过带有参考答案的自测题和个性化的学习建议更有效地学习。
- 通过单词卡片复习重要词汇的概念。

教学资源

- 教师指南 经过更新和修订的教师指南为课堂活动、作业和讨论提供了新思路。该指南详细解释了本教材的教学方法，包括与基于大脑学习过程研究相关的原则等。
- 测试题库 包含为每个章节设计的单项选择和作文题目。
- PowerPoint® 演示文稿 包含书中的图片，并为授课和讨论提供了框架。

教学资源可通过 www.bloomsburyfashioncentral.com 获得。

致 谢

非常感谢所有 Fairchild Books 出色的专业人才，他们参与了本书英文版第三版及之前版次的工作。我想尤其感谢 Noah Schwartzberg、Joseph Miranda，以及退休的执行编辑 Olga Kontzias，感谢他们出色的工作、鼓励与支持。

另外，我还感谢当前和之前版次的评审人员，感谢他们细致的阅读和优秀的建议：Roxane Berger，加州州立大学北岭分校（Cal. State University, Northridge）；Michelle Brown，贝勒大学（Baylor University）；Eugenia Ellis，德雷塞尔大学（Drexel University）；Charles Ford，桑福德大学（Samford University）；Mary Ann Frank，印第安纳大学 - 普渡大学印第安纳波利斯联合分校（Indiana University Purdue University, Indianapolis）；Ellen Goode，梅瑞迪斯学院（Meredith College）；Jessica Mahne，麦迪逊区技术学院（Madison Area Technical College）；Kathleen Lugosch，马萨诸塞大学（University of Massachusetts）；Robert Meden，马丽蒙特大学（Marymount University）；Amy O' Dell，拉尼尔技术学院（Lanier Technical College）；Nam-Kyu Park，佛罗里达大学（University of Florida）；Raymond Sheedy，夏洛特皇后大学（Queen's University of Charlotte）；Pam Shofner，国际设计与技术学院坦帕分校（International Academy of Design & Technology, Tampa）；以及 Beth Stokes，波特兰艺术学院（Art Institute of Portland）。他们及他们的同事和学生都为改善此书提供了宝贵的建议。

我很感谢我亲爱的丈夫 Galen 及我的孩子，在我研究与写作的无数时日里给予我理解、支持和鼓励。

感谢编辑团队对于本书的出版所做的工作与贡献：

策划编辑：Noah Schwartzberg
开发编辑：Corey Kahn
助理编辑：Kiley Kudrna
艺术开发编辑：Edie Weinberg
照片研究员：Sue Howard
插图绘画师：Lachina
内部设计师：Lachina
出品经理：Claire Henry
项目经理：Lachina

目 录

第一部分　照明设计原则

要想明确地思考并设计出优质的照明环境，首先应理解采光、灯具、电源和控制系统是如何影响人们和构建环境的。在21世纪的设计中，优质照明必须注重环保标准及其他可持续标准。

在第一部分的章节中，我们探究优质照明环境的基本概念和元素，这部分内容包括照明系统的构成、采光、能量考量、能量依据、可持续性、人为因素及照明的颜色与指向效果。在章节末尾总结了可供采纳的建议，用于可持续和LEED认证建筑的优质照明设计中。

（摄影：Flickr RF/Getty Images）

第一章　优质照明入门

目标

- 描述从史前时期至今的照明发展历程。
- 理解并评价优质照明的重要性。
- 确定光照的关键特征，了解光照对人类带来的影响。
- 描述整体照明、任务照明、重点照明和装饰照明的技巧。
- 确定用于整体照明、任务照明、重点照明和装饰照明中的灯具。
- 基本理解影响整体照明、任务照明、重点照明和装饰照明的照明质量的因素。
- 阐述照明设计师的角色及责任。

（摄影：Gina Ferazzi/Getty Images）

光是生活的基本要素之一，没有光，就没有我们的存在。设计师在规划优质照明环境的时候，必须同时考虑自然光源与电气光源。

自然光源和电气光源照明系统的相关实用知识在今天变得尤为重要。全球对于可持续设计的关注促使大家关注最大化采光设计，设定节能型照明系统。自然光源和电气光源是绿色室内设计评级系统的关键组成部分，评级系统有 LEED（Leadership in Energy and Environmental Design，绿色建筑评估体系）。

在为 LEED 认证和体现可持续原则的室内空间做设计时，需要理解本书中所阐述的概念、政策、规定、材料和科技。就此，本章将侧重优质照明和用户需求的分析，以照明的历史来源展开探究。

照明的科学与艺术

照明设计的一大神奇特质就是其科学属性可以创造出艺术效果。设计师如果能够理解这些属性，就能够在变换室内空间的同时，提升用户的健康水平与幸福感。这部分将首先介绍照明的科学与艺术，侧重历史实践、光照特点及人们对于照明产生的情绪反应。

照明的历史回顾

想要理解自然采光与电气采光，就需要回顾光源的历史发展，并了解人类文明如何通过科技发展来制造光源（参见本章节中“时间轴”内容）。世界文明的起源依靠直接和间接的自然光照明。

自然光包括来自太阳和星星的直接光照。直接自然光是光经过云层和地面反射后的结果。

人造光源基本上可分为火光源和电气光源，两者一直沿用至今。实际上，根据国际能源署（International Energy Agency）2014年发布的报告，全球仍有约13亿人生活在没有电力的国家。也就是说，世界上约有20%的人使用自然光和火焰照明。但是，包括木材和煤油在内的生光燃料都会对空气造成污染。

火是最原始的人造光源，也被广泛使用于各种装置，包括火把、煤油灯和燃气灯等(参见本章节中“时间轴”内容）。欧洲人在中世纪时期广泛使用蜡烛，而煤油灯则在工业革命时期(19世纪末及20世纪初)被发明、使用。

电灯是我们熟悉的照明方式，已经存在了约150年。相较于数千年的文明发展，这只是一段非常短的时间。因此，可以设想，我们了解这门新科技还需要很长时间，例如如何完美地结合电气光源和自然光。

19世纪70年代后期，白炽灯的发明带动了放电灯的发展。放电灯包括荧光灯、金卤灯、钠气灯等。光源中最近代的发明是固态照明（SSL），其通过半导体发光。固态照明在提升照明品质的同时可以节约能源，这将为照明带来彻底的改变。

一分钟学习指南

在本书的每一章节中，你都会发现这样的秒表图案与几个问题一道出现。这些插入的部分是为了提醒你暂时休息一下大脑，然后花一分钟简单记下几个问题的答案。

过几个小时再看看你的回答，确保你已经理解了写下的内容。再次阅读材料，明确不清楚的地方，然后订正笔记，为此章节整理一份学习指南。

这个建议源于基于大脑学习过程的研究。研究发现，暂停与写作（而不仅仅是思考回答或划出文本），对于提升记忆力和恢复已存储的信息会起到至关重要的作用（参见前言）。

光是什么

理论上来说，光是能量的一种形式，是人眼可见的电磁波谱。电磁波谱还包括宇宙射线、微波、γ射线、雷达波、无线电波、紫外线和X射线等（详见图1.1）。人眼可见的光是波谱中相对较小的部分，波长在紫外线波（约400纳米）到红外线波（约750纳米）之间。（1纳米是极小的，约为10^{-9}米。）

光的传播速度约为30万千米/秒，

时间轴
光源及灯具的重点历史发展阶段

约公元前 7 万年

火把：在地面、空的贝壳或石头中燃烧动物脂肪，作为火把。

使用动物脂肪、鱼油、橄榄油和坚果油的燃油灯：用贝壳、打磨的石头作灯罩，并用纤维植物制成黏土灯芯。

约公元前 2700 年

燃油灯：以铜和青铜为主要原料。

中世纪

由浸渍涂层支撑的蜡烛：价格昂贵，如蜂蜡；其中最便宜、最常见的是酥油灯（密集的动物脂肪）。

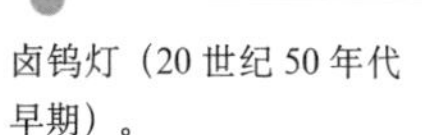

17 世纪

模具蜡烛。

18 世纪

艾梅·阿尔干（Ami Argand）灯具，18 世纪后期。

19 世纪

燃气路灯和灯具。

电弧灯：汉弗莱·戴维爵士（Sir Humphrey Davy）发明了电弧灯（19 世纪后期）。

煤油灯。

白炽灯：约瑟夫·斯万和托马斯·爱迪生发明了白炽灯（19 世纪后期）。

20 世纪

过渡灯具：电气混合（电气 - 瓦斯吊灯）。

钨丝灯（1910）。

霓虹灯管（1910）。

水银灯（20 世纪 30 年代早期）。

荧光灯（1939）。

卤钨灯（20 世纪 50 年代早期）。

钠气灯的陶瓷管（20 世纪 50 年代）。

松果灯（1957）：

保罗·汉宁森（Poul Henningsen）拥有设计版权。

高压钠气灯（20 世纪 60 年代）。

月亮灯（1960）：维纳·潘顿（Verner Panton）拥有设计版权。

金卤灯（20 世纪 60 年代后期）。

初级 LED（20 世纪 60 年代）

CFL（compact fluorescent lamp，紧凑型荧光灯）（20 世纪 70 年代后期）。

阿雷亚灯具（1974 年）：马里奥·贝里尼（Mario Bellini）拥有设计版权（由 FLOS 提供）。

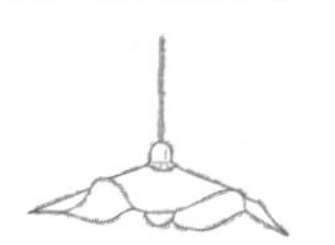

牛角灯（Ara，1988）：

飞利浦·斯塔克（Philippe Stark）拥有设计版权（左下图）。

弗克沙吊灯（1996）：阿切勒·卡斯蒂格利奥尼（Achille Castiglioni）拥有设计版权（右下图）。

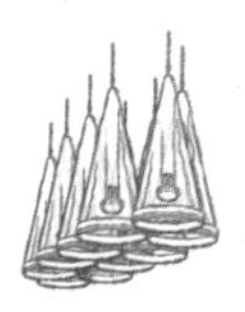

21 世纪

在 LED 灯和 OLED 灯方面均取得了进步。

Lumiblade 灯具（OLED）（2014）。

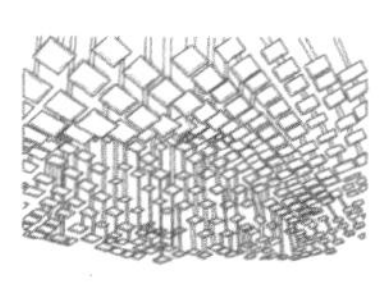

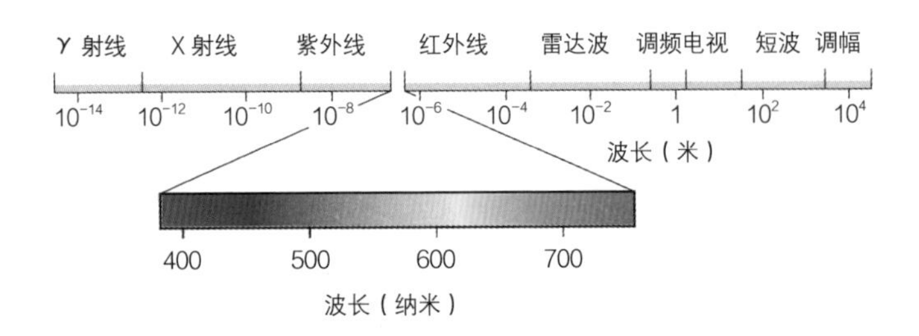

图 1.1 光是能量的一种形式，是电磁波的一部分。电磁波还包括宇宙射线、微波、γ 射线、雷达波、无线电波、紫外线和 X 射线。

是理论上宇宙中最快的速度。光作为一种能量，在宇宙中传播，也影响着每一个生物体。

光源光通量的单位是流明（lm）。光源和视觉的生理过程会影响我们的视力。光线不佳的照明会对我们的视力、完成任务的能力以及我们的心理反应造成负面的影响。

光照与情绪反应

光是一种引人注目的元素，它可以是兴奋的、神秘的、奇妙的、可怕的。巴黎也被称为“光之城”，可以唤起人们兴奋的情绪。中国庆祝新年时燃放的烟火，最早可追溯到 9 世纪，也是很好的例证，说明光照可以营造节日的氛围。

光照也经常被用在人们祷告或悲伤的时候。由建筑师奥斯卡 · 尼迈耶（Oscar Niemeyer）设计，位于巴西利亚的巴西利亚大教堂（1970 年完工）就是一个很好的例子。当自然光与彩色玻璃融为一体（见图 1.2）时，人们的感情在这里被激发。与传统教堂将彩色玻璃窗户沿着外墙设置不同，巴西利亚大教堂的彩色玻璃位于顶部，提示礼拜者们抬头看向天空。

为了纪念 1995 年俄克拉荷马州爆炸案的遇难者，Butzer 设计公司设置了 168 把椅子，每一把椅子纪念一位遇难者。夜晚，椅子会被照亮（见图 1.3）。还有 19 把小椅子，代表当时在办公大楼的儿童保育中心里遇难的 19 名儿童。

另一个例子是美国前总统约翰 · F. 肯尼迪（John F. Kennedy）纪念馆中建筑师菲利普 · 约翰逊（Philip Johnson）设计的纪念碑。肯尼迪总统的全名“John Fitzgerald Kennedy”金字黑底被刻在花岗岩上，位于雕塑

图 1.2 位于巴西利亚的巴西利亚大教堂（Metropolitan Cathedral of Brasilia）（1970 年完工）由建筑师奥斯卡 · 尼迈耶（Oscar Niemeyer）设计，展现了穿过彩色玻璃的自然光之美。（摄影：Livsa Comandint / Getty Images）

图 1.3 为了纪念 1995 年俄克拉荷马州爆炸案的遇难者，Butzer 设计公司设置了 168 把椅子，每一把纪念一位遇难者，夜晚，椅子被照亮。（摄影：Steve Liss/Getty Images）

的正中央，这也是整个雕塑上唯一的文字，仅通过周围白色墙面的反射光照明。晚间，这些文字是深色的，代表这位领导人的逝去。

以上这些照明案例体现的是其鼓舞人心的作用，光照也可以给人带来恐惧，比如闪电或火灾。电影和舞台中常用闪电来制造可怕的环境。

熊熊大火能够导致人群和动物的恐慌。消防车或救护车上闪烁的红灯也会引起人们的不安，令人联想到危机或者危及生命的情况。

优质照明

优质照明是一个相对较新的概念。电能的发现和白炽灯的发明促使工程师们开发出更新、更好的灯源和照明系统。灯源，通常被称作“灯泡”，是一种产生光辐射的源头。自这些发明以来，人们的关注点主要都集中在空间所需的光照量。因为我们可以度量光照，所以测量出空间所需的合适的光照的量还是比较简单的。

现在科学家与工程师都已经开发出能够制造大量光照的系统，设计师也将焦点转向照明的品质。优质照明涉及主观层面，与人的心理和情绪相关，这超出了科学度量范围，也正是这个层面使得优质照明既迷人又复杂，难以实现。

什么是优质照明?

优质照明使用者可以在感到安全的同时，在室内空间里舒适地活动，并能够欣赏其中的美学成分。实现优质照明环境需要对照明系统有充分的掌控。

环境中的优质照明是专门为特殊场合的特别用途设计的。这些环境可以巧妙地应用设计原则，将光照结合与分层，融入整个照明设计中。分层照明包括自然光和多个电气光源（见图 1.4）。

图 1.4 使用自然光照、减少电光照可以节约能量。（摄影：View Pictures/Getty Images）

聚焦品质，照明不再是简单地被添进设计图纸。优质照明是自然光与电气光源之间的平衡与结合的艺术。

设计优质照明环境也可以减少能量损耗，保护自然资源。本书中优质照明的原则适用于照明基础、照明系统的元素、照明案例研究以及照明解决方案的展示。每一章的目标就是为设计师构建所需的知识体系并传授设计技巧，以创建优质的照明环境。

分层照明

分层照明会运用到不同的光源，每个光源都有其各自的目的。这使得空间的用户可以灵活地选择和调整照明，用于每个具体的活动。使用多个可切换和调光的控制器是实现灵活照明设计的重要元素。控制器是调节光源的装置，可以通过控制器来改变其光照水平。室内的主题应该通过选择灯具（或照明装置）和为不同照明种类选择光照水平来体现。照明的主要种类有整体照明、任务照明、重点照明和装饰照明。

一分钟学习指南

1. 指出光源历史上的三大发展。
2. 本章一开始探讨了“照明的科学与艺术”。列出本章中提到有关照明的科学与艺术的例子。
3. 比较注重质的照明与注重量的照明的区别。

整体照明

整体照明有时也被称作“周围照明”，是为空间提供统一照明的设计。整体照明通过减少光源间的强烈对比，使人可以安全地穿过空间。这使人们可以感知空间的整体形状和大小。整体照明也可以确立室内风格的基调或个性（见图 1.5）。

用户与灯具

整体照明的设计图应该基于空间的用途及用户的需求。整体照明是用户对空间建立整体印象的来源，这种现象由光照水平、光源和灯具决定。例如，高端餐厅或零售店的整体照明通常比快餐店或折扣店的更朦胧（见图 1.5）。

多种多样的灯具和结构照明系统可以实现所需的整体照明。通常，用于整体照明的灯具采用间接照明或反射照明设计，而且灯具是隐藏起来不被看到的。

图 1.5 这家餐厅整体照明为惬意、高端的体验定下基调。（摄影：View Pictures/ Getty Images）

图 1.6 带有花纹的表面可以减少眩光，增强采光效果。（摄影：Roberto Machado Noa/ Getty Images）

图 1.7 图书馆中，任务照明位于桌子中央和书籍之上。（摄影：Candice Cusack/ iStock）

为了达到合适的光照水平，应在空间内的不同位置设置几个间接照明灯具。提供间接光照的灯具可用于整体照明，也可搭配墙面、顶棚或家具的光照形成组合光照。

整体采光

自然光可作为晴天时的整体照明光源，用于带有许多窗户或天窗的空间（见图 1.6）。但是这些空间应该设置相应的电气光源，为夜晚、阴天、多云等情况提供整体照明。

任务照明

任务照明是为具体的活动提供优质照明。任务照明是一种直接的照明形式，使用户可以看见一项活动的重要细节（见图 1.7）。

优质的照明环境是整体照明与任务照明间的适当平衡。任务照明的光照水平大约是整体光照水平的 3 倍。这个比例保证了光照水平可以使人眼在一个目标及其周围区域间切换时仅用最小的幅度调整晶状体。

用户考量

一些任务照明需要考虑特别的要求。一项活动相关的持续时间越长，就越需要设定适量的任务照明。例如，极佳的照明在对精度有要求的活动中（如手术）就至关重要。所有优质的任务照明设计都必须考虑到有视力障碍的个体，比如老年人（参见第五章）。

在规划任务照明系统时，需要为空间的用户提供灵活度和控制力。例如，可调节式灯具和调光器可以调节照明，以满足用户在特定时间的特别需求，并通过在他们所需区域使用局部高光照水平来节约能量（见图 1.8）。

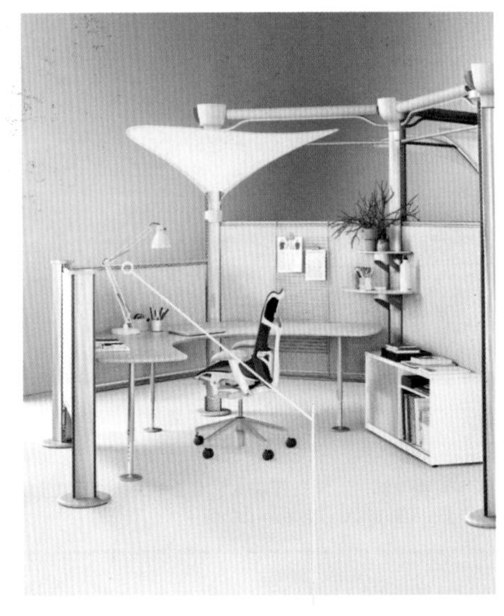

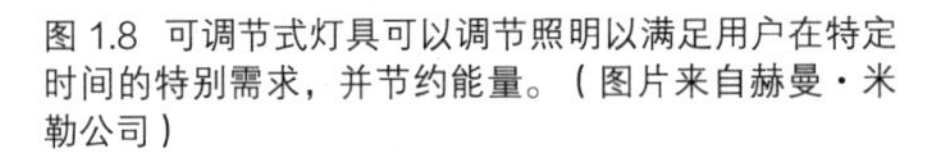

图 1.8 可调节式灯具可以调节照明以满足用户在特定时间的特别需求，并节约能量。（图片来自赫曼・米勒公司）

图 1.9 在整个空间内设定相同光照水平的照明方案会导致电力的浪费。（摄影：View Pictures/Getty Images）

为个人或人群设置照明控制系统的室内空间可以节约能源，是绿色建筑加分的依据。与个人控制相关的其他重要考量有提高生产效率、舒适度与幸福度。

在整个空间内不区分用户的具体需求而设定光照水平的照明方案，会导致电力的浪费，因为一些人不需要高水平照明，或者不总是出现在空间内（见图 1.9）。

在大型的开放式办公空间内，采用个性化的任务照明可以为个体用户提供灵活度和控制力，包括为特定活动设置的理想照明强度。

活动所需的高光照水平也会带来任务照明的问题。人眼很难适应照射在目标物与其周围环境上的强光对比。当一个人在阅读字体很小的文章或者进行与深色相关的工作时，比如用黑色的线缝纫黑色织物，这个情况会变得尤为麻烦。

小而细致的工作会对眼睛造成压力，引起视觉疲劳。总的来说，目标物上的光照越强，眼睛受到的压力越小。想要减轻眼睛的压力，设计师除了增强光源亮度以外，还可以使用其他方法，如增强对比度，增大任务目标物的尺寸。这些解决方案是显而易见的，大部分图书都采用白底黑字印刷，黑白两色的极端对比可以保证最大能见度。为提高能见度，设计师还可以改变工作面的颜色，或调整家具的摆放位置。

另外，明亮的光源会造成眩光、光幕反射或阴影。当光源在工作面上反射时，会产生眩光和光幕反射。例如，电脑显示器会反射安装在顶棚上灯具的光；光照在光滑表面（如有光泽的杂志）造成眩光。设计师可以通过计算机分析工具来预测环境内的能见度模型和光照水平。

光照水平与灯具

规划任务照明时，设计师必须首先明确空间内发生的活动，然后再决定这些任务所需接收的特殊照明处理的特点。

美国已经建立有关商用和住宅空间的任务光照水平的法规和标准。有关的信息来源于美国照明工程学会（IES）的《照明手册》和英国屋宇装备工程师学会（CIBSE）灯光与照明分会的《照明标准》。

标准建议的光照水平是平均水平，而非最低要求，所以，能在避免区域内过度照明的同时又为有特别需求的群体（如视力弱化的老年人）提供合适的照明非常重要。例如，应该为老年人设计长期的保健设施，采用较高的光照水平。

除了考虑单独任务的光照水平外，设计师还必须考虑每个灯具的设计和摆放。用于任务照明的灯具包括可移式灯具、吊灯、嵌入式灯具、轨道式灯具和结构性灯具（见图 1.10）。

图 1.10 由 Established & Sons 设计的 Edge 是一款理想的用于任务照明的 OLED 设计师灯具。（图片版权归 OLEDWorks LLC 所有，使用已经许可。）

如图 1.8 所示，一些办公家具带有内置的任务照明。这样的系统可提供任务照明和整体照明。直接光照用于任务照明，间接光源为工作区域提供整体照明。任务照明兼周围家具整体照明系统可实现大型开放式办公空间的有效照明，适应用户的不同需求。

任务采光

自然光也可以作为任务照明的一部分，可以很好地帮助人们分辨重要的细节，例如阅读、写作或辨别颜色。这就是自然光可以为学校、办公室和图书馆提供有效照明的原因。不过，还必须规划、补充电气光源，以满足

一分钟学习指南

1. 画一张分层照明的草图。
2. 你会如何向客户描述整体照明?

用户在阴天和晚上的需求。

重点照明——照明的艺术

重点照明（或焦点照明）就是展示照明如何为室内空间制造戏剧效果、多样性、兴趣点和兴奋点。艺术的表达可以通过强调特色来实现，比如强调建筑细节、艺术品、水景、植物枝叶或装饰配件（见图 1.11）。值得注意的是，重点照明可以是一个简单的单体聚光灯，灯光瞄准墙上的一件艺术品。风景画、肖像画、黑白照片和影片灯都可以成为独特的灵感来源。

重点照明的形式和风格应该有助于烘托空间氛围和主题。一些重点照明也可以强化室内的整体照明，但是重点照明的目的就是将注意力集中到空间中的一个目标物或目标元素上。

图 1.11 在这家位于洛杉矶的亚洲元素餐厅内，LED 灯被用于强调多处的元素。（摄影：Robert Berger Photography）

创建重点和戏剧效果

重点照明设计成功的关键在于创建对比和确定光照的最佳照射角度。位置和瞄准角度必须避免形成直接眩光。为了避免观看问题，光照与墙面保持 30° 为宜（见图 1.12）。

对比可以将目光吸引到一个物体或区域上，因此，突出重点物体与周围区域的不同很重要。例如，白色的物体会和白色的墙面融为一体，而深色物体则会因为对比而显得突出。重点物体如果与其周围区域受到相同的光照水平，则无法实现有效的强调效果（见图 1.13）。

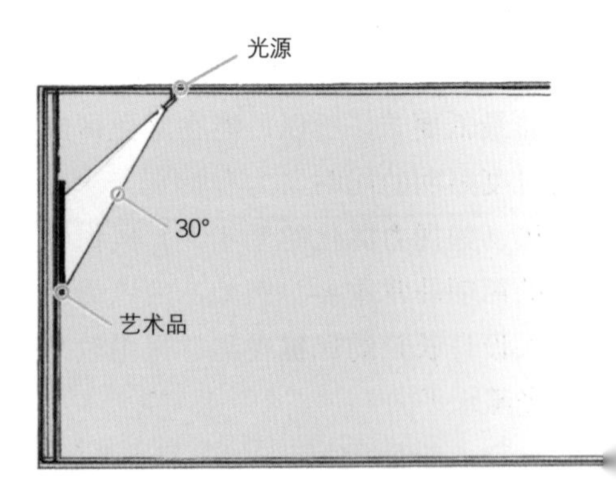

图 1.12 为了强调墙上的艺术品，采用与墙面呈 30° 的光照角度为宜。

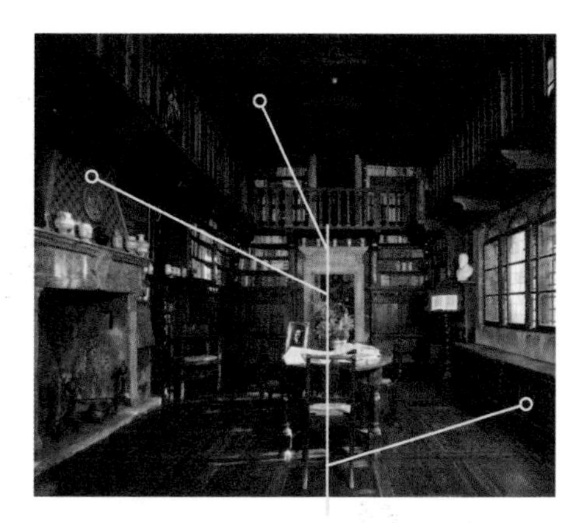

图 1.13 注意，由于缺乏光照水平的对比，这个房间里的建筑细节都不突出。（摄影：DEA/G. CIGOLINI/Getty Images）

图 1.14 注意，由于缺乏光照水平的对比，这个房间里的建筑细节都被隐蔽了。（摄影：DEA/G. CIGOLINI/Getty Images）

制造光照水平间的对比可以突出重点物品，并将其与周围环境区别开（见图 1.14）。极度照明和阴影的重点，常会用在黑白照片和写实绘画中，有着引人注目的效果。如图 1.15 所示，艺术家巧妙地通过光照和阴影来突出建筑的线条、形状和空间。

实现对比的方法之一就是照射在被强调物体上的光要比周围环境的光量更多。因为人眼受到光照的吸引，空间用户就会将注意力转移到房间内拥有最高光照水平的区域。

图 1.15 这幅画作来自小亨德里克 · 范 · 史迪恩凡克（Hendrick van Steenwyck），展示了光照和阴影是如何强调建筑的线条、形状和空间的。（摄影：Heritage Images/Getty Images）

恰当的照明比例

总体而言，为了强调一个物体而创建的对比，需要保持重点照明与整体照明的比例至少为 5 ∶ 1。低于这个比例的光照通常无法形成可被称为“重点照明”的对比。

极度的戏剧效果可以通过10：1的照明比例实现，但是这个比例不应超过20：1。照明比例超过20：1的对比会导致人眼无法在亮暗对比中调节。

设计师很难确定需要强调多个区域或物体的空间的有效照明比例。例如，一个零售商可能想突出店里几个非常邻近的展示柜，但这会导致物品混在一起，从而消除照明比例为不同独立物品所营造的对比效果。

除了设置多样的照明级别，设计师可能还需要通过设置辅助色和(或)多种质地、状态、形状和线条的灯光来对比空间里的其他元素。动感也是吸引眼球的好办法，尤其是周边视觉。

光源的位置

光源的照射方向和角度也是重点照明中需要着重考虑的地方。如果对光照的方向和角度规划不佳，那么三维物体或人物呈现的形状都会受到影响。

对比中的光照，其特定的方向和角度可以制造出设计师想要强调的有显著效果的光影。例如，将光源置于植物附近，植物的枝叶就可以在墙上和顶棚上形成有趣的影子。实际上，展现一个物体的材质和形态需要将光源置于物体附近。这种技巧被称作“掠射”（见图1.16）。

将光源置于物体或建筑元素的后方也可以突出其形状和其他细节（见图1.17）。这种背光照明技巧可以形成装饰性的剪影图案。

图1.16 将光源置于墙面附近创建掠射，可以突出墙面的质地。（摄影：View Pictures/Getty Images）

图1.17 这座透明的亭子展示了背光照明如何突出建筑元素。（摄影：View Pictures/ Getty Images）

设计师可以使用重点照明在突出强调的区域或物体上发挥创意。如果设计师在一个重点物件上选用特定的突出点，则会非常有趣和有效。例如，相较于用均衡的配光照射整个雕塑或建筑细节，仅照射雕塑的局部，或一根柱子、一座壁炉，或其他建筑细节的一点有趣的细节，效果则会更加显著（见图1.18）。重点强调已经变为桌上的花束里掉落的花瓣，而不是照明整个摆设，也是使用重点照明的另一创意之举。

使照明聚焦于某一个特定的元素和采用适当的照明比例，都可以在视觉上创建重点。对一件雕塑品或艺术品进行重点照明的最佳方法就是将两个光源从两个不同的角度对准照射。

光影

光影在重点照明中发挥着重要的作用。一束强聚光会在表面造成一些不需要的光影。例如，聚光灯打在艺术品上时，画框也会有影子。因此，将聚光灯调整到合适的安装位置和照射角度就至关重要。

可以将光影设计成物体及其表面的独特焦点，比如墙面上的建筑元素形成的影子（见图1.19）。独特的形态，比如一件抽象雕塑品，也可以通过光影来重点强调。

图1.18 突出这些佛像头部的特征可以使雕塑品和室内空间引人注目。（摄影：DEA/ARCHIVIO J. LANGE/Getty Images）

建筑细节的光影可以增强其雕刻元素和三维特征。确保一个物体看起来是立体的，而非平面的，光源的位置和瞄准角度是关键。

光源的光照强度、到物体的距离和照射的瞄准角度，都会影响光影线条的软硬。从设计的角度来说，硬的光影线投射出的图像是显著的、粗糙的；软的光影线不容易吸引人的关注，可以用来烘托融合的主题。

用于重点照明的灯具

用于重点照明的灯具包括带有光控制功能的射灯、嵌入灯、聚光投光灯及壁灯。灯具在空间内的位置决定了重点照明是形成室内的装饰元素还是隐藏于视线之外。

图1.19 位于美国印第安纳波利斯基督教神学院的斯威尼教堂（Sweeney Chapel，1987）的内景，由爱德华·L.巴莱斯（Edward Larrabee Barnes）设计，展示了由光照和阴影创建的戏剧效果。（摄影：Balthazar Korab，图片来自美国国会图书馆）

在设定重点照明的同时隐藏光源是非常有趣的过程，在规划整体照明的时候也会遇到这种情况。看见经重点照明设计的物体或区域，却看不见光源，这种设计可以为装置增添神秘感和戏剧性（见图 1.20）。一些家具的设计就带有隐藏的、不被直视的重点照明系统，比如古董柜和断层式橱柜，这种柜子是突出水晶、陶瓷和艺术品的理想选择。

重点采光

自然光很明亮，可以通过窄缝隙、小敞口、彩色玻璃来重点突出空间内的物品或区域。天气、季节、时间导致的自然光的可变性会影响重点照明的效果。值得注意的是，由于重点照明通常是小片的、明亮的光源，意外的眩光可能会造成安全隐患。

装饰照明

装饰照明是空间内的一种焦点式照明，可以是一件用作室内装饰的灯具，也可以是一个专业建筑照明解决方案。枝形吊灯、蒂芙尼玻璃灯罩、霓虹灯管、激光、全息图、节日灯饰、墙面烛台及某些光纤，都可以是装饰照明（见图 1.21）。

装饰照明也可以采用艺术的形式。壁炉中的蜡烛与火焰就是可以给环境增添温暖、美化人物外貌和物体外观的装饰光源。在任何时候都应该将蜡烛视为空间内分层照明的重要元素。

装饰照明灯具

采用装饰照明灯具的目的就是保持其装饰性。例如，大部分枝形吊灯的设计仅用作装饰，而餐厅里的枝形吊灯往往是用作整体照明、任务照明和重点照明（见图 1.22）。然而，能够满足以上三种照明功能所需亮度的高光照强度会阻止人们观看枝形吊灯，消除吊灯的装饰作用。如果枝形吊灯还采用了常见的焰形灯，问题会更为严重。

装饰照明对加强空间主题和风格具有重要作用。装饰照明应该用于补充已经设定的整体照明、任务照明和重点照明。

装饰采光

透过打孔的屏幕、遮板或彩色玻璃折射的自然光可以用作装饰照明。为了在夜间也能够欣赏这些效果，可能还需在照明方案中添加相应的室外照明设计。

照明设计师

照明设计师是规划、指定、监督住宅和商用建筑室内空间自然采光与电气采光实施的专业人员。照明设计师会详细说明光源、灯具、控制器和布局要求。

照明设计成功的关键在于所有建筑和室内相关工作人员的协同合作，包括建筑师、承包商和电气技术员。想要理解照明的作用及其对用户产生的影响，照明设计师必须认真观察和研究已有的照明应用和人们的反应。

图 1.20 显著的照明效果可以通过采用隐藏于视线之外的光源来实现。（摄影：DEA PICTURE LIBRARY / Getty Images）

图 1.22 一个灯具不应该同时用于空间内的整体照明、任务照明和重点照明。（摄影：DEA/C. SAPPA / Getty Images）

图 1.21 慕拉诺玻璃被用于制造装饰性的枝形吊灯。（摄影：Gina Ferazzi / Getty Images）

专业考试与专业组织

美国照明专业全国理事会（NCQLP）的建立旨在创建一个照明行业的认证程序。另外，美国国家室内设计师资格委员会室内设计师资格认证（NCIDQ）考试（参见第九章）中涵盖了照明相关内容。本教材中的内容可以帮助考生准备以上两个考试。

国际照明设计师协会（IALD）与国际专业照明设计师协会（PLDA）是两个照明设计师的专业组织。在美国，还有许多照明设计师也是美国照明工程学会（IES）的成员，那是致力于开发整个照明行业统一规范的组织。

有关 LEED 认证

有关可持续设计和 LEED 评级与认证要求的概览参见附录 IV。

章节概念→专业实践

这些项目是基于大脑学习过程的规律展开的。这些规律是通过研究大脑如何运行和学习所形成的理论（参见前言）。这些项目可以由学生独立完成，也可以经过小组讨论而完成。

一分钟学习指南

1. 你会如何向客户解释空间内应采用整体照明、任务照明和重点照明?
2. 阐述照明设计师的责任。

互联网探索

位于伦敦的维多利亚和阿尔伯特博物馆（V&A）是一座杰出的艺术与设计博物馆。博物馆官网（www.vam.ac.uk）上有关于收录藏品的资源，是设计师的绝佳选择。浏览博物馆的网站，查看其历史与现代照明装置的藏品展览，写一篇文章，总结你的发现和草图。

登录国际照明设计师协会（IALD）的网站（www. iald.org），浏览网站中关于“寻找照明设计师”的部分，选中一位来自任何国家或城市的照明设计师，搜寻他或她的信息。假设你被要求做一场会议的主旨演讲人，并向观众介绍这位照明设计师，基于设计师网站上提供的信息，写下你的介绍，包括任何你认为需要展示给观众的图片。

增强观察技能

- 仔细查看图 1.3，并回答下列问题。
- 这幅图像唤起了哪种情绪？
- 照明是如何帮助纪念馆传达其意义的？
- 仔细查看图 1.14 中的室内空间，并回答下列问题。
    - 指出被照射的物品，并指出哪些灯具被用于突出强调物品。
    - 你会如何评价这个空间内的对比？
    - 描述照明烘托的整体气氛。
    - 为空间及其用户设置的照明有效吗，为什么？
    - 你认为扇形切口是突出了物品，还是将人的注意力从物品上转移到别处了，为什么？如果灯具被放置于远离墙面的位置，或者在现有位置使用更少的灯具，那么扇形切口的形状和大小会如何改变？
    - 指出这家精品店中的整体照明、任务照明和重点照明。
- 仔细查看图 1.22，并指出你将如何在房间内添加整体照明、任务照明和重点照明。画几幅草图描绘你的解决方案。

一分钟学习指南 

将你在“一分钟学习指南”中的问题回答整理好，与本章内容作比较。你的回答准确吗？有没有遗漏重要的信息？有没有内容需要重读？另外，利用“关键术语”列表来自测一下，看看你在查看词汇表或章节内容之前是否理解了这些术语。把难记的术语及其定义加进你的“学习指南”，并对自己的回答作相应的修正，创建自己的“第一章学习指南”。

章节小结

- 自文明的最开始，全世界就依赖自然光和间接自然光来照明。
- 光照是能量的一种形式，是电磁波中人眼可见的部分。
- 光照可以引起人们显著的情绪反应。
- 优质照明使用户在感到安全的同时，可以在空间中舒适地活动，并欣赏其组成部分的美。这些环境可以反映出设计师通过将整个空间中的照明融合并分层，巧妙地运用设计原则。
- 整体照明（或周围照明）为空间整体提供照明。
- 任务照明是照明的一种直接形式，可以使用户看到一项活动的重要细节。
- 重点照明（或焦点照明）是将人的注意力转向空间内的一个物体或元素的照明形式。重点照明主要考虑创造对比，以及决定光源的照射方向和角度。
- 装饰照明主要用于室内空间的装饰性元素。
- 照明设计师是规划、指定、监督住宅和商用建筑室内空间的自然采光与电气采光实施的专业人员。

关键术语

accent (focal) lighting 重点（焦点）照明
general (ambient) lighting 整体（周围）照明
backlighting 背光照明
control 控制器
decorative lighting 装饰照明
flame shaped lamp 焰形灯
grazing 掠射
indirect natural light 间接自然光照
lamp 灯源
layered lighting 分层照明
light 光照
lighting designer 照明设计师
lumen 流明（lm）
luminaire 灯具
natural light 自然光照
quality lighting 优质照明
recessed spot 嵌入灯
solid state lighting 固态照明（SSL）
spotlight projector 聚光投光灯
sustainable design 可持续设计
task lighting 任务照明
uplight 射灯
veiling reflection 光幕反射

The Academy of
Medical Sciences

第二章 照明的颜色与指向效果

目标

- 总结与颜色和灯源相关的基本概念。
- 描述决定物体感知色的诸多因素。
- 解释如何使用演色性指数和显色性指数设定灯源。
- 明确决定一个环境亮度和眩光的因素。
- 提供设计方案，最大化发挥亮度的积极作用，并控制眩光。
- 描述颜色与材料的反射特征。
- 在环境中运用反射和光学控制原则。
- 理解光照的颜色、指向效果和 LEED 认证之间的关系。

（摄影：View Pictures/Getty Images）

第一章中提到，想要设计出优质的照明环境，首先应理解光源的强度和方向对物体的外观、颜色造成的影响，了解建筑的特点、照明的强度，以及某种强度的照明满足照明要求的可能性。

这一章将围绕颜色与光照的话题展开，解释颜色、光源颜色和色觉的基本概念。审核照明的强度及指向效果需要检查亮度和眩光因素，以及其他可能影响环境内光照质量的因素，包括反射率、光学控制和传输。

颜色与光照

人眼可以感知超过五百万种颜色。许多因素都会影响色觉，其中光源对色觉的影响最大。

颜色与光照入门

自然光的波长会随着时间、天气、季节、地理位置而变化。例如，日落时的自然光就比正午时显得更红，这是因为日落时的光照中红色和黄色的波长比蓝色或绿色的要多。北方的自然光就比南方的有更多蓝色和绿色的波长，所以颜色显得也更冷。

印象派艺术家会大量地研究物体及其呈现的颜色是如何随着光照情况与周围环境变化的。

例如，克劳德·莫奈（Claude Monet）在1892—1894年，在一天中的多个不同的时刻及不同的天气情况下（见图2.1(a)和图2.1(b)）绘制了鲁昂大教堂（Rouen Cathedral）的西立面组画，共计20幅画作。

没有光照就看不到颜色。为了证明这一点，你可以尝试在黄昏时分走过一个房间，并尝试分辨颜色。你会发现，你可以看得见物品，但是几乎无法辨认这些物体或表面的颜色。打开灯之后，你又能看到这些颜色了。

这些事实对于照明设计师选择光源来说非常重要。如果光源没有平衡的色谱，那么它照射的物体的颜色也会随之变化。

视觉与色觉

人类的视觉系统使人们可以看见物体和颜色。一个人所看见的颜色由诸多因素决定，比如人的视觉。除了每个人的大脑和眼睛的不同特征以外，还有一些生理因素会影响色觉，比如色盲与年龄。例如，10岁的儿童通常比90岁的老年人看见的颜色更清楚。

图2.1(a) 克劳德·莫奈（Claude Monet）于1893年绘制的鲁昂大教堂（Rouen Cathedral）哥特式外观上阳光充足的效果。（摄影：DEA/ A. DAGLI ORTI/ Getty Images）

图2.1(b) 克劳德·莫奈（Claude Monet）于1894年绘制的鲁昂大教堂（Rouen Cathedral）哥特式外观上夜晚光照的效果。（摄影：Mondadori Portfolio / Getty Images）

每个人对于颜色的感知都是主观的，这与心理因素、文化背景和生活经历相关。例如，从心理学的角度来看，红色通常会与危险、激动、温暖联系在一起；蓝色和绿色则更容易给人带来镇定的效果。颜色恒常性是物体呈现出不受光源或光照水平的影响，维持其颜色不变的现象。

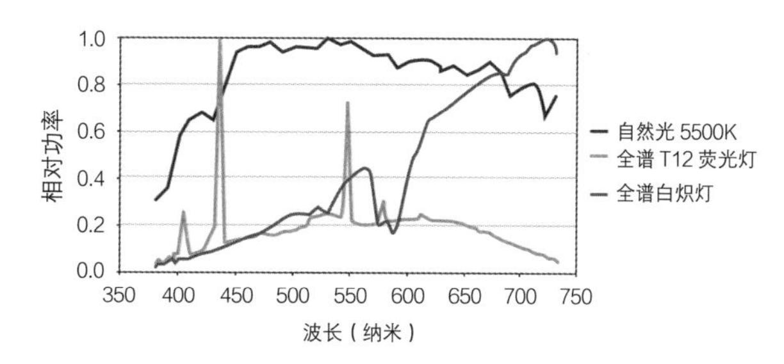

图 2.2 用于说明灯源颜色特征与辐射功率相关性的光谱功率分布（SPD）曲线。

光源颜色

由灯源产生的光照颜色决定了物体所呈现出的颜色。光谱功率分布曲线（SPD）是用于说明灯源颜色特征与辐射功率相关性的曲线（见图 2.2）。

例如，荧光灯的 SPD 会显出快速上升的“高点”（见图 2.2），这意味着灯源发出的辐射功率在绿色和蓝色波长时最高。通常，在暖色调的室内空间中使用这种灯源会导致颜色扭曲。

相反，白炽灯的 SPD（见图 2.2）在红色波长时达到最高点，而自然光则呈现出平缓、持续的波长分布。这两种光源都会显色。因此，设计师通常会将白炽灯用于展示，以及室内需要颜色高度还原的重点照明，比如高端服装店或高档餐厅。

具有不同 SPD 的光源却显得相同的现象被称为同色异谱。设计师会因此碰到的问题就是，他们在工作室内选好了颜色，但是为客户安装好产品后，颜色却不相配了。为了解决这个问题，设计师就需要与实际空间内的灯源比对颜色样本。

物体颜色与光照

人们对物体或其表面的感知色还会受到光照与物体属性及其背景之间相互作用的影响。物体的属性，比如颜色和质地，会影响光的吸收，并分散入射光。

物体和光源的吸收率和反射率，决定了我们所看到的颜色。反射率是指由表面或材料反射的光占入射光的比例。一个物体呈现红色是因为它吸收了光谱中的其他颜色，并将红色反射到人眼中。浅颜色的反射率高，可以反射更多的光照。

物体的质地也会改变人们对颜色的感知。例如，质地细腻、表面光泽的物体通常会比粗糙质地的物体的颜色更深。这是因为光照在光滑物体上更容易反射，而光在粗糙材质的物体上容易被吸收。

另一个影响物体颜色的视觉特征被称作“同时反射”，这是一种颜色因周围颜色而看起来在变化的现象。

其他影响物体感知色的因素，比如房间的大小、光照水平、光照的指向效果等，都将在本章后续内容中详述。

灯源颜色规格

在为优质照明系统指定灯具时，设计师会选用可以增强环境中颜色的灯源。为了帮助设计师选择灯源，灯具制造商会提供灯具颜色、规格的相关数据，比如色度级别和演色性指数（CRI）。

色度

灯源的色度或色温，可以帮助营造空间的氛围，而且通常会反映室内照明的品质。色温反映的是光照的红蓝度,度量标准为绝对温度(单位：K)。色温是灯具制造商需要提供的信息。

在绝对温标上，绝对温度越低，光源的显色越暖（见图2.3）。温标上的数字越高，则颜色越冷或越蓝。

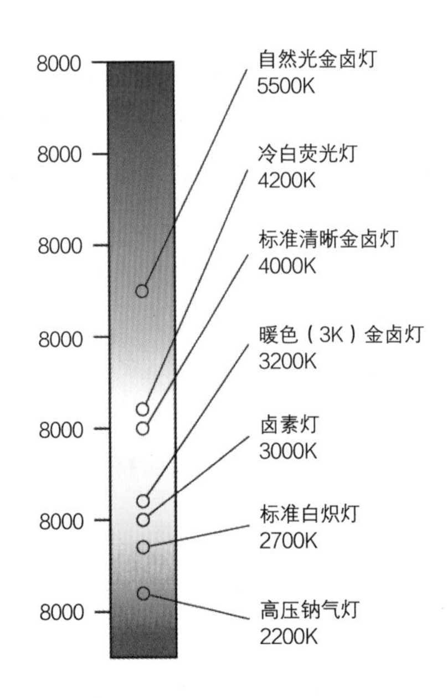

图2.3 带有所选灯源测量数据的绝对温标，指数越高，颜色越冷（蓝）；指数越低，颜色越暖（红）。

例如，蜡烛光照的暖色大约为2000K，而冷自然光则大约为5000K。居中的颜色大约为3500K。显暖光和显冷光的灯源，色度指数分别为3000K和4100K。

带有暖光的室内也会具有相对较低的色度级别(如3000K)(见图2.4)。相反，显得冷而明亮的室内会具有相对较高的色度级别（如4100K）。

最常见的荧光灯源色度级别为3000K、3500K和4100K。

相对色温（CCT）

在尝试度量颜色的过程中，国际照明委员会（CIE）发布了一个图表，这张曲线图包含从红到紫的颜色，呈点状分布在X轴和Y轴之上(见图2.5)。

这张图可呈现相对色温（CCT）。颜色的数学模型图像类似于三角形。颜色的波长以纳米为单位，由三角图形的边缘确定，而且波谱中的全部颜色混合其中，在中心位置变成白色。

图表中的X与Y坐标帮助设计师定位颜色。三角的中央是黑体曲线。这条黑色的曲线展示了以绝对温度为度量的色温的连续性。

如图2.5所示，黑体曲线中的一个圈代表正午的日照，色温为4870K。显暖色的灯源光照，色温则为3000K。

图2.4 带有三种不同色温的灯源照亮这束花束。检查这三种摆设及其背景在颜色和质地上的区别。
（图片来自：ConTech 照明）

实践当中，设计师可以使用 CIE 色度图来对比具体的光源与日照或者西北部天空的冷光。例如，3000K 的灯源处于黑曲线的中部，在“日出时自然光”与“正午时自然光”之间，这意味着灯源可以增强暖色。

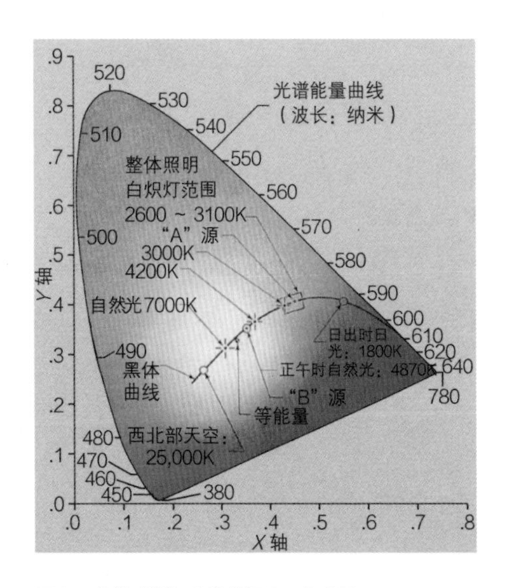

图 2.5 自然光源与人造光源 CIE 色度图。

另一种灯源位于蓝绿色区域，这意味着它可以增强冷色。色度图还可以帮助设计师对比不同灯源的色度级别。

演色性指数（CRI）

设计师必须了解灯源的色温和演色性，再决定使用哪些灯源。演色性指数（CRI）度量光源呈现物体真实颜色的程度，也是另一项灯源制造商需要提供的信息。

演色性指数范围为 0 ~ 100。CRI 数字越大，灯源的演色能力越强。这个数字是基于 8 种颜色在不同灯源光照下的平均数，并与标准测试灯比较。因此，有的光源可能在大部分色调上非常优质，但在某些色调上却不尽如人意。白炽灯的 CRI 在 95 ~ 100，所以它可以近乎完美地演绎各种颜色。

如果显示颜色是很重要的一项需求，则选用 CRI 在 80 或以上的灯源。

CRI在90以上的灯源应该用于对色表要求很高的场景。相较于CRI为70～80的灯源，CRI在80或以上的灯源成本更高，因为它需要更多的稀土荧光粉，而且效能评级还稍低。

为了结合灯源的色温和染色能力，通用电气用一张表格展示了色度（单位：K）和CRI之间的关系（见图2.6）。如图2.6所示，一个暖光荧光灯（3000K）与另一个荧光灯色度差不多，但是两枚灯源的演色能力分别约为80和50。因为它们色度相似，所以都显示为冷光源，但是CRI为80的演色能力更佳。

许多年来，CRI都是设计师的重要工作指标，但是这个评级对于固态照明科技来说不是很可靠。例如，一些LED可能CRI评级很低，但是灯源却可以很好地显色。

研究人员正在探索可以替代或辅助CRI评级的新方法。例如，美国国家标准化考试协会（NIST）正在开发的光色品质评级（CQS）就可以替代CRI。CQS预计比CRI更可靠，因为其评估是基于15种饱和色，而非CRI的8种柔和色。你可以通过联系NIST或者CIE的技术分委会（TC）了解最新相关信息。表2.1总结了三大灯具制造商的几种常见灯具的颜色属性，包括初始流明和平均流明。

初始流明是指灯具初次安装时的光照输出，平均流明是指光源在整个寿命周期的平均光照输出。根据表2.1

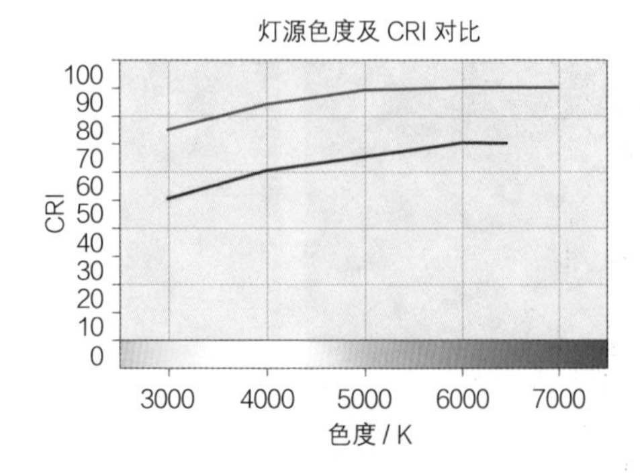

图2.6 人造光源的CRI和色度。注意两枚灯源可以色度相同（3000K）但CRI非常不同。另外，注意色度变冷（7000K）时CRI的变化。

可知，色度为4100K、CRI在80以上的荧光灯，初始流明和平均流明分别为2860流明和2710流明。

表2.1还提供了一些灯具的具体安装建议。例如，根据表格，色度为5000K的荧光灯最适合用于印染过程中检验纺织品的颜色，或是其他需要评价颜色质量的情况。

一分钟学习指南

1. 指出影响物体或表面感知色的三个因素。
2. 描述色度与演色性指数之间的区别。

表 2.1 灯具颜色规格与建议应用

灯具类型			CCT（近似值*）	CRI（近似值*）	建议应用
白炽灯			2500～2800K	97～100	住宅及特殊应用，例如壁龛、具有历史意义的装置、烛台、夜灯、吊灯
卤素灯			2800～3000K	97～100	住宅、酒店、画廊、高端零售店
荧光灯 F32T8 灯管					
通用电气 初始流明 / 平均流明 *	**欧司朗喜万年**	**飞利浦**			
SPX50/ECO 2715/2580	850/ECO	TL850/ALTO	5000K	80	画廊、印刷过程、珠宝展示、医学检查中对颜色要求严格的区域
SP50/ECO 2665/2530	750/ECO	TL750/ALTO	5000K	70	画廊、印刷过程、珠宝展示、医学检查
SPX41/ECO 2860/2710	841/ECO	TL841/ALTO	4100K	80	办公空间、零售店（折扣）、酒店、花店、教室、会议室中对颜色要求严格的区域
SP41/ECO 2715/2580	741/ECO	TL741/ALTO	4100K	70	办公空间、接待区域、零售店、酒店、医院
SPX35/ECO 2860/2710	835/ECO	TL835/ALTO	3500K	80	办公空间、高端零售店、酒店、图书馆、医院、住宅中对颜色要求严格的区域
SP35/ECO 2715/2580	735/ECO	TL735/ALTO	3500K	70	办公空间、高端零售店、酒店、图书馆、医院、住宅
SPX30/ECO 2860/2710	830/ECO	TL830/ALTO	3000K	80	
SP30/ECO 2715/2580	730/ECO	TL730/ALTO	3000K	70	
陶瓷金卤灯 初始流明 / 平均流明 *					
通用电气 初始流明	**欧司朗喜万年**	**飞利浦**	3000～4200K	80～93	
CMH70/PAR38 4800/NA	MCP-70PAR38	CDM70/PAR38	3000K	80	办公空间、零售店、酒店、医院
CMH150/T6 13000/11000	MC150T6	CDM150/T6	4000～4200K	90	办公空间、零售店、酒店、医院
高压钠气灯 初始流明 / 平均流明			1900～2100K	22	
LU250/D 28000/27000	LU250/D	C250S50/D	2100K	22	对能效要求严格的区域，如工业、户外
LU250/DX 22500/20700	N/A	C250S50/C	2200K	65	工业、户外

* 大致的数据

照明的指向效果

在分层照明设计方案中，室内设计师必须兼顾所有光源的强度和指向效果。照明设计方案必须与家具、物体、墙面、地面、窗上用品和室内建筑的物体属性协调一致。

光源的强度和指向效果会对物体的颜色、质地、形状、形态和大小产生影响。同时，设计元素会影响光照量及其方向。

亮度

想要创造优质的照明环境，照明设计师的设计方案必须将**亮度**的积极属性最大化，并控制眩光。

亮度是一个主观的概念，可以是褒义或者贬义。圣诞节期间的明亮光照使人感到兴奋，适用于欢乐的庆祝活动。

相反，汽车明亮的远光灯照向正在黑暗的公路上高速行驶的司机，则是干扰性的，而且很危险。理想的情况是，室内设计师在环境中使亮度只起积极作用。

从技术角度而言，亮度是一种光照水平与从不同表面反射的光照量之间相互作用的结果。室内设计师可以度量空间内物体表面反射的光照量。

光照水平或**照度**（E）是指光落在表面上的总量，度量单位为**英尺烛光**（ftc）或**勒克斯**（lx）（1英尺烛光=10.76勒克斯）。英尺烛光是每英尺距离内光束照射在表面上的照度单位（见图2.7）。

反射和照度仅仅是影响亮度的其中两个因素。在极大地提高光照水平，照明也可能不会显得更明亮。例如，尽管多云天气时的光照水平很高，人们还是会感觉像是阴天。

而且，光照水平的升高不一定可以提高照明的质量。有时，改变光源的照射方向才是改善过暗工作区域的最佳方法，而不是一味地提高光照水平。

为了找到合适的亮度，室内设计师必须考虑所有的相关因素，包括人的主观反应、场景背景、空间使用者的视觉属性、光源及光的指向特质，以及设计元素的特征（如颜色和质地）。

感知亮度

总体而言，亮度是一个人对于环境的主观反应，也与各人的期待、相对背景及眼睛的物理状态相关。想要分析环境的感知亮度，室内设计师必须首先预测用户对这个场景在不同时刻和季节有哪些不同的期望。

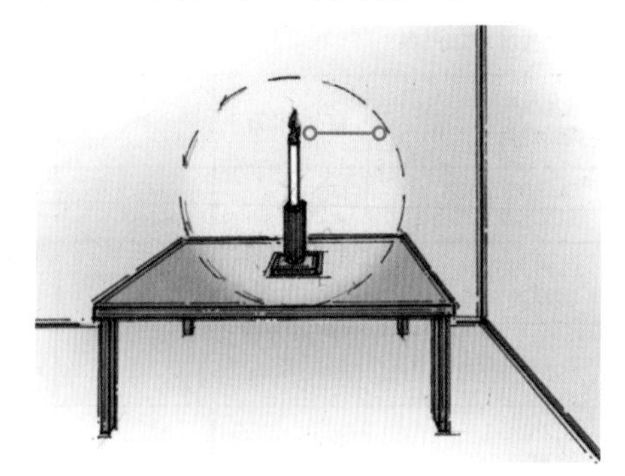

图2.7 英尺烛光是每英尺距离内光束照射在表面上的照度单位。

随着经验的积累，人们会形成对光照水平和感知亮度的预期。例如，人们通常期望晚上比白天的光照水平更低，而夏季比冬季更高。

人们对于亮度的预期还与空间中即将开展的活动相关。例如，同样光照水平的照明设计在办公室可能就不显得太亮，而在一家餐厅就会使人感觉过亮了。

人们对亮度的感知还会受到人眼的物理状态影响。某个光源对于老年人来说可能不是很亮，因为年龄影响了他们的视力，而年轻人则可能会觉得相同的环境非常明亮。

人眼具有适应大范围光照水平的能力，但是这种调适能力会影响感知亮度。例如，如果一个人从一个非常暗的空间进入另一个明亮的区域，明亮的区域可能会显得非常亮，直到眼睛适应了更高的光照水平。

灯具的设计与电灯源的类型会影响电气光源的感知亮度。例如，直接照明灯具的光照使人感觉明亮，而间接照明灯具的光照通常就显得更柔和（见图 2.8（a）和图 2.8（b））。曝光灯（尤其是那些带有透明玻璃的曝光灯）会显得更明亮。

人对光源的感知亮度还取决于灯具与用户之间的位置。如果灯具只是在用户直接朝曝光灯看的时候显得明亮，那么其感知亮度也会随着任务位置的移动或光源照射方向的变化而改变。

图 2.8（a） 直接照明灯具的光照会显得过亮。（摄影：View Pictures/UIG 通过 Getty Images）

图 2.8（b） 间接照明灯具的光照通常显得柔和。（图片版权归 Jay Graham 所有）

场景的感知亮度还会受到周围环境的影响——光源周围区域较暗与光源周围区域明亮的时候相比，物体会显得更亮。例如，车辆的远光灯在夜晚显得明亮，但在白天则不是。

室内空间的感知亮度还会受到物体颜色、质地、饰面的影响。白色和浅色会比黑色和深色显得更明亮。光滑、有光泽的饰面会比粗糙、亚光的饰面给人感觉更明亮。因此，粉刷成白色、高光泽饰面的房间会比镶满粗木的深色房间显得更明亮。

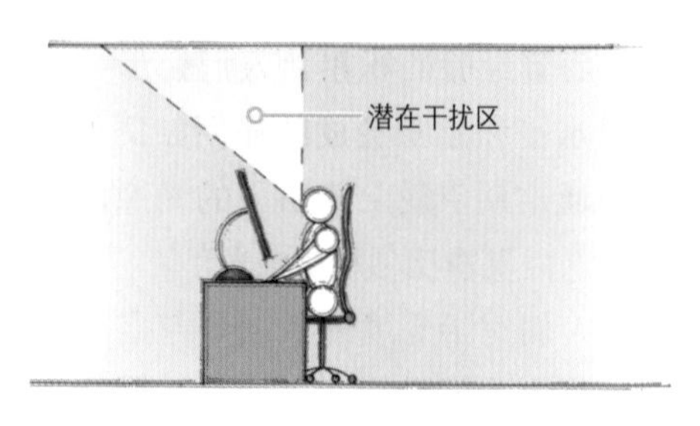

图 2.9 灯具的位置会对坐在桌前的人造成眩光。

眩光

过高的亮度就是眩光。和亮度一样，眩光也受很多因素影响。眩光在需要通过对比实现可视度和注意力的场景中很常见。例如，零售店展览柜为了吸引人们的注意比其周围区域具有更高光照的水平。如果这两个区域的亮度对比过于强烈，就会造成眩光。

人眼被迫适应强对比的光照水平，会导致视敏度丧失，并可能伴随眼睛疲劳。这种情况会造成负面的观感。当房间的其他部分处于黑暗状态而活动需要明亮的任务照明时，强烈的亮度对比和高光照水平也会造成眩光（见图 2.9）。

直接眩光

光源的强度和方向会产生直接眩光和间接眩光。直接眩光在光源处于高光照水平，且没有覆盖物或遮蔽物的时候产生。明亮的晴天，如果窗户上没有遮挡，也经常会出现直接眩光。

任何处于高曝光或高光照状态的灯源都可能造成直接眩光。通常，任何没有遮蔽的、高于 25 瓦的灯源都会造成眩光。

枝形吊灯中使用的焰形灯在高光照水平时会造成眩光，但是相同的灯源在低光照水平时则显示为闪烁或闪耀。

直接眩光也可能是不同房间之间光照水平的极度差异造成的。这会发生在住宅的室内区域，例如，客厅和餐厅的房间相邻，且其中之一处于黑暗的时候另一间处于高光照水平。为了减少眩光，所有与高光照水平的房间相邻的空间都应该保留一些照明（见图 2.10）。

间接眩光

光照从物体表面上反射的时候会产生间接眩光。需要研究人们在怎样的情况下会受到间接光源反射的影响。例如，晴天时，在浅色的表面或材料（如雪、水泥或沙）上的自然光反射可能造成间接眩光。

在室内，光源从浅色或闪耀的表面上反射可能造成间接眩光，例如玻璃、镜面、高光泽的表面，高度抛光的木材或打印页上的墨，当光源朝向这些特定的材料时会造成间接眩光。

间接光源会在视觉显示终端（VDT）屏幕上造成眩光。如第一章中所讨论的，从任务区域的一个表面反射的间接光照被称作“光幕反射”。

不舒适眩光和失能眩光

不舒适眩光和失能眩光这两个术语用于描述明亮光源造成的不同程度的干扰（见图 2.11）。不舒适眩光是指自然光源或电气光源造成使人感觉不适的眩光，但人体仍能看见物体并进行一定的活动。长时间接触不舒适眩光会令人非常不舒服。

图 2.10 相邻的房间应通过保留一些照明来帮助减少眩光。（摄影：View Pictures/Getty Images）

图 2.11 图中只有位于电子着色建筑玻璃窗口之后的电脑显示器能被看见。（摄影：赛智动态调光玻璃）

失能眩光是指光源过强以至于产生眩光导致看不见某些物体。例如，晴朗的白天很难在昏暗的屋里看见窗前人们的脸（见图 2.12），或者很难看见从黑暗的走廊里背对窗户走来的人的细节。

图 2.12 这个空间里的失能眩光是由人后明亮的自然光造成的。（摄影：Reza/Getty Images）

有光泽的杂志页面由于表面反光而使人无法阅读文字，这也是一种失能眩光。油彩颜料的高光泽也会在油画上造成失能眩光。

一些室内设计师通过失能眩光来防止用户看到室内的一些不理想的元素，例如裸露在顶棚外的机械系统。

控制眩光

在优质的照明环境中，眩光必须得到控制，室内设计师也有许多可以采用的方法，这取决于室内空间的具体元素和空间的使用者（参照图 2.9 和图 2.11）。

使用更多低功率的灯具比使用少数高功率的灯具更易于控制眩光。将灯具置于视野之外也可以控制眩光，但这需要检查光源的方向和人们坐下、站立或行走的全部位置。

没有遮蔽的筒灯会比较麻烦，因为它们是永久装置，而且光束角度呈直线。例如，在餐厅的照明设计中，将筒灯置于桌子上方会造成眩光，因为餐厅中的桌子经常会被移动以适应不同的人群、让出打扫地面的空间，或不小心被移动。因此，原本的照明方案将筒灯直接置于餐桌的中央位置，可以避免顾客受到眩光，但是桌子被移动之后，筒灯可能直接位于顾客的头上而产生眩光。眩光具有干扰性，而且它在人脸上形成的不规则或斑点效果会很不好看。

灯具中的一些元素也可以减少眩光，比如灯罩、挡板、百叶或透镜（见图 2.13(a)、图 2.13(b)）。灯罩是将灯泡遮蔽起来的不透明或半透明的装置。挡板是灯具中用于遮蔽光照的线形、圆形或槽形部分。百叶是格栅形的。透镜作为透明的装置，可以将光线集中或指向不同的方向。

减少极度照明或亮度比例也是控制眩光的方法，实现起来却需要检查环境中的诸多元素，包括空间内不同区域间的光照水平，以及灯具的敞口大小。通常，较小的灯具敞口更容易造成眩光。因此，能把光照分散开的灯具可以帮助减少眩光。

室内设计师还必须通过设定窗上的遮挡用品来控制自然光的亮度比例，可以阻止自然光直射进房间，也可以缓和光照渗透。室外装置（如遮篷、百叶、板条或屋顶悬架）也可以用于减少自然光产生眩光。

图 2.13（a）一件带有漆成黑色的挡板和白色凸缘的灯具。（图片来自飞利浦照明）

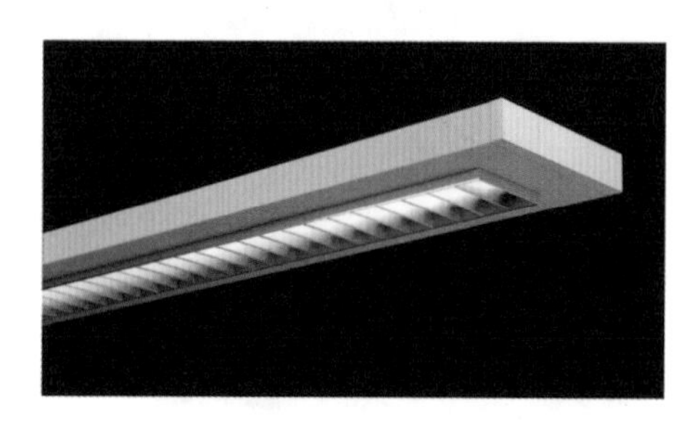

图 2.13（b）一件带有抛物线形铝制百叶和半镜面饰面的灯具。（图片版权归美国艾迪照明公司所有，使用已经许可）

反射率、光学控制和传播

反射率、光学控制和传播影响物体的外观、室内的建筑特征、照明的质量及光照执行任务的能力。

反射率

反射率受到光源方向的影响，展示了照明与物体材料表面特质之间的相互作用。

明确物体的反射率需要先明确反射角与入射角。入射角是从光源射出的光线打在物体表面上所呈的角度（见图 2.14（a））。改变光源的方向会改变入射角（见图 2.14（b））。

灯具上灯源和遮蔽装置的类型也会影响入射角：

- 带有透明玻璃覆盖物的灯源使光可以直线传播；
- 磨砂或乳白色材料改变光源角度；
- 从磨砂材质的白炽灯发射出的光会被漫反射。

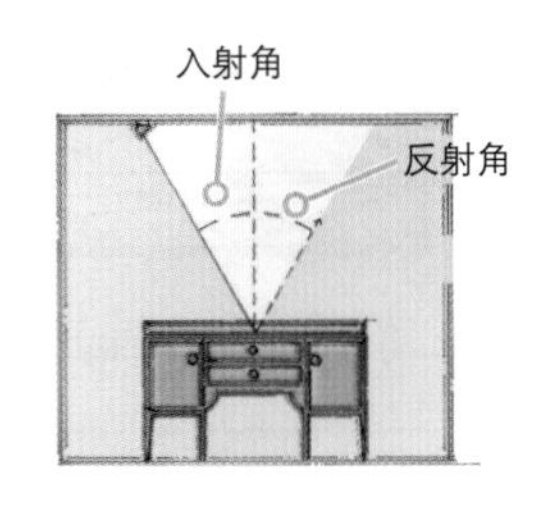

图 2.14（a）从光源发出的光照在表面并反射到室内的入射角。

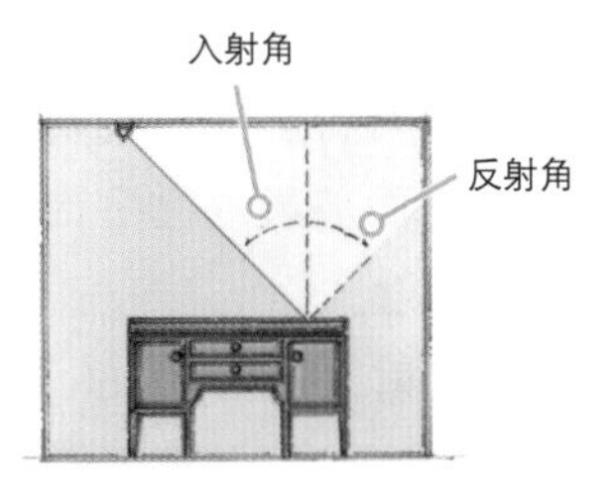

图 2.14（b）改变光源的方向会改变入射角。

带有遮蔽装置的灯具可以将入射光照向一个或多个方向。

一些灯具（如带有白色漆面的球形吊灯）会打出多个方向的光，光的入射角也各不相同。相互反射是光在封闭区域内的表面上来回反射的结果（见图 2.15）。

颜色与质地

反射率会受物体表面颜色和质地的影响。材料的特点会决定光照在物体表面时是被反射还是被吸收。

镜面物体可以反射光。镜面反射是指所有入射的光都被反射（见图 2.16(a)），光打在有光泽的表面时会发生镜面反射。

一分钟学习指南

1. 哪些因素会影响一个人的观感，使人感觉房间里的光照显得明亮?
2. 哪些原因会导致直接眩光? 哪些原因会导致间接眩光?

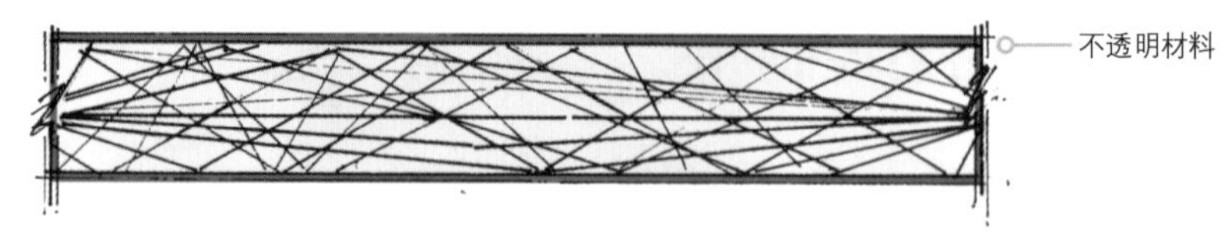

图 2.15 光在封闭区域内来回反射时发生相互反射。

半镜面反射是指大部分的光被反射（见图 2.16(b)）。当光照在带有一些镜面或反射特质但不规则的表面上时，比如毛面玻璃或锤痕饰面，会发生半镜面反射。

漫射反射（见图 2.16(c)）是指亚光饰面导致光被分散至不同方向的现象。闪亮的材料或浅色表面上的反射会导致不舒适眩光或失能眩光。

材料也可以根据其反射能力评级。光滑、闪亮的材料比粗糙、不规则的材料反射更多的光。不同材料的反射值可参见表 2.2。

为了平衡室内的浅色、光滑表面的照明反射值，可能需要降低光照水平。相反，在一个由深色、粗糙材料形成的环境中，可能需要提高光照水平。

在提高或降低光照水平之前，室内设计师必须检查空间中其他影响反射值的环境因素，包括房间的尺寸、受光面的位置和光源。

空间因素

由于光会在不同表面之间反射（即相互反射），反射水平也会受房间大小的影响。小房间的墙面距离较近，所以光较易从一个墙面反射到另一个墙面，从而提升光的反射水平。

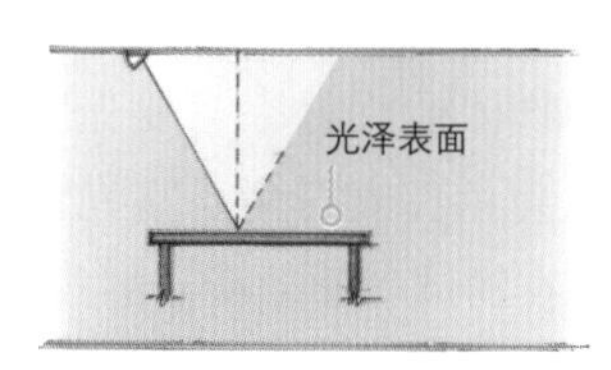

图 2.16(a) 从光源发出的光打在有光泽的表面，反射到室内。

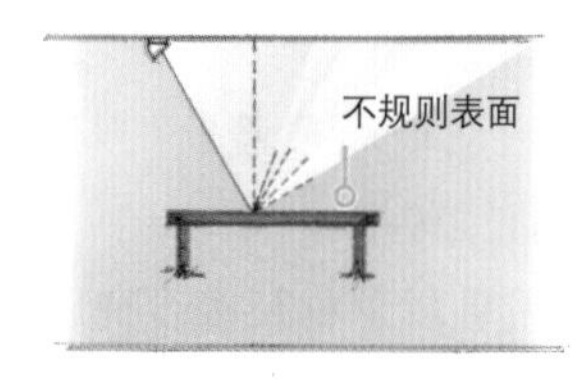

图 2.16(b) 从光源发出的光打在不规则的表面，反射到室内。

图 2.16(c) 从光源发出的光打在亚光的表面，反射到室内。

表 2.2 反射材料

材料类型	反射率[1,2]/（%）	特征
镜面材料		
镜面与光学涂层玻璃	80 ~ 99	可提供光照的指向控制与特定观看角度的亮度。效果如高效反射器，可实现特定装饰照明效果
金属化与光学涂层塑料	75 ~ 97	
阳极氧化铝和光学涂层铝	75 ~ 95	
抛光铝	60 ~ 70	
铬	60 ~ 65	
不锈钢	55 ~ 65	
黑色结构玻璃	5	
扩散材料		
加工铝（漫射）	70 ~ 80	通常带有高度镜面的漫射材料可以反射光照的5% ~ 10%
腐蚀铝	70 ~ 85	
锻纹铬	50 ~ 55	
拉丝铝	55 ~ 58	
铝粉涂料	60 ~ 70	
漫射材料		
白色石膏	90 ~ 92	漫射反射使得所有角度都可以看到一致的表面亮度。这类材料适用于凹槽的反射背景，也是很好的光出形式
白色涂料	75 ~ 90	
瓷釉	65 ~ 90	
白砖	65 ~ 80	
白色结构玻璃	75 ~ 80	
石灰石	35 ~ 65	

1. 由于光的传播量取决于材料的厚度和光的入射角度，所以以上数据基于照明应用中通常使用的材料厚度和接近正常的入射角度。
2. 这些是复合的漫射－镜面反射（亚光饰面除外）。

来源：《IESNA 照明手册（第九版）》，第 1 ~ 22 页（使用已获北美照明工程协会许可）。

在顶棚较高的大房间里，不同的表面可能相距太远，无法形成相互反射，从而导致较低的反射水平。记住，即使是浅色的墙面也会吸收一些光照。

受光面的位置也会影响光照水平。比如，顶棚和墙面的位置会造成相互反射，而地面则反射更少的光照。

靠近浅色表面且具有高光照水平的光源会引起大量反射。表面反射水平可参照表 2.3 中的总结，这张表格可以作为节约能源的重要指南。

光学控制与灯具

一些灯源和灯具的设计是为了将光指向特定方向，这也被称为光学控制。例如抛物面镀铝反射灯（PAR），就可通过内置的光学系统来控制光照。在第六章还会提到，遮蔽装置、反射、折射和漫射都是灯具中用来控制照明的元素。

灯具的遮蔽装置包括挡板、百叶和饰带。饰带是遮蔽光源的平板或嵌板。由于光照不能渗透这些遮蔽单元，多余的照明由反射产生。

通过反射来控制光照的灯具会在其内侧表面采用诸如闪亮铝面的材料。这些材料也被称作镜面，因为他们反射光照。光由灯源发出，再通过材料反射到地面或物体上（见图 2.17）。

内部表面由镜面材料制成的灯具可以反射很高比例的灯源照明。不过，这些灯具也会造成眩光。

然而，由镜面材料制成，但采用了刷面饰面或毛面饰面的灯具，会漫射一些入射光线，而亚光饰面和深色饰面则会漫射更多光线。

一些灯具的设计带有反射器轮廓，通过增加反射进空间的光照来实现灯源发出光照量的最大化。这种灯具的常见形状有椭圆形、抛物线形和圆形。

表 2.3 建筑室内表面的建议反射率

表面类型	反射率 /（%）	蒙塞尔色度近似值
顶棚	60 ~ 99	8 及以上
大面积墙面上的窗帘及布料处置	35 ~ 60	6.5 ~ 8
墙面	35 ~ 60*	6.5 ~ 8
地面	15 ~ 35*	4.0 ~ 6.5

* 在一些区域，为特定视觉任务设置的照明优先于环境照明，其最低反射率应该为墙面 40%、地面 25%。

来源：《IESNA 照明手册（第九版）》，第 18 ~ 22 页（使用已获北美照明工程协会许可）。

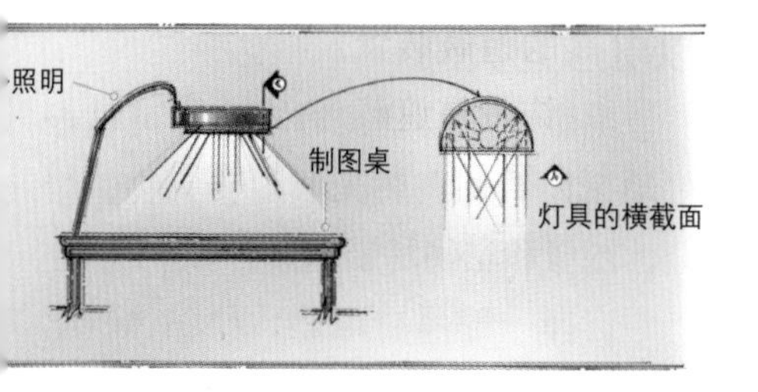

图 2.17 光打在灯具内部，然后反射进室内空间。

传播

一些灯具的制作材料是为了让光通过而非控制光照。传播就是用于描述光照通过材料的术语。传播的三种类型为直接传播、漫射传播和混合传播（见图 2.18(a)、图 2.18(b)、图 2.18(c)）。

直接传播是指大部分光照通过材料的传播（见图 2.18(a)）。透明玻璃就是允许光直接传播的材料之一。

能够实现漫射传播的材料（如塑料），可以将光分散到许多方向（见图 2.18(b)）。注意，白色塑料会造成眩光。

混合传播是指允许大部分光以半分散的方式通过材料的传播（见图 2.18(c)）。毛面玻璃和喷砂玻璃属于这类材料。

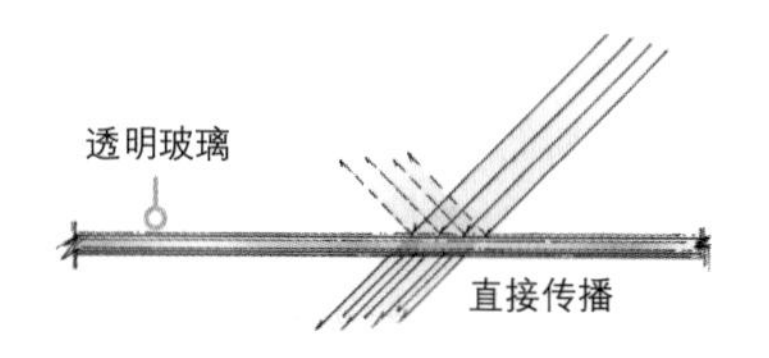

图 2.18(a) 大部分光照以直线的方向通过透明玻璃时发生直接传播。

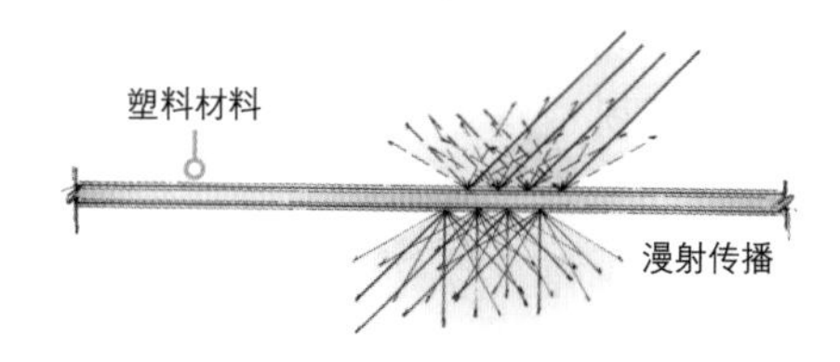

图 2.18(b) 部分光照通过塑料材料，并被分散到许多方向的时候发生漫射传播。

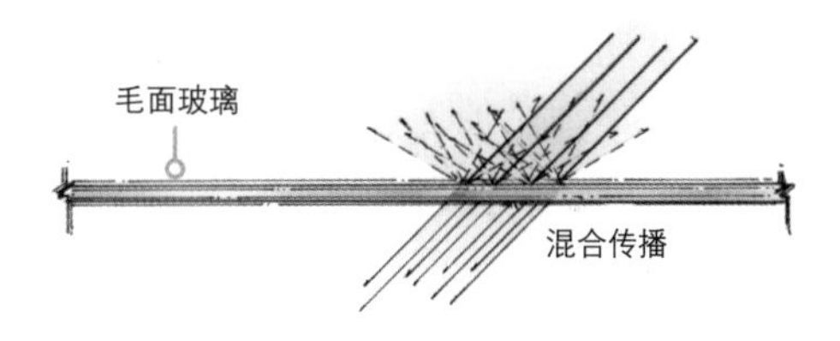

图 2.18(c) 大部分光照以半分散的方式通过毛面玻璃和喷砂玻璃时发生混合传播。

一分钟学习指南

1. 你会如何向客户描述反射率的概念?
2. 指出可以产生（1）直接传播、（2）漫射传播和（3）混合传播的材料。

有关 LEED 认证

美国绿色建筑委员会（USGBC）开发了绿色建筑评估（LEED）系统。LEED 是国际认可的绿色建筑评级系统，认可“最佳建筑策略与实践”（USGBC，2015，第 1 页）。

查看与优质照明相关的 LEED 认证评分点（表 2.4）可以发现，照明只会在特别提及照明的得分点时被检查，比如室内环境质量（IEQ）得分点——室内照明。不过，正如表 2.4

所示，照明确实会影响几个其他的LEED分类和得分点。有关如何在创建LEED认证建筑物时应用照明的颜色和指向效果，可参见后文的“可持续策略与LEED”方框栏目，以及附录IV，列出检查清单。

章节概念→专业实践

这些项目基于大脑学习过程的规律——一项研究大脑如何运行和学习所形成的理论（参见前言）。这些项目可以独自完成，也可以进行分组讨论。新型扫描科技的发展使得研究员们（神经科学和行为认知科学）可以更好地理解大脑的构造和运行原理。这些发现都可以帮助教育人员了解学习者处理信息的方式、记忆的原理，以及大脑是如何将现有知识运用到新的经历之中，艺术是如何增进神经系统的生长，以及如何实现更高水平的思考等。

互联网探索与增强观察技能

位于巴黎的奥赛博物馆（Musée d'Orsay）拥有非凡的印象派艺术收藏品，也是适应性改造建筑的典范。登录博物馆的网站可以浏览印象派画作，观看建筑的图像与视频。描述艺术家是如何画出自然光在物体上的效果的，以及应如何运用日照来提高博物馆的体验感受。

以电影为灵感

电影，尤其是黑白电影，可以很好地帮助我们理解光照对于人物、情绪、图像和空间的影响。

选择一部黑白电影，比如《一丝不苟的人》（*T-Men*）、《公民凯恩》（*Citizen Kane*）、《惊魂记》（*Psycho*）、《吸血鬼》（*Dracula*）、《曼哈顿》（*Manhattan*, 1979），观察照明的效果，包括亮度、阴影和指向角度的运用。列一张关于这些效果的表格，包括照明如何被用于强调和激发情感。

增强观察技能

仔细查看图2.10中的室内空间，并回答下列问题：

- 说明各个空间中用于照明的光源，它们有效吗？解释你的回答。
- 描述你对这些照明的观感。
- 如果房间内的墙壁是深棕色，描述它对现有照明效果的影响。
- 如何利用分层照明改善现有照明？

一分钟学习指南

将你在“一分钟学习指南”中的回答汇编成一本“学习指南”。对比你的回答与本章中的内容，你的回答准确吗？有没有错过什么重要的信息？有没有内容需要重读？另外，利用“关键术语”列表来测试自己对于每个术语的掌握程度，然后再在本章内容或词汇表中查找相关释义。把难记的术语及其释义加进你的“学习指南”，并对你的回答作相应的修正，然后创建“第二章学习手册”。

表 2.4 与优质照明相关的 LEED 认证评分点 *

LEED 评分项目	得分要求
IP（整合过程）得分点	通过对系统间的相互关系进行早期分析，以实现高性能、高经济效益的项目成果
EA（能源与大气）先决条件 基本调试和校验	使项目的设计、施工和最后运营满足业主对能源、水、室内环境质量和耐久性的要求
EA 先决条件 最低能源性能	通过实现建筑及其各系统的最低能耗等级，以减少因过度使用能源而带来的环境和经济危害
EA 得分点 增强调试	进一步使项目的设计、施工和最后运营满足业主对能源、水、室内环境质量和耐久性的要求
EA 得分点 能源效率优化	实现比先决条件要求更高的节能等级，以减少因能源过量使用而引发的环境和经济危害
MR（材料和资源）先决条件 营建和拆建废弃物管理计划	回收、再利用材料，减少在填埋场和焚化设施中处置的营建和拆建废弃物
MR 得分点 降低室内寿命周期的影响	鼓励适应性再利用；优化产品和材料在环境方面的性能
MR 得分点 建筑产品的分析公示和优化——产品环境要素声明	鼓励使用提供了寿命周期信息且在寿命周期内对环境、经济和社会具有正面影响的产品和材料。奖励选购被证明能改善寿命周期环境影响的产品的项目团队
MR 得分点 建筑产品的分析公示和优化——原材料的来源和采购	鼓励使用提供了寿命周期信息且在寿命周期内对环境、经济和社会具有正面影响的产品和材料。奖励选用被证明以负责的方式开采或采购产品的项目团队
MR 得分点 建筑产品的分析公示和优化——材料成分	鼓励使用提供了寿命周期信息且在寿命周期内对环境、经济和社会具有正面影响的产品和材料。对选用以可接受的方法列出其化学成分的产品，以及选用被证明可最 ---- 大程度减少有害物质使用和生产的产品作出奖励。奖励那些被证明在寿命周期内改善了对环境的影响的原材料制造商生产的产品
MR 得分点 营建和拆建废弃物管理	回收、再利用材料，减少在填埋场和焚化设施中处置的营建和拆建废弃物
IEQ 得分点 低逸散材料涂料	减少会影响空气质量、人体健康、生产效率和环境的化学污染物的浓度
IEQ 得分点 舒适温度	提供舒适的温度，改善住户的生产效率、舒适度和健康
IEQ 得分点 室内照明	提供高质量照明，改善住户的生产效率、舒适度和健康
IEQ 得分点 自然光	将建筑住户与室外相关联，加强昼夜节律，并通过将自然光引入空间来减少电力照明的使用
IEQ 得分点 优质视野	通过提供优质视野，让住户与室外自然环境相关联

续表

LEED 评分项目	得分要求
IN（创新）得分点	鼓励项目实现优质性能或创新性能

* 来源：美国绿色建筑委员会（USGBC），2013，《LEED 室内设计与施工参考指南》，华盛顿特区：美国绿色建筑委员会。

可持续策略与 LEED：照明的颜色和指向效果与 LEED 认证

你可以参考以下策略，将本章内容投入使用，创建 LEED 认证建筑。

- 控制和改变光源方向以减少光污染。
- 比较不同色温和演色性指数灯源的能效。在特定应用中能够较好地平衡灯源的能效、色温和演色性指数。
- 选择将光照指向所需的地方而不溢至其他区域或溢至室外的灯源和灯具，实现能效的最小化和最优化。
- 通过控制自然光，实现能效的最小化和最优化。
- 通过选择能够为特定用途传播（直接传播、漫射传播和混合传播）电光和自然光的材料，实现能效的最小化和最优化。
- 通过最优化材料与颜色的反射率来实现能效的最小化和最优化。
- 通过采光和选用室内颜色、饰面、质地和灯具类型，最大化空间的感知亮度，实现能效的最小化和最优化。
- 通过设定单独控制，使消除眩光和直接光照的能力最优化。
- 在建筑能量系统的基础或增强调试中，监测照明的指向效果、反射率和光学控制。
- 逐渐度量、区别照明的指向效果、反射率和光学控制。

章节小结

- 自然光的波长会随着时刻、时节、天空状况和地理位置变化。
- 物体或表面的感知色是由光照与物体的属性之间的相互作用、物体背景和房间的尺寸决定的。
- 光源的色度或色温说明了光源发出的光的红蓝、冷暖程度。
- 演色性指数（CRI）度量光源呈

现颜色的真实性，指数范围从 0 到 100。

- 人眼看见物体的能力会受到许多因素的影响，包括眩光、对比、颜色、光照水平和眼睛的物理状态。
- 想要实现优质的照明环境，室内设计师必须规划出可以最大程度地发挥亮度的积极作用并控制眩光的方案。
- 亮度通常是人对环境的主观反应，取决于个人的预期、场景背景以及人眼的物理状态。
- 影响眩光的因素很多，包括个人的感知、人眼的状态和光照水平的极端对比。
- 反射是照明与物体材料表面特质之间的一种相互作用。
- 控制光源的指向性特点是在环境中创建理想氛围的关键元素，还可以确保有效的重点照明。

关键术语

angle of incidence 入射角
baffle 挡板
brightness 亮度
chromaticity 色度
color constancy 颜色恒常性
color rendering index 演色性指数（CRI）
color temperature 色温
correlated color temperature 相对色温（CCT）
diffused reflectance 漫射反射
direct glare 直接眩光
disability glare 失能眩光
discomfort glare 不舒适眩光
fascia 饰带
foot-candle 英尺烛光（ftc）
glare 眩光
illuminance 照度（E）
indirect glare 间接眩光
indirect light 间接光照
initial lumen 初始流明
interreflection 相互反射
Leadership in Energy and Environmental Design 绿色建筑评估体系（LEED）
lens 透镜
louver 百叶
lux 勒克斯（lx）
mean lumen 平均流明
metamerism 同色异谱
optical control 光学控制
reflectance 反射率
reflector contour 反射器轮廓
semi-specular reflectance 半镜面反射
shade 灯罩
simultaneous contrast 同时反射
spectral power distribution 光谱功率分布（SPD）
specular reflectance 镜面反射
transmission 传播
visual display terminal 视觉显示终端（VDT）

第三章 自然光源与电气光源

目标

- 指出用自然光做光源的优势与弊端。
- 描述会影响室内自然光的质与量的因素与状况。
- 指出白炽灯、卤素灯、荧光灯和高强度放电灯的主要功能组件。
- 比较白炽灯、卤素灯、荧光灯和高强度放电灯的优势与弊端。
- 指出固态照明（SSL）的主要功能组件与运行原理。
- 了解发光二极管（LED）的应用。
- 理解自然光源、电气光源与 LEED 评级要求之间的关系。

（摄影：View Pictures/Getty Images）

创建优质的照明环境需要基于自然光和电气光做出整体规划。想要集合与控制自然光，首先需要对太阳几何学、自然光在空间中的分布、掠射技术和能量考量有所了解。

本章涉及可在室内空间中运用的电气光源（包括白炽灯、高强度放电灯（HID）、固态照明（SSL））的特征。电气光源可用于补充自然光，完成环境内的整体照明、任务照明、重点照明和装饰照明。

电气采光系统由电源、光源、灯具、控制器、维修和保养组成。所有这些元素都会影响室内照明的质与量。

采光设计

自然光对于生命存在来说是必不可少的，它是可持续设计的关键，也是人们生理和心理健康的关键。为了保护人们获取太阳能的权利，许多国家与城市都出台了有关太阳能的立法。

纽约市于 1916 年颁布的区域规划倡导建立有关获取太阳能的相关法律，对建筑物的高度等作出要求。许多其他拥有高楼的城市也纷纷效仿纽约市的区划政策。随后，为了应对新型建筑材料、科技、城市规划发展及人口增长，美国各个城市都修订了相关的太阳能区划立法。

从建筑学角度来说，自然光是通过孔洞进入室内的，孔洞包括窗户和天窗。对于大部分的室内空间，人们希望有窗户的。带窗户的办公室，尤其是在不止一面墙上有窗户的办公室，通常会坐着公司中职位较高的人。在餐厅，能够看到城市的天际线、水景、高尔夫球场等美丽景观的绝佳座位也是最靠近窗户的。

人们对自然光的感知通常是恒定的，且自然光也被认为是判定“真”彩的标准。想要准确地判定一件物体的颜色，人们通常会将物品拿到室外或是在靠近窗户的位置查看。

可惜的是，随着电灯与空调的发明，许多现代建筑不再注重将自然光有效地带进室内空间。许多建筑都包含一些没有窗户或天窗的空间。

将自然光带进室内空间或用于采光，对于创造优质和可持续的照明环境至关重要。实践方法包括自然光采集，也就是为了实现室内照明和节约能源而采集自然光。

采集自然光可以通过建筑物的屋顶（上部照明）或墙壁（侧部照明）的光照。为了实现自然光采集的最大化，我们需要采用适宜的措施，并考虑一些因素，以控制自然光的负面作用（见图 3.1 和图 3.2）。

创建优质照明环境的过程中，分辨阳光和自然光是非常重要的。阳光是直接由太阳发出的、进入空间的光照。这种光通常不是优良的室内照明源。直射的阳光会造成眩光和过热现象，而且会导致材料褪色。

图 3.1 位于摩洛哥的马拉喀什迈纳拉机场（Marrakech Menara Airport），其美丽的顶棚设计很好地控制了阳光的负面作用，在空间内营造出非凡的图案组合。（摄影：Jonathan Torgovnik/Getty Images）

图 3.2 位于纽约市的《纽约时报》总部，其屋顶安装的辐射计用于监控天空状况，相关信息被用于自动控制空间内的阴影或阳光。（摄影：Li Kim Goh/Getty Images）

自然光是指空间内理想的自然光照。自然光会带给人平均的光照分布，避免眩光和阳光直射的不良作用（见图 3.3）。设计师应时刻注意将自然光融入室内设计，同时避免阳光可能造成的眩光。

自然光的优势

使用自然光对于设计优质照明来说有利也有弊。将自然光融入室内空间的一个优势是节约能源，这会减少电光的使用，并且在冬季形成被动的太阳能渗透。

使用自然光的另一个优势就是光照分布均匀，这也似乎呈现了物体表面真实的颜色。自然光还可以通过提供更好的阅读和写作光照来增强人类的视觉灵敏度。将自然光融入室内空间的好处还与使用窗户相关，比如窗户可以提供优良的景观和通风。

图 3.3 在波士顿的老北教堂（Old North Church），拱形的顶棚被漆成白色，有助于最大限度地利用自然光。（摄影：John Brandon Miller）

另外，自然光还可以对人们的心理和生理产生积极的影响——自然光可以减轻压力、使人们的活动符合昼夜节律、激发人们积极的态度。昼夜节律是通过荷尔蒙和新陈代谢调节睡眠和清醒时间的生物功能。

采光研究

立特菲尔在医院、办公室、学校和零售店展开的研究证明，自然光会对人类表现产生积极的影响。立特菲尔使用光架将自然光最大化地运用在医院的病房内，并以此证明了自然光的积极作用。光架是置于室内或室外墙面高处的水平单元，被用来将自然光反射进空间。

2003 年，研究结果显示，相较于看不到景观的办公室员工，能看到室外景观的员工在心理机能和记忆输出测试中的表现更好。而且，在有景观的办公室工作的人也表现出健康的身体状况。其他研究发现，在有充分自然光照射的教室里的学生会比在很少有日照的教室中学习的学生成绩高出 7% ~ 18%。研究还发现带有天窗的零售店的销售额会比无天窗的零售店的销售额高出 40%。

自然光的弊端

自然光的弊端通常是渗入空间的直射阳光造成的。研究表明，阳光造成的眩光对教室和办公室里人们的表现产生负面的影响。阳光里的红外线也会造成一些木材的开裂和剥落。

另外，阳光的紫外线会造成织物和艺术品的褪色。织物的纤维和纺织决定了这种材料受损的难易程度。自然织物，例如丝绸和棉麻纺织品，就比腈纶或涤纶更容易受损。

密织布、有光泽的面料和粗纤维织物的抗阳光损伤能力更强。如果无法避免阳光直射，那么设计师应该用不太容易受损的织物。其他用于控制阳光直射的解决方案可以参见图3.4。

阳光与窗户有关的弊端包括眩光、噪声穿透、清洁和维护困难、缺乏隐私、夏季的热增益。另外，人们在白天可以享受的美丽景观到了晚上就变成了“黑洞”。

图 3.4 带有光照传感器的中庭天窗可以根据太阳的方向自动启动玻璃的着色和透明模式。（摄影：赛智动态调光玻璃）

晚上，由于将干扰性的图像反射进房间，窗户更像是镜子。通过使用合适的窗户用品和采取适当的措施来减少对比，可以解决这个问题，例如，添加室外照明来美化景观。

解决与阳光有关的问题的关键，首先是要意识到这些负面的后果是存在的，然后找出相应的解决方案。这些解决方案包括安装合适的装置来控制阳光和分层照明，从而将自然光渗透与电气系统结合起来。

太阳几何学和阳光的变化规律

设计建筑时，想要最大化地利用自然光渗透，需要大量的分析和规划。首先，需要理解太阳几何学与阳光的变化规律。

太阳几何学主要研究地球围绕太阳的运动。阳光在每小时、每一天、每个季节，都会随着天气和地理位置的不同而变化（见图 3.5）。

一天中太阳的位置不同，照射到物体上产生的颜色、阴影、形态和形状都会随之变化。晨间和午后，太阳的斜轴光照会产生长而平滑的阴影。正午的阳光产生高反差阴影，但同时也突出了物体的立体感；实现这样造型的最佳方式是通过侧部照明，而不是上部照明。

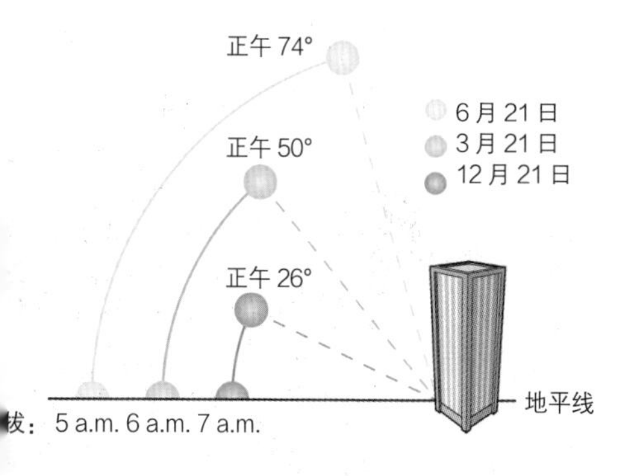

图 3.5 阳光在每小时、每一天、每个季节，都会随着天气和地理位置的不同而变化。

如图 3.5 所示，太阳的轨迹在夏季和冬季会有显著的不同。在北半球的夏季，太阳在东北方升起、西北方落下。相反，冬季的太阳轨迹更低，从东南方升起、西南方落下。在 10 月 21 日与 3 月 21 日，太阳的轨迹是完全相同的。太阳的指向性质由地球的纬度决定——在更高纬度的地区，日出和日落更偏北方。

为了最大化地利用优质自然光，太阳几何学可以用于设定窗口的尺寸、形状和位置。在理想状态下，窗户与遮挡装置的位置应该在冬天时允许最大量的阳光进入空间，而在夏天时只允许最小量的阳光进入空间。遮挡装置可以是挑檐、挡板、百叶或阔叶树(见图 3.6（a）~图 3.6（d））。

巴黎的阿拉伯世界文化中心（Arab World Institute）采用了非常复杂的遮挡装置设计。建筑物南面是一面玻璃幕墙，表面覆有光电控制装置（见图 3.7）。这些控制装置的金属结构美观、舒适，而且光感机制使得透镜可以根据自然光水平作出相应变化。该装置与相机镜头的操作原理相似，多云时，光圈打开到很大的位置，使得最大量的自然光进入建筑。晴天的时候，镜头关闭，防止大量的热量和阳光渗透。这样的设计有助于减少能量消耗，同时，自然光的变化也在文化中心的南面墙壁上进行着不断变化的艺术创作。

除了太阳系的几何学，另外几项因素也会影响自然光进入空间的水平与品质。这些因素包括云层、天气、大气污染、定位、景观和周围结构。

云的数量与类型会影响自然光的特征。大气污染会带来朦胧的照明状态，尤其是日落时分。阴天通常会带来一致的光照强度，但同时也缺乏明亮阳光的动态特征。多云的天气会减少对比和阴影。

美国气象局（U.S. Weather Bureau）为不同的地理位置提供每年的阴天天数数据。设计师可以运用这个信息来规划自然光与电光系统的融合。例如，如果建筑位于一个阴天数量较多的区域，则必须通过加大窗户的面积与适宜数量的聚光灯来提供足够的照明。

一分钟学习指南

1. 阐述上部照明和侧部照明，这两种装置是如何影响空间中的光照质量的？
2. 列出自然光照的优势与弊端。

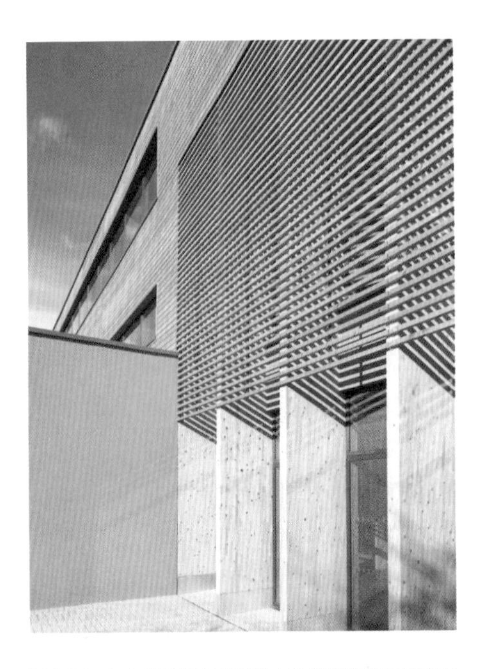

图 3.6（a）木材板条有助于减少自然光造成的眩光和高温。（摄影：View Pictures/Getty Images）

图 3.6（b）在英国驻阿尔及利亚大使馆，扭曲的木质屏风有助于减少自然光造成的眩光和高温。（摄影：View Pictures/Getty Images）

图 3.6（c）在伦敦沃布，反射型光架的水平条纹有助于减少自然光造成的眩光和高温。（摄影：View Pictures/Getty Images）

图 3.6（d） 商用级室外卷帘有助于减少自然光造成的眩光和高温。（摄影：Roland Bishop）

图 3.7 巴黎的阿拉伯世界文化中心（Arab World Institute）南面是一面玻璃幕墙，光感机制使得透镜可以根据自然光水平做出相应变化。（摄影：Godong/Getty Images）

电气光源

了解电气光源首先需要了解灯源的整体特征（见图 3.8）。掌握电气光源的相关应用知识首先需要回顾灯源的光输出、效能、光通量、寿命、颜色、维持因素和成本。

图 3.8 常见灯具示例。（摄影：PureEdge 照明）

电气光源的特征

正如第二章中介绍的，落在一个表面的光照水平或照度，可以以英尺烛光或勒克斯为单位进行度量。组图 3.9 展示了一件嵌入顶棚的灯具所形成的光照在墙面上用英尺烛光度量。

光源的烛光功率，单位为新烛光（cd），是指其朝某个特定方向的光照强度（见图 3.10）。瓦（W）是度量电路通过消耗电量来做功的能力，比如电会产生光和热。

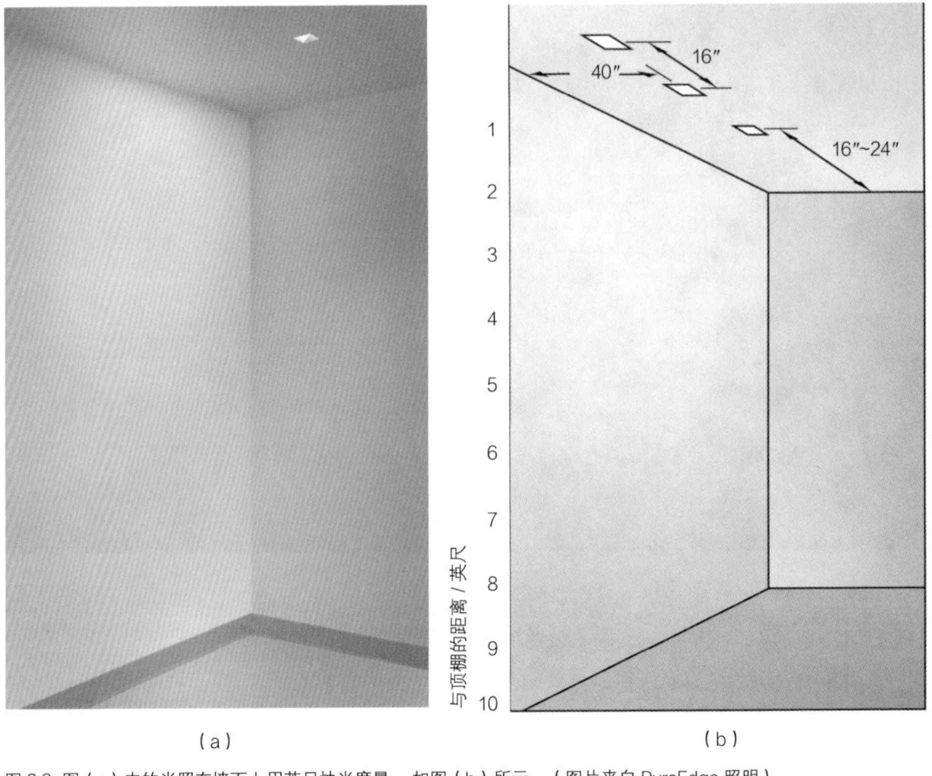

图 3.9 图（a）中的光照在墙面上用英尺烛光度量，如图（b）所示。（图片来自 PureEdge 照明）

光视效能是度量消耗每瓦特电力的光输出，用于确定能量效率。一枚灯源的光视效能越大，这枚灯源的能效就越高，也越能节约能源。

电气光源的典型特征及部分应用如表 3.1 所示。灯源寿命的测量与计算是通过记录大约 100 枚灯源烧尽 50% 所需的时长。

正如第二章提到的，色度与演色性指数（CRI）是用于设定灯源与颜色的。光源的色度或色温表明其产生光照的冷暖程度，度量标准是绝对温度（K）。

CRI 度量光源呈现物体颜色的真实程度，指数范围从 0 到 100。CRI 指数的数值越大，灯源的演色能力越好。

维持因素包括清洁灯源，以及基于灯源寿命和递减的光输出的替换方案。成本包括灯源的初始成本以及安装、能源、清洁和替换所产生的成本。规划灯源的清洁与替换方案时，灯源的位置与人力成本也是需要考虑的因素。

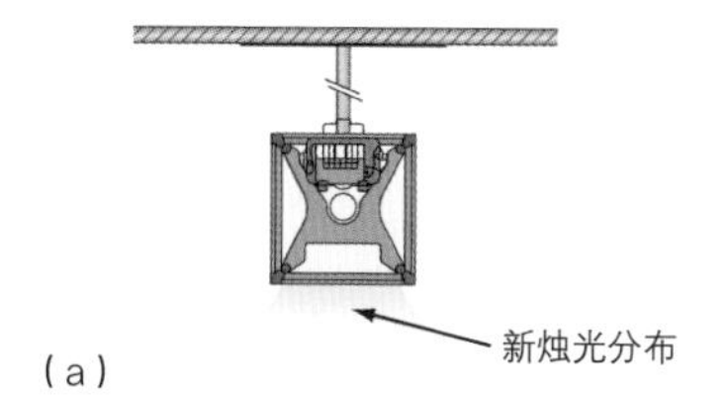

(a)

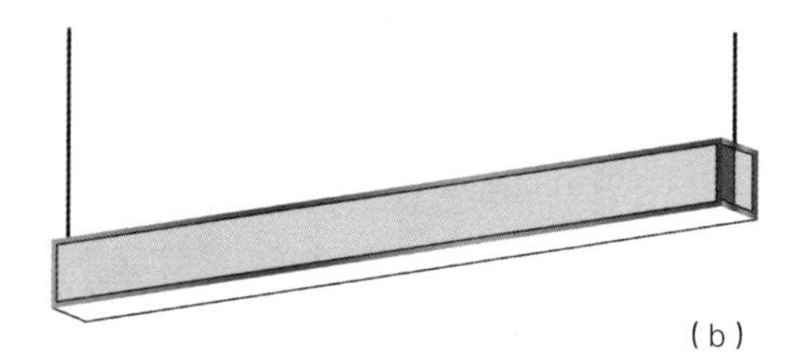

(b)

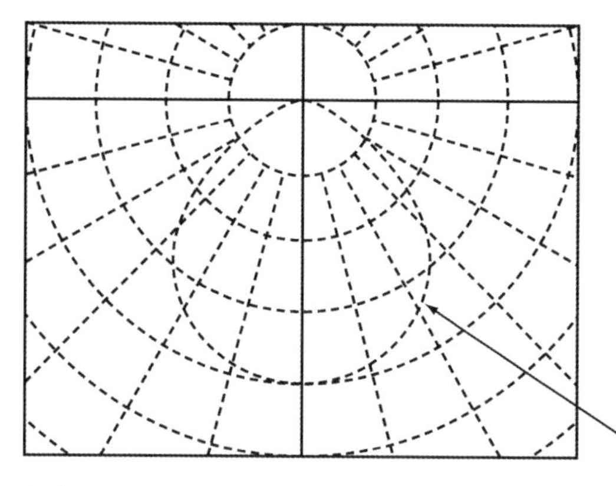

(c)

图 3.10 图（a）展示了由灯具图（b）发出的光照分布，图（c）用图形说明了灯具敞口下的新烛光分布，在房间（图（d））的照片中查看新烛光分布（图（c））的效果。（图片来自 Ezra Bailey/Getty Images）

(d)

表 3.1 电气光源的典型特征及部分应用

	白炽灯	卤素灯	直线形荧光灯（T12/8/T5）	紧凑型荧光灯（CFL）	金卤灯（陶瓷与石英）	高压钠气灯	LED
平均效能 /（lm/W）	5 ~ 22	12 ~ 36	75 ~ 100	27 ~ 80	陶瓷：80 ~ 95 石英：80 ~ 115	90 ~ 140	45 ~ 107
色温 / K	2800	3000	2700 3000 3500 4100 5000 6500	2700 3000 3500 4100 5000 6500	2900 3100 4100 5000	1900 2100 2200 2700	2700 3000 暖白色 4000 冷白色 6500 自然光 至多 10000
CRI	100	100	T12：58 ~ 62 T8：75 ~ 98 T5：80	80 ~ 85	陶瓷：85 ~ 95 石英：65 ~ 70	22 标准 65 85（少见）	50 ~ 90
平均额定寿命 /h	750 ~ 2000	2000 ~ 6000	5000 ~ 36000	9000 ~ 20000	10000 ~ 20000	10000 ~ 40000	50000（时间输出退化至初始输出的 70%）
寿命周期成本	高	中高	低	低	中	低	中低
光学类型	点型（较好的光学控制）	点型（较好的光学控制）	扩散	扩散	点型（较好的光学控制）	点型（较好的光学控制）	点型（较好的光学控制）
达到最大亮度所需时间	即时	即时	0 ~ 5s	0 ~ 5s	3 ~ 5min	3 ~ 4min	即时

续表：

	白炽灯	卤素灯	直线形荧光灯（T12/8/T5）	紧凑型荧光灯（CFL）	金卤灯（陶瓷与石英）	高压钠气灯	LED
再启动时间	即时	即时	即时	即时	4 ~ 20min	1min	即时
流明维持	良好 / 优秀	优秀	优秀	优秀	陶瓷：良好 石英：中等	优秀	中等
含汞	否	否	是	是	否	否	否
建议应用	最低限度应用：历史；重点；特殊；安全；耐用	整体照明 / 任务照明 / 重点照明 / 装饰照明；住宅；酒店；零售店	整体照明 / 任务照明；办公空间；教室；酒店；零售店；住宅；工业；户外（受限）	整体照明 / 任务照明 / 重点照明 / 装饰照明；办公空间；教室；酒店；零售店；住宅；工业	整体照明 / 任务照明 / 重点照明：陶瓷（高顶区域，筒灯，办公空间，零售店，医疗）；石英（户外，高顶区域，远距离，零售店，健身房）	户外；仓库；工业；安保	整体照明 / 任务照明 / 重点照明 / 装饰照明：亮色应用、出口标示、线型应用（凹槽 / 檐板、插槽）、橱柜与层架的嵌入灯、可移式桌面灯具、嵌入式筒灯、台阶、户外、水下、冰箱柜
备注	逐步淘汰的灯具；不符合能效标准	高级卤素灯可替代淘汰的白炽灯	T5 仅限公制度量；高性能 T8 替代 T12；昂贵的调光	理想的白炽灯替代品（能耗 3 : 1）；25W 的 CFL 替代 75W 的白炽灯	陶瓷适用于对颜色要求严格的照明； 产生紫外线水平高； 对位置改变敏感； 昂贵的调光； 部分会对感应传感器造成问题	主要为街道照明	调查制造商的信誉与索赔，如在灯源（灯具）寿命、效能评级、颜色特征等方面； 初始成本高

灯源的尺寸、功率、能量效率、照度、寿命、色温和演色性指数都是灯源制造商需提供的信息（见图3.11）。设计师在选择和设定灯源时，应该不断参考这样的信息表格；最新的信息可以在生产商相关的网站中找到。图3.11还解释了设计师如何在特定应用中运用这些信息。

白炽灯

白炽碳丝灯是最古老的电气光源，可以让设计师的设计最大程度地发挥灵活性。可是，近期世界各国都有颁布法律，要求分阶段取消许多常见白炽灯的使用及其他无法达到具体能源效率标准的灯源。

白炽灯的运行特征

图3.12展示了白炽灯的基本构件。电流加热钨丝，直至达到白炽，此时，白炽灯已被点亮。钨通常在此类用途中被用作导电材料，因为它熔点高、汽化点低。

加热钨丝致其氧化，会使氧化钨的碎片沉积在灯泡的玻璃上，最终会导致灯泡烧尽。

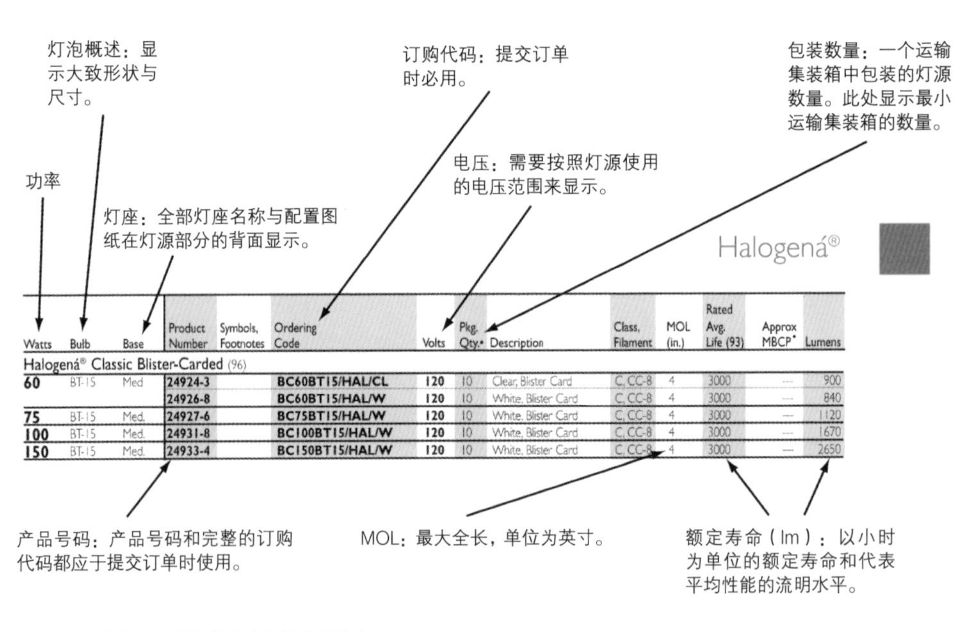

Watts	Bulb	Base	Product Number	Symbols, Footnotes	Ordering Code	Volts	Pkg. Qty.•	Description	Class, Filament	MOL (in.)	Rated Avg. Life (93)	Approx MBCP*	Lumens
Halogená® Classic Blister-Carded (96)													
60	BT-15	Med	24924-3		BC60BT15/HAL/CL	120	10	Clear, Blister Card	C, CC-8	4	3000	—	900
			24926-8		BC60BT15/HAL/W	120	10	White, Blister Card	C, CC-8	4	3000	—	840
75	BT-15	Med.	24927-6		BC75BT15/HAL/W	120	10	White, Blister Card	C, CC-8	4	3000	—	1120
100	BT-15	Med.	24931-8		BC100BT15/HAL/W	120	10	White, Blister Card	C, CC-8	4	3000	—	1670
150	BT-15	Med.	24933-4		BC150BT15/HAL/W	120	10	White, Blister Card	C, CC-8	4	3000	—	2650

图3.11 一家灯具制造商的卤素灯规格参数表。

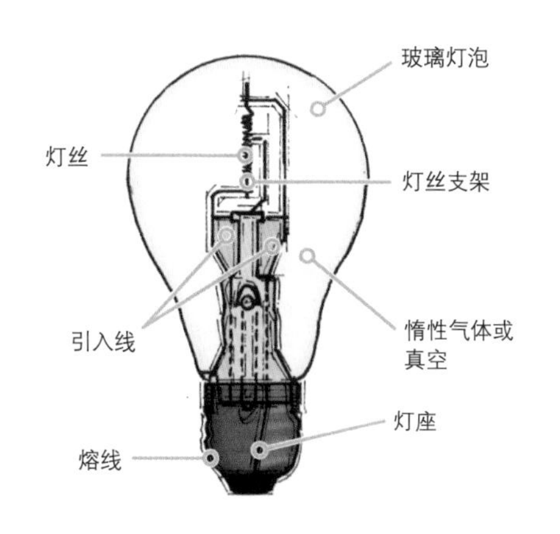

图 3.12 白炽灯的基本构件。

添加进灯泡的惰性气体用于减弱钨丝的氧化作用。标准白炽灯中的氩气带有一些氮气，可防止燃弧。添加氪的成本高，但是它可以增加白炽灯的能量效率，延长白炽灯的使用寿命。

使用卤素，不论是碘还是溴气，都可以改善白炽灯的性能，它们可以分解灯丝上的氧化钨，而非使其积累在玻璃上。这些**卤钨灯**可使用线电压（中国家庭用电电压为 220 伏）和低电压（通常为 12 伏）。低电压灯源每消耗 1 瓦电可以提供更多光照。

白炽灯产生的热量会影响其效能。通常，点亮一只白炽灯所消耗的能量中，仅有 10% 产生光照，而其余 90% 的能量都是以热量的形式散发。观察这一点，可以通过点亮白炽灯一段时间后，感受其产生的热量。

灯源产生的热量不仅会影响灯源的效能和寿命，还会损坏艺术品、纺织品和其他珍贵材料。在商业环境中，发热会严重影响空调系统的负荷。调光可以减少灯源产生的光照和热量。

白炽灯的种类

白炽灯有多种尺寸、功率、形状和颜色（见表 3.1、表 3.2）。白炽灯的尺寸小的有节日灯泡，大的有室外搜寻灯源。不同的尺寸对应不同范围的功率，小型夜光灯仅为 3 瓦，而大型剧院灯源可能高达 10000 瓦。

白炽灯会被制成不同的形状，不过，业内还是有一些标准形状。由美国国家标准协会（ANSI）开发的标准包含了指定代表灯源形状的字母和其后描述灯源直径的数字，以八分之一英寸（约 3.17 毫米）为单位。例如，设计师可以在制造商提供的信息目录中找到白炽灯部分，其中有一项 A19。A 在此代表任意（arbitrary）的形状，而灯源最宽点之间的距离为 19/8 英寸（约 6 厘米）。

光学控制

想要改善白炽灯的效能和指向性能，工程师开发了反射（R）灯，其中包括抛物面镀铝反射（PAR）灯和椭球反射（ER）灯。

表 3.2 部分灯源的代码和形状

灯源代码	描述	形状
A/*	任意形	
AR/	镀铝反射形	
B/	火焰（光滑）形	
BT/	胀管形	
C/	圆锥形	
CA/	烛形	
CMH	陶瓷金属卤化物	***
ED/	椭圆形	
F/	火焰（不规则）形	
**/FL	泛光	***
G/	圆球形	
/H	卤素	***
/HIR	卤素红外反射	***
/HE	高能效	***
/HO	高输出	***

灯源代码	描述	形状
MR/	多面镜面反射形	
/MWFL	中等宽度泛光	***
P/	梨形	
PAR/	抛物面镀铝反射形	
PS/	梨形；直颈形	
R/	反射形	
/SP	聚光	***
S/	直边形	
T/	管形	
/VHO	超高输出	***
/VWFL	超宽泛光	***
/WFL	宽泛光	***

* 前的字母代表灯源形状。
** 后的字母代表灯源描述。
*** 特殊类型灯源，没有固定形状。

反射灯包括抛物面镀铝反射灯和椭球反射灯。反射灯带有反射器，可以平滑地分配光照。抛物面镀铝反射灯带有黑色的反射器和耐热玻璃，使灯源可以用于户外。椭球反射灯带有窄的光束，用作嵌入式灯具时比抛物面反射器更高效。

反射灯替代了标准的导轨式白炽灯、嵌入式下照灯和重点照明灯具。但是，美国在 1992 年通过的《能源政策法案》（EPAct）对灯源能耗作出限制规定。为了达到相关标准，一些反射型白炽灯和抛物面镀铝反射型白炽灯就停产了，其中包括 R30、R40 和 PAR38 灯。

全世界对可持续性设计的重视促使人们对高效灯源也给予了更多关注。美国于 2007 年通过的《能源独立及安全法案》和 2005 年通过的《能源政策法案》中颁布了诸多新型中长期节能的强制标准，针对特定的灯源和一些灯具与镇流器（参见第四章）。

带有光学控制系统的灯源可以实现不同的光束发散，从聚光（SP）到泛光（FL）（见图 3.13）。用于描述白炽灯灯源的代码如表 3.2 所示。

带有聚光光束的灯源用来给非常集中的区域提供照明。被照明区域的尺寸取决于所使用的聚光类型。

传统的聚光会照明一小片区域。采用窄光束聚光（NSP）或极窄光束聚光（VNSP），可以使被照明区域更加突出。

泛光灯源用于照明一大片区域。传统的泛光照明的区域较小。采用宽光束泛光（WFL）、中宽光束泛光（MWFL）和极宽光束泛光（VWFL）的灯源可以照明更大的区域。

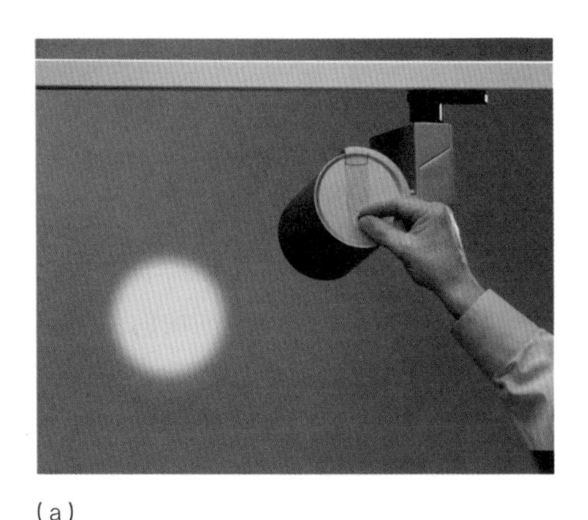

（a）

（b）

图 3.13 带有光学控制系统的灯源可以实现不同的光束发散，范围从聚光（图（a））到泛光（图（b））。（摄影：美国依古姿妮照明公司）

卤素灯与卤素红外灯

作为白炽灯家族的一员，卤素灯也具有与其他白炽灯相同的特征；不过，卤素再生循环使灯源性能得到显著提高，其中的卤素气体和小型灯管使得钨再次被用作灯丝。

卤素再生循环可以显著减少在玻璃内侧累积的钨的黑色沉淀物，因此，卤素灯比其他白炽灯拥有更长的寿命，能效也会提升约 20%。

卤素灯可以使用相同的电量而发射更多的光照。由于灯泡发黑的现象减少或被消除，流明维护也得到提升。

常见的卤素灯源之一就是 MR16（多重反射罩）（见图 3.14）。MR16 灯源体积小（直径 51 毫米）、光束控制卓越，而且颜色为明亮的白色，是重点照明的理想选择。

卤素灯通常会变暗，必要时常采用全功率运转，再度激活卤素再生循环。另外，没有戴手套时，不能触摸卤素灯，因为手掌的油脂会影响灯的运行。如果必须触摸，应在触摸后使用酒精或矿物酒精擦拭、清洁玻璃灯泡。

为了提升卤素灯源的效能，人们开发了卤素红外灯。玻璃上的涂层使灯源将红外线转化为可见光，实现更高的节能水平。

通过加粗白炽灯灯丝，人们生产出低电压的灯源。卤素灯和卤素红外灯可使用线电压和低电压。变压器是照明系统中用来升降电压的电气设备。当使用低电压时，变压器可用来调低电压。

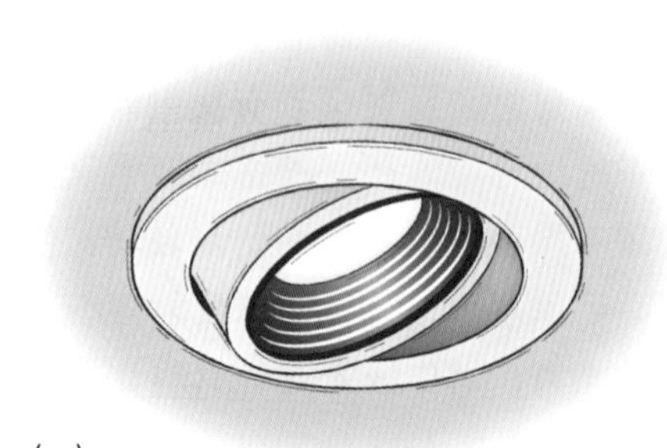

（a）

（b）

图 3.14 这件灯具采用 MR16 卤素灯源，检查灯具和灯源（图（a））在房间（图（b））中的效果。（图片来自美国依古姿妮照明公司）

对于带有多种装置的灯具而言，不要超过变压器允许范围内的最大限定功率是非常重要的。因此，这些灯具可能需要使用多个变压器来适应较高的功率。

低电压卤素灯源具有的卓越品质包括精确的光束控制、耐振性好、效率高、流明输出高，而且体积小。

荧光灯

荧光灯（直线形和紧凑型）是放电灯的一种。放电灯靠高低气压运行，没有白炽灯中带有的灯丝。

放电灯由玻璃制成，采用水银蒸气或钠气，且必须配镇流器，用于启动放电灯并控制其运行时的电流。

荧光灯得以广泛使用是因为它不仅能源转化效率高，而且流明输出高、使用寿命长、比白炽灯辐射的热量更少、初始成本适中、运行成本低、颜色选项也很多。荧光灯比白炽灯节约多达 80% 的能量，而且持续时间能长出上千小时，甚至更多。

为了节约能源，荧光灯还有低功率、高能效（HE）或高性能版本。荧光灯的光照输出水平可分为标准、高输出（HO）和极高输出（VHO）。在这三个版本中，标准光照输出的荧光灯节能效果最佳，且价格最低。荧光灯的其他特性还包括额外寿命（XL）和额外加长寿命（XXL）。

一分钟学习指南

1. 光视效能的意义是什么?
2. 绘制卤素再生循环的草图。

荧光灯的运行特征

如图 3.15 所示，荧光灯的运行是靠电流通过长管状灯管两端的阴极热钨。玻璃灯管中填充了低压水银蒸气和其他惰性气体，包括氩、氖和氪。阴极发射电子，刺激水银蒸气，荧光灯产生辐射能的最初形式为不可见的紫外线。

玻璃灯管内侧的磷涂层将紫外线变成可见光。制造出可见光的时候，磷涂层就在发荧光。由于这样的发光温度非常低，荧光灯只需要极少的电力就能运行。

磷涂层决定荧光灯产生的光照颜色。最初制造的荧光灯所带有的化学物质限制了光照的颜色范围。随着人们从稀土荧光粉中制出三磷酸盐，荧光灯的颜色属性和效率都得到了改善。

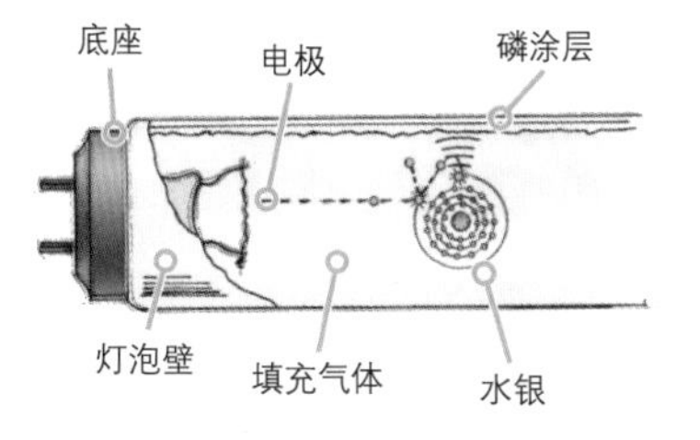

图 3.15 荧光灯的运行是靠电流通过长管状灯管两端的阴极热钨。

荧光灯的灯源－镇流器电路

荧光灯只能在带有镇流器（见图3.16）的系统中运行。镇流器启动灯源，并控制电流通过。特定的灯源配有特别设计的镇流器（参见灯源制造商提供的相关要求）。镇流器的运行寿命大约是荧光灯的3倍。镇流器分为磁性镇流器和电子镇流器。

电子镇流器是首选，因为它能效更高、更静音，基本上消除了灯闪烁，而且重量也比磁性镇流器更轻。2005年美国通过的《能源政策法案》对特定灯源－镇流器系统执行了强制效能标准。这些系统在制造和销售方面的中长期要求于2009年出台。

荧光灯的基本灯源－镇流器电路有四种，分为瞬时启动型、快速启动型、程序控制启动型（或程序控制快速启动型）和通用输入型。瞬时启动型电路不需要启动器就可以运行，使用高开路电压，会稍微减短灯源寿命，频繁开关灯源则寿命减短程度显著。

快速启动型电路通过持续加热阴极来运行，也是现在最常用的电路。这种电路可以在高功率时点亮灯源，也拥有比瞬时启动型电路更长的寿命。

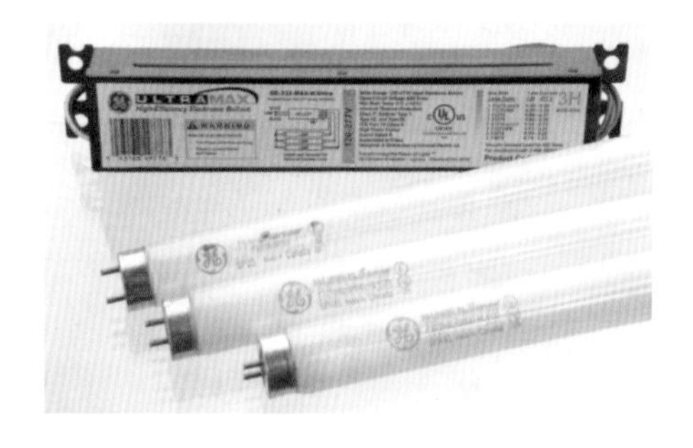

图3.16 镇流器和荧光灯示例。（图片来自通用电气公司）

程序控制启动型电路基本采用快速启动型的科技，但是灯丝在应用电路电压前就已经预热。这种启动电路适用于需要频繁开关灯源的空间。

通用输入型电路可在一定电压范围内（120～277伏）运行。高能效的电子镇流器可以节约40%的能量。

荧光灯的种类

荧光灯可分为不同的尺寸、形状和功率，但是现在最常被指定使用的类型是直管的T8和T5（见图3.17）。最新型的灯源包括非常小型的T2（直径约6毫米）。

这些类型的名称源于业内荧光灯的命名方法。例如F40T8/835，其中F代表灯源类型为荧光灯，40代表灯源功率为40瓦，T8代表灯管类型为直管T形（灯管直径约为25毫米），/8表示CRI指数在80以上，35表示灯源色温为3500K。荧光灯主要形状包括直管T形、U形和环形。U形和环形灯管通过弯曲直管得到。

不同的灯源制造商采用的命名方法也会不同，所以设计师必须参见具体制造商的说明，以明确该公司的命名方法。美国国家标准协会（ANSI/IES，2010）也有相关的灯源命名方法。

T8灯源现在运用得非常普遍，因为它能效高，演色性好，而且体积小，

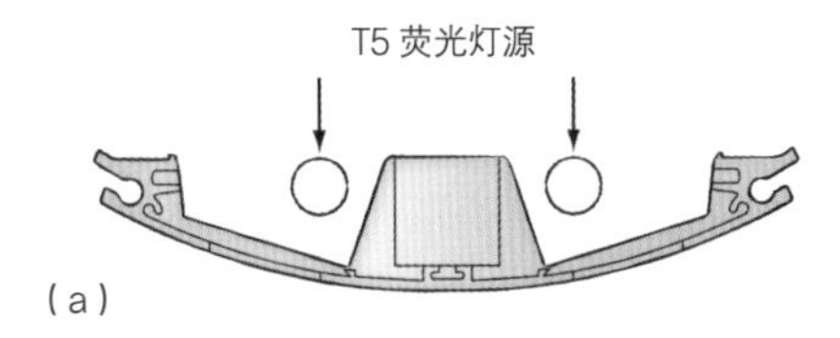

（a）

（b）

图 3.17 带有两个 T5 荧光灯源（图 (a)）的灯具，以及灯具装在会议室（图 (b)）中的示例。（图片版权归 John Sutton Photography 2016 所有）

直径约为 25 毫米（见表 3.1）。更小型的 T5 荧光灯源与 T8 的能效相似，但是会带来改装问题。T5 荧光灯源只有公制尺寸的型号，而其迷你双插头灯座只能安装在专门为这类灯源设计的灯具中。

另外，在指定非常明亮和小型的灯源时，应格外注意它们的位置和空间内的用户。直视明亮的光源会令人非常不舒服，而且会带来潜在的安全问题。为了遵守目前的能源法律，任何不能达到最低性能标准的荧光灯都不得再被生产（参见第四章）。

紧凑型荧光灯（CFL）

紧凑型荧光灯（CFL）是替代白炽灯的理想选择（见图 3.18）。该灯源光通量较大，而且相较于白炽灯可以节约约 75% 的能源，同时其使用寿命约为白炽灯的 10 倍。

制造 CFL 需要折叠一个或多个直线形荧光灯管。CFL 可分为双管、三管和四管。为了在缩小灯源尺寸的同时实现最大化的光照输出，制造商开发出螺旋形 CFL。

CFL 的镇流器可以是独立的控制装置（插头灯座型），也可以是内置单元（自镇流型）。自镇流型 CFL（也被称作螺旋灯座或旋入式灯座）带有与白炽灯灯座相同的螺旋灯座。这种灯源原本是白炽灯的理想替代品。

但是，需要记住的是，对于任何荧光灯来说，控制光束的发散都是不容易的。因此，CFL 在一些应用中并不是非常合适，比如在需要高光来强调物体的细节时。此外，CFL 应该仅被用于允许空气自由流通的灯具中，因为发热会缩短灯源的寿命。

一些 CFL 不能用于调光，而且也不应该被用在带有调光控制器的灯具中。因为这样灯源将无法正常运行，寿命也会极大地缩短。另外，在带有三向插座的灯具中应设定三向的 CFL 灯源。

CFL在成本和科技方面与发光二极管（LED）相比有很多弊端，这促使许多设计师都采用LED而非CFL。这一趋势的持续也预示着CFL可能在未来停产。

高强度放电（HID）灯

水银灯、金卤灯和高压钠气灯都是高强度放电（HID）灯（见图3.19）。

这些是带有发光电弧的放电灯源，灯泡的温度可以稳定发光电弧。水银（MV）灯采用水银蒸气的辐射来照明，但因其低效而逐渐被淘汰。

金卤（MH）灯利用金属卤化物或者金属蒸气（如水银蒸气）照明。高压钠气（HPS）灯使用钠气照明。

（a）

（b）

图3.18 紧凑型荧光灯（CFL）示例（图（a）），以及灯源安装在CFL筒灯灯具中的示例（图（b））。（图（a）摄影：mathieukor / iStock；图（b）摄影：来自通用电气）

HID灯的运行特征

HID灯的运行方式和荧光灯非常相似。与荧光灯一样，HID灯的照明始于两种电极间产生的电弧，在充了气的圆柱形灯管中运行，需要镇流器，使用的是气体或金属蒸气产生的辐射能。

但是不同的灯源和功率不可以被互换，因为HID灯的镇流器都是特制的。电子镇流器是HID灯源的理想选择，因为它们比磁性镇流器能效更高，控制电压的能力更佳。

对于要求高效能、长寿命、高节能性能，运行的周围环境温度变化范围广，追求长期经济效益的应用来说，HID灯源是绝佳选择。

金卤灯效能高、色彩还原优良、寿命长、流明维护优良，而且可以呈现的颜色与功率范围很广。金卤灯可以是任意白炽灯的形状，还可以还原冷色和暖色。金卤灯卓越的光学控制，以及可以在不同温度环境中运行的能力，使得金卤灯可以在许多室内和户外情况中得到应用。

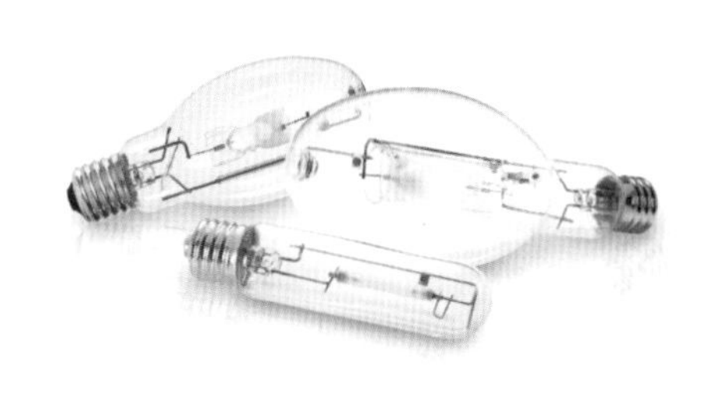

（a）

（b）

图 3.19 金卤灯示例（图（a））和安装在餐厅中的陶瓷金卤灯（图（b））。（图（a）来自飞利浦照明；图（b）摄影：Mel Melcon/Getty Images）

高压钠气（HPS）灯的节能评级极高，寿命非常长，而且长期经济效益卓越。HPS 灯可以持续运行 70000 个小时，但是超电压运行会缩短灯源寿命。灯源寿命评级是基于每启动一次灯源并点燃 10 小时的情况做出的。

HID 灯的弊端与优势

HID 灯源的弊端包括启动需要时间，在灯源使用寿命内会出现颜色变化，同类灯源产生不同颜色的光照，镇流器要求严格，不易调光。一些 HID 灯的预热时间需要 2 ~ 10 分钟。再启动或再次启动的时间也需要几分钟，因为灯源必须在再次启动前冷却下来。这尤其会在以安全与保险为关键指标的应用中带来问题。

系统的供电中断或电压降低时，需要极短的再启动时间。现在已有一些瞬时再启动型 HID 灯源，但是仅有高功率，而且必须与特定灯具和镇流器一同使用。

在需要一直照明的应用中，设计师应该额外设定一件可以在再启动期间为空间提供照明的灯具，或者设定一个 HID 灯，带有可以在灯源关闭时发光的内置附属单元。由于 HID 灯的预热和再启动特征，不建议在带有运动探测器的单元上使用这类灯源。

金卤灯和 HPS 灯的性能还在不断得到改进。紧凑型金卤灯有低功率版本，这也使其成为电视和追踪系统的理想解决方案。脉冲启动型金卤灯与陶瓷金卤（CMH）灯都是在标准石英金卤灯上做出的改进。

CMH 灯具有最佳性能特征，包括灯源使用寿命期间呈现的更好的颜色一致性。最新的 CMH 灯源在效能、流明维护、色彩还原、寿命、减少预热和再启动时间等方面都有改进。

一分钟学习指南

1. 阐述荧光灯的运行原理。
2.HID 灯的主要类型有哪些，各有什么不同？

固态照明（SSL）

固态（或电致发光）照明（SSL）包括发光二极管（LED）、有机发光二极管（OLED）和聚合物发光二极管（PLED）。LED是由嵌在塑料胶囊中的化学芯片组成的半导体装置。其光照被透镜聚焦或被漫射器打散。

OLED是由极薄的碳基化合物层组成，是电极受到电荷刺激后发光的固态科技。PLED使用化学物质作为半导体材料。这部分内容主要讲述LED，因为OLED和PLED科技还有待开发。

LED在市场中的神奇出现，以及它对环境产生的重要影响，美国能源部曾总结道："从2012年到2014年，LED装置在所有应用中的数量增长超过4倍，整体达到2.15亿个单元。"此外，LED照明节约的能源约等于每年14亿美元。

发光二极管（LED）的特征

正如第一章中提到的，LED是最先被用于整体照明的固态电子光源。这项科技自20世纪中期被发明以来，已经得到了显著改进。20世纪50年代，随着砷化镓半导体的发明，LED开始起步。在20世纪60年代磷化镓得到开发以前，红色光一直是不可见的。那时，LED被用于音响、电子表、电话和计算器中指示灯和字母、数字显示器。

对镓的进一步试验带来了更多的颜色和更明亮的光照。有关LED科技的一项重要突破是20世纪90年代蓝色系光的发明。这项发展对于"白色"LED和更明亮光源的产生尤其重要。LED现在可用作智能光照，可以通过蓝牙（Bluetooth）和无线网（Wi-Fi）连接。

LED基本上就是嵌在塑料胶囊内的化学芯片（也被称作"管芯"）形式的半导体（见图3.20）。直流电压使芯片通电，使光可见。光照通过透镜聚焦或通过漫射器被打散，漫射器是灯具上将光照打向许多方向的覆盖物。产生的热量射向单元底部，再通过吸热材料，也就是热沉的传导或对流被消除（见图3.21）。运行LED需要驱动器或附属的电气组件。驱动器基本上就用于连接输入线路电力与LED灯源。

LED的颜色和在LED中创造白色光照

芯片中所含的化学成分决定光照的颜色。最初的光照颜色为红色、绿色和琥珀色。20世纪90年代被开发出的蓝色光LED，使得灯源制造商可以实现"白色"的光照，这也显著扩大了LED在整体照明中的应用。

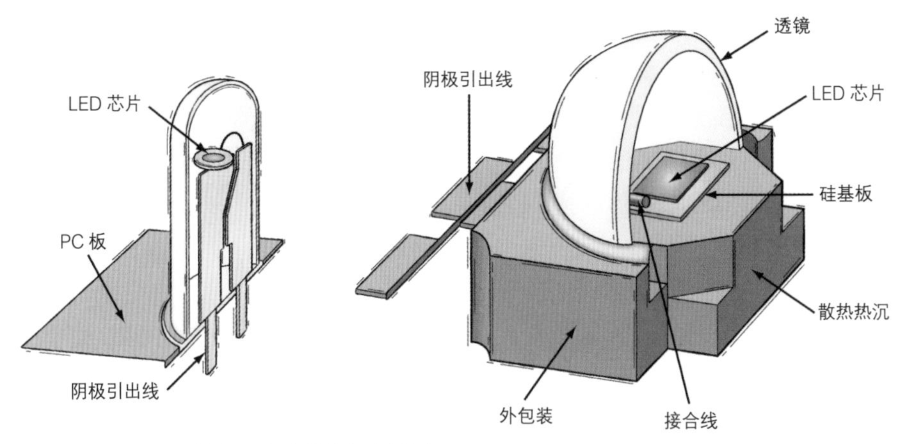

图 3.20 LED 是嵌在塑料胶囊内的化学芯片形式的半导体。

图 3.21 一个带有散热热沉的 LED 组合。

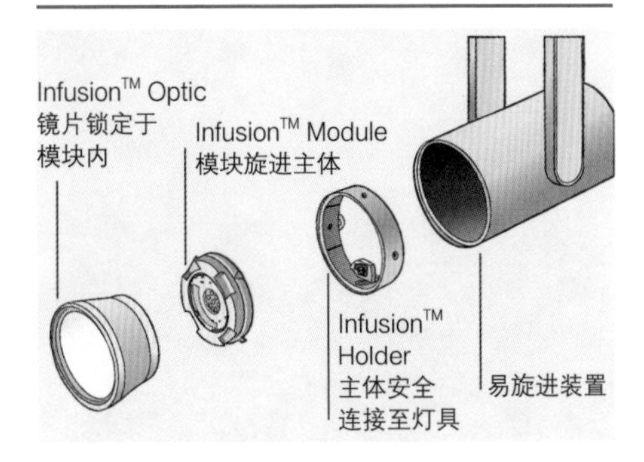

图 3.22 一个带有 LED 模块的灯具的组成部分。（图片来自通用电气公司）

三种基础的方法可以创造出看起来是“白色”的光照：①荧光体转换（PC）；②混色（三原色——红、绿、蓝）系统；③结合了 PC 与 RGB 的混合系统。PC-LED 通过 LED 之上或附近的荧光体将单色光(通常为蓝色光)变为白色光。RGB 系统产生白色光照是通过混合三种单色 LED（红色、绿色和蓝色）；琥珀色有时也被加入，以制造增强的颜色，但这会导致灯源效能降低。

LED 的色温范围很广，但不总是一致的。为了消减这种不一致性，制造商根据 LED 的颜色属性和流明输出将它们分类。PC-LED 通常比 RGB 系统具有更好的颜色一致性。

LED 产品

LED 产品分为带驱动器的产品和不带驱动器的产品。不带驱动器的产品包含上文中提及的单一 LED、LED 组合（组成部分）以及 LED 模块。制造商使用这些设备来为客户创建 LED 产品（见图 3.22）。LED 组合基本上是指集成的一个或多个 LED，而 LED 模块是指印制电路板上的集成 LED 组合或晶粒。

LED 组合和 LED 模块不带符合美国国家标准（ANSI）的灯座或电源，因此设备不能被连接至建筑电路。许多制造商都遵守美国国家统一标准。因此，灯源上的ANSI标准灯座（灯源基座或电源插座）物理与电气规格参数都是相同的，这与制造商无关。

带驱动器的LED产品包括LED灯源（集成或非集成型）、LED光引擎和LED灯具。消费者可以购买到这些产品。

LED灯源是LED组合或LED模块的集成（见图3.23）。集成LED光源包含一个LED驱动器和一个美国国家标准灯座(灯源基座或电源插座)。非集成LED灯源用于连接LED灯具的LED驱动器。

图3.23 一个三向的LED灯源。（图片来自通用电气公司）

LED光引擎也是LED组合或LED模块的集成，包含一个LED驱动器和其他光学、热学、机械和电子的组成部分。

LED光引擎连接至LED灯具的一个部分，但是不符合美国国家标准灯座的要求。因为这个设备很可能是有专利的，不能与其他制造商生产的灯具互换。

灯具是指在灯壳内，包含基于LED照明及其相应驱动器和热沉的完整照明系统。这样的灯具也会有助于减少反射器和表面的眩光（见图3.24）。和传统灯具一样，LED灯具可以连接建筑物电路。

为了确保所有LED产品的性能都与其制造商声明的一致，设计师应该联系独立的测试机构进行核实，比如美国能源部（DOE）、“能源之星”、美国照明工程学会（IES）、美国国家标准协会（ANSI）和美国照明研究中心（LRC）（见表3.3）。

LED网络装置

LED网络装置一般包含多个灯具和一个控制器。数字化控制的LED可以提供多种颜色、亮度和特效，比如闪烁，甚至可以与音乐同步。这类系统对于专业建筑照明及零售店、餐厅和夜店尤其有用（见图3.25）。

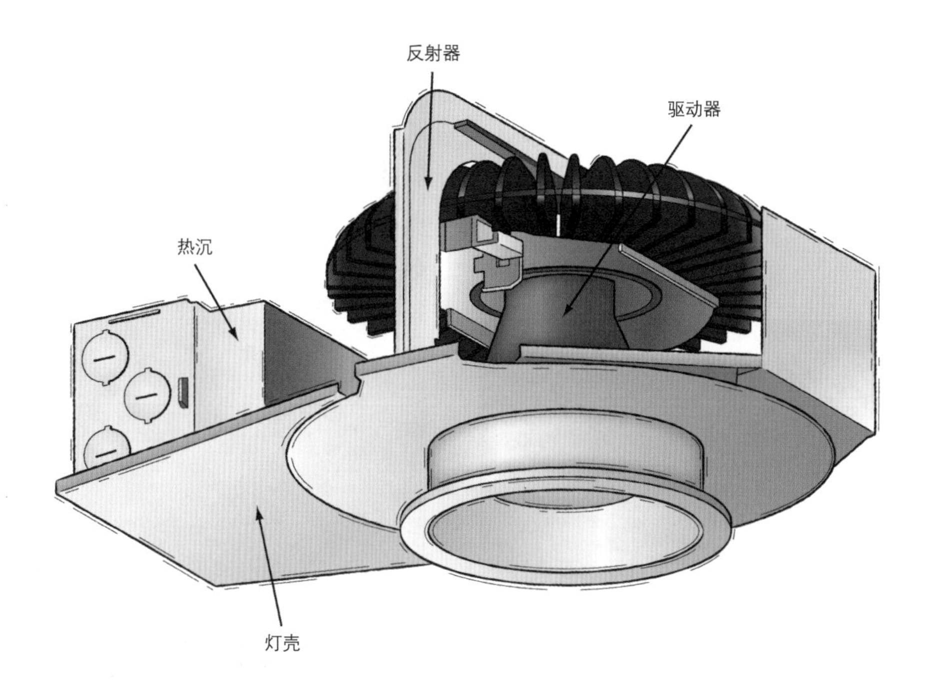

图 3.24 一件 LED 灯具的组成部分。

软件和硬件 LED 系统使用户可以管理、设计和控制大型装置。例如，LED 系统可以使用一系列图块或嵌板来创设场景。计算机图像程序可用于创建图块的图像。可编程控制器通过改变每个图块里的 LED 光照，实现颜色同步。相同的科技还可以用于灯光照明系统。

LED 性能属性

作为一种新兴的照明源，LED 价格相对昂贵，但是，其成本也正在快速降低。此外，制造商生产的 LED 灯泡的形状、流明水平、光照分布种类有限，LED 灯具也是如此（见表 3.1 和表 3.3）。

记住，便宜的 LED 灯源通常性能不如贵的灯源好。性能方面的问题通常包括光闪烁、色彩重现差和颜色变化。

由于 LED 灯源有许多积极属性，目前 LED 灯源所受的限制很有可能在不远的将来被克服。LED 灯源耐用、体积小、寿命长（长达 50000 小时）、高能效、是指向性灯源、可以瞬时点亮（无预热时间），而且不会带来紫外（UV）或红外（IR）辐射。另外，LED 还抗断裂、抗振动、抗低温。

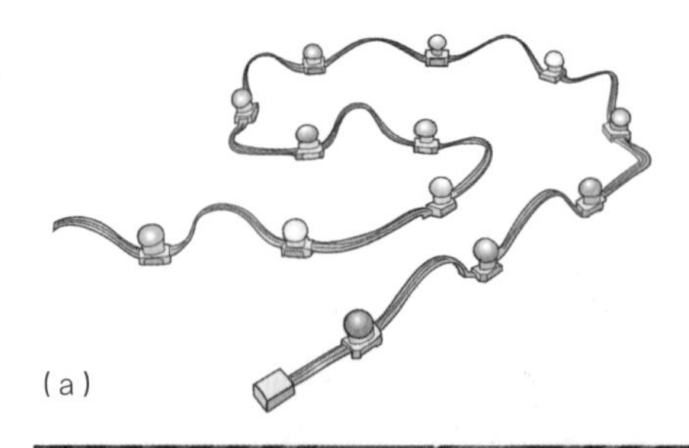

（a）

（b）

（c）

图3.25 在位于耶鲁大学工程学院的Ground咖啡厅中，灵活的高强度、全彩LED节点链（图（a））营造出精彩的体验（图（b）和图（c））。（图（c）摄影：Lisa Wilder）

与传统灯源不同的是，LED不会“燃尽”；但是，LED灯源会有流明衰减，即射出的光照随时间逐渐降低。许多LED都可以调光，但是，其性能高低取决于使用的兼容设备，比如驱动器和调光器本身。为LED调光会导致光闪烁、不规则的流明输出和颜色的改变。

LED的效能通常好过白炽灯、卤素灯及一些直线形荧光灯和CFL灯。LED的长寿命降低了维护成本和垃圾处置成本。另外，LED不含汞，也没有玻璃或灯丝这类易碎成分。LED的热辐射低是它的一个间接优势，有助于减少冷却建筑所需的能量。

LED作为可持续照明解决方案的潜在优势促使许多制造商快速开发和生产众多LED产品。可惜的是，开发产品的这段时间还没有出台相应的标准或规定。这就导致制造商广告的部分内容被夸大或造假，比如灯具寿命、输出流明和颜色一致性。一些组织，比如照明工程学会和美国国家标准学会已经在开发用于改进LED的标准，他们还提供数据以供消费者比较产品。这些都将有助于建立人们对这项科技成果可靠性的信心。

表 3.3 固态照明

固态照明标准与项目标准 / 组织机构	用途 / 概览	来源与联系信息
美国能源部 LED 照明能效标签	提供用于评估产品和设定最佳选项的关键信息	www.lightingfacts.com
美国能源部 CALiPER 项目	支持采用业内认可的程序来测试一系列可用于整体照明的固态照明产品	http://www1.eere.energy.gov/buildings/ssl/caliper.html
美国能源部 L Prize 竞赛	用于促进开发超能固态照明产品的竞赛	www.lightingprize.org
美国能源部 新一代灯具设计大赛	用于鼓励技术创新、认可和推动卓越节能 LED 灯具设计的竞赛	www.ngldc.org
美国能源部 DOE GATEWAY 示范工程	示范 LED 产品的具体评估，以及无法在实验室中复制的实践经验	http://energy.gov/eere/ssl/gateway-demonstrations
“能源之星”认证 LED 照明	“能源之星”颁发给符合严格能效、品质和寿命要求的精选灯源和灯具类型	www.energystar.gov/index.cfm?c=ssl.pr_why_es_com
美国照明研究中心 固态照明（SSL）项目	开展提升固态照明科技的研究和教育项目	www.lrc.rpi.edu/programs / solidstate/index.asp
美国保险人实验室	全球性的独立安全科学公司，有专业的创新型安全解决方案，包括从电力到可持续性、可再生能源和纳米科技的新突破	www.ul.com/global/eng/pages/
ANSI C78.377	明确将固态照明产品用于整体照明的建议色度范围	www.ansi.org
IES 标准 LM-79	用于固态照明产品的电气测试和光度测试的方法	www.ies.org
IES 标准 LM-80	用于度量 LED 光源流明维护的方法	www.ies.org
IES 标准 LM-82	用于测试 LED 光照引擎与 LED 灯源的电气和光度品质与温度变化之间关系的方法	www.ies.org
IES 标准 LM-84	用于度量 LED 灯源、LED 光照引擎和 LED 灯具的光通量和颜色维护的方法	www.ies.org
IES 标准 LM-85	用于度量大功率 LED 电气和光度的方法	www.ies.org
IES 标准 TM-21	用于计划 LED 组合的长期流明维护的方法	www.ies.org
IES 标准 TM-30	用于评估灯源色彩还原的方法	www.ies.org
NEMA 标准 LSD 49	用于替代白炽灯的固态照明——最佳调光实践	www.nema.org
NEMA 标准 SSL 3	用于整体照明的大功率白色 LED 分类	www.nema.org
NEMA 标准 SSL 4	改造灯源：最低性能要求	www.nema.org
NEMA 标准 SSL 6	用于调光替代白炽灯的固态照明	www.nema.org

LED测试方法与标准

科学家与工程师仍在继续改进LED颜色不一致、颜色质量和显色性的问题。基于测试结果，国际照明委员会（CIE）技术分委会认定，传统演色性指数评级不适用于LED。

正如第二章提到的，美国国家标准化考试协会（NIST）正在开发光色品质评级（CQS），这将替代演色性指数，还有与演色性指数一同使用的全色域指数（GAI）评级。国际照明委员会建议，在对显色性要求精确的情境中，人们应该亲眼查看光源。

许多社会组织和政府机构都为设计师提供不同LED和LED灯具的可靠信息。这样公正的报告对于运用正处于开发阶段的科技产品来说是无价的（见表3.3）。

为了协助消费者购买可靠的固态照明产品，包括LED替代灯源和灯具，美国能源部开发出LED照明能效标签项目（www.lightingfacts.com）。

网站中列出的产品都已经通过美国能源部认证测试，并获得美国能源部的LED照明能效标签。产品标签上会列出光照输出、效能、功率、相对色温和演色性指数。可选信息包括有关授权信息和LED流明维持（在使用了特定小时之后的光照余量）的友情链接等。

另一个有关固态照明产品测试结果的资源就是美国能源部的CALiPER（商业化可行LED产品评估及报告）项目。CALiPER为多种固态照明产品做的报告可在线获取（www1.eere.energy.gov/buildings/ssl/caliper.html）。

“能源之星”拥有一系列符合机构标准的合格LED灯源和LED灯具（如柜下作业灯、可移式桌面作业灯和筒灯）清单。测试程序包括检测亮度、亮度的统一性、随时间的灯源输出一致性、颜色优越性、与荧光灯相同或更优的效能，以及产品的保修期。

IES开发了几种标准，包括LM-80和LM-79，旨在建立与光度特性、流明衰减和其他度量相关的测试标准（见表3.3）。有关SSL产品的色温，ANSI创建了C78.377标准。

设计师应了解未来的标准及其修订情况、产品和科技，因为LED正在彻底地改变室内照明；表3.3中列出的机构和组织是了解这些信息的绝佳途径。理想情况下，LED的成本会逐渐降低，新型灯具也会被设计和生产以适应LED的独特科技性，而不是调整那些本用于增强传统光源性能的灯具。

有机发光二极管（OLED）

除了关注LED科技，设计师还需要注意与OLED相关的科技发展与出台的标准（见图3.26）。其中，设计师尤其需要注意OLED使用寿命与成本方面的改进。较高的生产成本限制了OLED照明的开发，但是其价格将会在不远的将来降低。

OLED是一种SSL科技。它由极薄的碳基化合物层组成，其电极受到电荷刺激后发光。其中使用的发射（辐射）材料的种类决定光照颜色。白色光照由红色、绿色和蓝色的发射源创造。

OLED是一种经过漫射的柔和光源，且可以调光。这项科技不含汞、可回收利用，而且非常高效。另外，OLED可在不破坏光照的情况下同时嵌入孔内或者切除部分。

OLED的极薄化合物层及其灵活性，促成开发了全新的照明空间和物体。例如，研究人员正在探索将OLED通过不同的形状与大小粘在物体表面上的方法，比如粘在窗户、墙面和顶棚上。另外，当OLED科技以面板形式安装时，人们还可以与之互动（见图3.27）。

图3.26 OLED是极薄、灵活的碳基化合物层，通过电极受到电荷刺激后发光。（图片版权归Ingo Maurer GmbH，慕尼黑所有）

图3.27 由OLED面板组成的互动墙面，厚度约0.7毫米。注意每一块面板的整体都通过柔和、漫射的光照照明。（摄影：Bloomberg/Getty Images）

有关LEED认证

如何将自然光源与电气光源应用于创建LEED认证建筑的检查清单，参见“可持续策略与LEED”方框栏目及附录IV。

章节概念→专业实践

这些项目基于大脑学习过程的规律——一项研究大脑如何运行和学习所形成的理论（参见前言）。这些项目可以独自完成，也可以进行分组讨论。

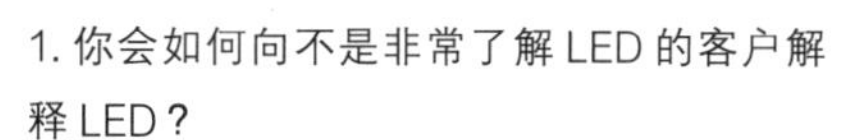

一分钟学习指南

1. 你会如何向不是非常了解LED的客户解释LED？
2. 画一张新式OLED灯具的草图，设计应展示灯源的独特风格。

可持续策略与 LEED：自然光源、人造光源与 LEED 认证

你可以参考以下策略，将本章内容投入使用，创建 LEED 认证建筑：

- 注意靠近窗户的灯源的指向性，减少光照污染。
- 通过最优化采光和控制阳光直射来最小化且最优化能量性能。
- 通过最优化采光和控制阳光直射来最大化用户与户外的接触。
- 通过最优化采光和控制阳光直射来最大化用户与太阳能相关的热舒适。
- 通过为特定应用挑选最高效、产热最少的灯源（光视效能大），来最小化和最优化能量性能。
- 通过替换和再利用效能不佳的灯源和附属设备来最小化和最优化能量性能。
- 通过为特定应用挑选最高效的镇流器，来最小化和最优化能量性能。
- 根据灯源开关频率挑选合适的荧光灯的灯源 – 镇流器电路，来最小化和最优化能量性能。
- 通过为指定任务及用户设定高效且合适的照度水平，来最小化且最优化能量性能。
- 通过控制自然光，以及挑选将光照指向不溢至其他区域或室外的灯源和灯具，最优化照明控制的能量性能。
- 最优化用户控制灯源、窗户挡板和控制器的能力。
- 在建筑物能源系统的基本或增强检测中，检测灯源的安装、运行和校准，以及照明的可控性。
- 测量并校验采光、灯源、控制器和热舒适的能效。
- 注意灯源和附属设备的新发展，确保照明系统最高效、最节约成本。

互联网探索

建于电力与空调系统被发明之前的建筑可能是绝佳的采光案例。指出世界上符合这一要求的建筑，并描述和（或）绘制草图，表示它们是如何设计和增强采光的。阐述如何将这些采光的方法用于当代建筑。

思维导图

思维导图是一种“头脑风暴”的技巧，它可以帮助你理解概念。创建思维导图时，需要画几个圈代表每一个概念，用线连接来表示不同概念间的关系（见图 3.28）。用最大的圈表示最重要的概念，用最粗的线条表示最牢固的关系。文字、图像、颜色或其他视觉手段都可以用来代表概念。发挥你的创造力！

画一个思维导图，包含本章中提到的主要电气光源（大圆圈），并用更小的圆圈、图像、颜色或其他视觉手段来代表以下概念：运行特征、类型、主要优势和主要弊端。

闪回关联

吸收知识的一个重要方式就是将其与之前学过的内容相联系。通过联系本章内容与之前章节的内容来练习这项技巧：

- 制作项目符号列表，小结第一章到第三章中涉及的相关话题。
- 阐述如何将第一章和第二章中涉及的话题应用到本章提到的内容里。
- 指出你在第一章和第二章中读到的内容，通过阅读本章后，对哪些知识有了更好的理解。

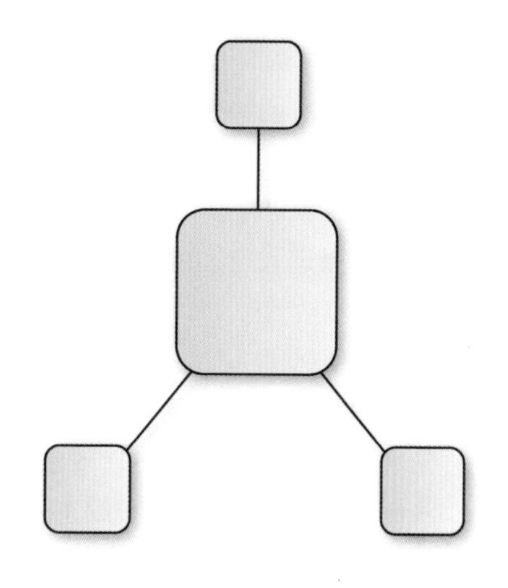

一分钟学习指南

将你在“一分钟学习指南”中的回答汇编成一本“学习指南”。对比你的回答与本章中的内容。你的回答准确吗？有没有错过什么重要的信息？你觉得你是否需要重读某些部分的内容？另外，利用“关键术语”列表来测试自己对于每个术语的掌握程度，然后再在本章内容或词汇表中查找相关释义。把难记的术语及其释义加进你的“学习指南”。相应地，订正你的回答，然后创建“第三章学习手册”。

章节小结

- 阳光直射会造成眩光、过热，导致材料褪色。自然光是用于描述空间中理想自然光照的术语。
- 将自然光融进室内空间可以减少电气光照，从而节约能量。
- 想要设计出能够将日照渗透最大化的建筑，应先理解太阳几何学和阳光的多变性。
- 影响日照进入空间的水平与质量的因素包括云层、天气、大气污染、定位、景观和周围结构。
- 想要理解电气光源及其利弊，应先了解灯源的光照输出、效能、寿命、颜色、维持因素和成本。
- 白炽灯的运行是通过电流加热钨灯丝直至白炽状态。
- 使用卤素，不论是碘或溴气，都可以改善白炽灯的性能，通过重新分配灯丝上的氧化钨，不让氧化钨积累在玻璃灯泡上。
- 放电灯由玻璃制成，采用水银蒸气或钠气，且必配镇流器，用于启动放电灯并控制其运行时的电流。
- 荧光灯的灯源－镇流器电路有四种，包括瞬时启动型、快速启动型、程序控制启动型（或程序控制快速启动型）和通用输入型。
- 紧凑型荧光灯源（CFL）可以产生高流明输出，而且相较于白炽灯可以节约 75% 的能量。
- 高强度放电（HID）灯的三种基本类型为水银（MV）灯、金卤（MH）灯和高压钠气（HPS）灯。
- 对于要求高效能、长寿命、高节能性能、运行的周围环境温度变化范围广、追求长期经济效益的应用来说，HID 灯源是绝佳选择。
- 固态（或电致发光）照明包括发光二极管（LED）、有机发光二极管（OLED）和聚合物发光二极管（PLED）。
- LED 是嵌在塑料胶囊内的化学芯片形式的半导体。直流电压使芯片通电，使光可见。运行 LED 需要驱动器或附属电器成分。
- LED 灯具是指包含基于 LED 照明及其相应驱动器和热沉的完整照明系统，可能还包括帮助减少眩光的反射器和表面。

关键术语

aperture 孔口
ballast 镇流器
bin 分
candela (cd) 新烛光
candlepower 烛光功率
circadian rhythm 昼夜节律
color-mixed (RGB-red, green, blue) system 混色（三基色—红绿蓝）系统
compact fluorescent lamp (CFL) 紧凑型荧光灯
daylight 自然光
skylight 天光
daylight harvesting 自然光采集
diffuser 漫射器
driver 驱动器
efficacy 效能
electric-discharge lamp 放电灯
ellipsoidal reflector (ER) lamp 椭球反射灯
lamp flood (FL) 泛光灯
fluorescent lamp 荧光灯
halogen-infrared lamp 卤素红外灯
high-intensity discharge (HID) lamp 高强度放电灯
lamhigh-pressure sodium (HPS) lamp 高压钠气灯
housing 灯壳
incandescent carbon-filament lamp 白炽碳丝灯
lamp life 灯源寿命
LED module LED 模块
lumen depreciation 流明衰减
mercury (MV) lamp 水银灯
metal halide (MH) lamp 金卤灯
modeling 建模
organic light-emitting diode (OLED) 有机发光二极管
parabolic aluminized reflector (PAR) lamp 抛物面镀铝反射灯
phosphorconversion (PC) 荧光体转换
polymer light-emitting diode (PLED) 聚合物发光二极管
restrike 再启动
sidelighting 侧部照明
solar geometry 太阳几何学
spot (SP) 聚光
sunlight 阳光
toplightin 上部照明
transformer 变压器
tungste 卤素
tungsten-halogen lamp 卤钨灯
watt (W) 瓦特

第四章 能量、环境和可持续设计

目标

- 阐述目前直至2040年的国际能源要求。
- 分析照明的能量要求，包括制造商、销售商和消费者描述的不同类别建筑和应用的消耗。
- 定义可持续设计，并将对它的理解应用于照明系统。
- 明确设计可持续照明系统时应该考虑的因素。
- 理解能量规范与标准中对新建建筑和已有建筑做节能设计时的最低要求。
- 明确在经济性分析中应该考虑的因素。
- 理解照明所消耗的能量与LEED评级要求之间的关系。

（摄影：Shtiever/WikiMedia/Creative Commons 3.0）

室内设计师有责任保护在他们设计的室内空间的人们的健康和安全。随着地球上人口增长、自然资源消耗，保护环境对于未来人类的健康与幸福越发重要。身为地球居民，室内设计师可以在教育消费者方面发挥重要作用，并且有意识地采用对环境产生影响最小的产品和材料。

过去几年中，室内设计领域相较以往变得越发关注环境。这从可持续设计的热度和拥有LEED认证的建筑数量增长的速度上可以看出（见图4.1）。

可持续设计注重采用既可以保护环境又可以为未来人类节约能源的产品和措施。无论何时，照明规格参数都可以反映可持续设计中隐含的原则，包括节约能源和遵守相关标准、规范和规定。本章内容包括可持续设计理念下的照明，通过检查采光、灯源的节能特征、灯具、控制器和经济性来考虑。

能量

优质的照明环境要求灯具系统可以保护自然环境、节约能量，并提供促进室内使用者健康和幸福的环境。

图 4.1 谷歌在以色列特拉维夫的办公室（Google Tel Aviv）获得 LEED 白金认证，其中的可持续性包括舒适和健康的办公环境、自动化百叶窗以及带有感应和自然光传感器的照明系统。（图片版权归 Evolution Design Photo: Itay Sikolsk 所有）

想要了解如何设计这样的建成环境，需要先理解全球能量消耗和不可再生能源。

全球能量消耗

美国能源信息署（EIA）是一个独立的数据分析机构，会发布年度出版物《国际能源展望（IEO）》。根据美国能源信息署 2014 年发布的信息，世界能量消耗将在 2040 年达到 820 千万亿英制热单位（Btu）。这意味着从 2010 年到 2040 年能量消耗将增长 56%（美国能源信息署，2014 年 1 月）。

大部分能量消耗增长出现在非 OECD（经济合作与发展组织）国家，比如亚洲和中南美洲国家（见图 4.2）。

2010 年，约有 13 亿人口生活在没有电力的国家。非洲 57% 的人口用不上电。因此，美国能源信息署预计，电力使用的增长将主要来自非 OECD 国家生活水平的提高。

美国能源信息署进一步研究了世界能量消耗，尤其是用于发电的消耗，并预测了全部主要能源的消耗增长，包括煤炭和天然气（见图 4.3）。化石燃料是不可再生能源，同时，化石燃料的燃烧过程增加了全球二氧化碳排放量。

从积极的角度来说，报告表明不可再生能源也是全球快速增长的电力生产来源。指定节能高效的照明系统可以帮助减少未来的国际能量消耗及后续排放。

照明的能量消耗

美国能源信息署统计，在 2014 年约 15% 的电力被用于住宅和商业照明。

大部分照明需求出现在工作日，工作日也是电力需求的峰值时段。

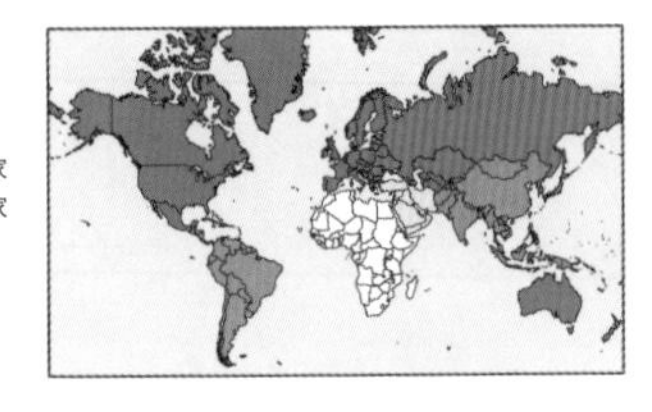

图 4.2 经济合作与发展组织成员国和非成员国地图（基于 OECD）。

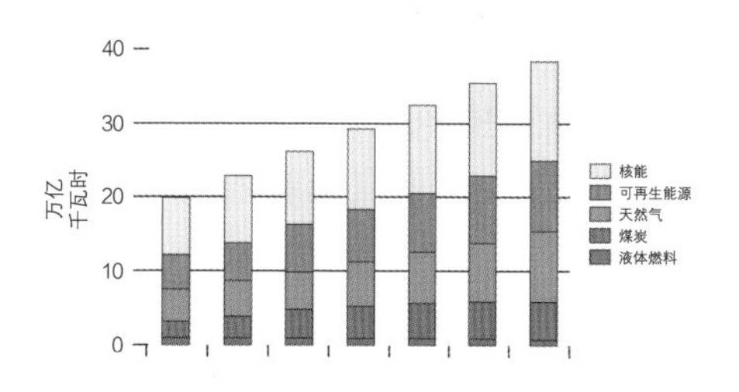

图 4.3 世界燃料发电量，2010—2040 年。

影响光照使用的因素

建筑物的使用目的会影响其用于照明的电力占比。例如，一间零售店使用的大部分电力都用于照明。相反，一间工厂用于照明的占比就非常小，因为工厂对运转机器的电力需求更高。

建筑的设计同样会影响用于照明的电力占比。通常来说，带有相对较小室内日照面积的建筑物需要更多的电力用于照明。例如，通过一扇敞口 3 英尺 ×5 英尺（0.9 米 ×1.5 米）的窗户的光照的量相当于大约 100 个 60 瓦的白炽灯源。

因此，想要减少用于照明的能量，就应设置优质的采光条件。日照分析软件（如 Radiance）可以生成建筑物对采光和照明的电力需求的模拟（见图 4.4（a）和图 4.4（b））。Radiance 是一个光线追踪软件，由美国能源部支持开发。这个软件项目是用于分析和可视化照明的理想选择，而且被许可免费使用（http://radsite.lbl.gov/radiance/framew.html）。

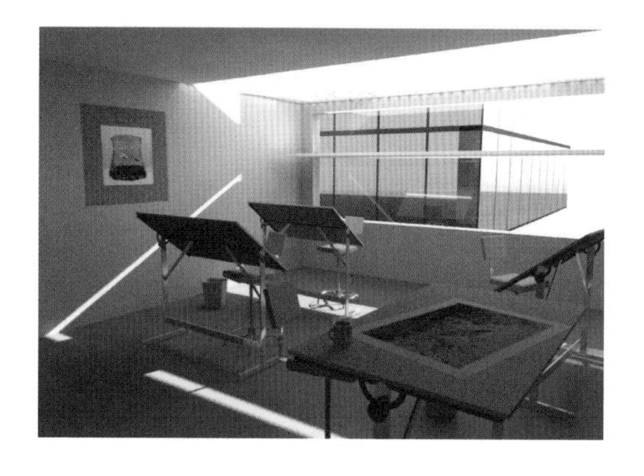

图 4.4（a）Radiance 软件被用于模拟采光。Radiance 系统计算被渲染的图像和它们的值。（劳伦斯伯克利国家实验室）

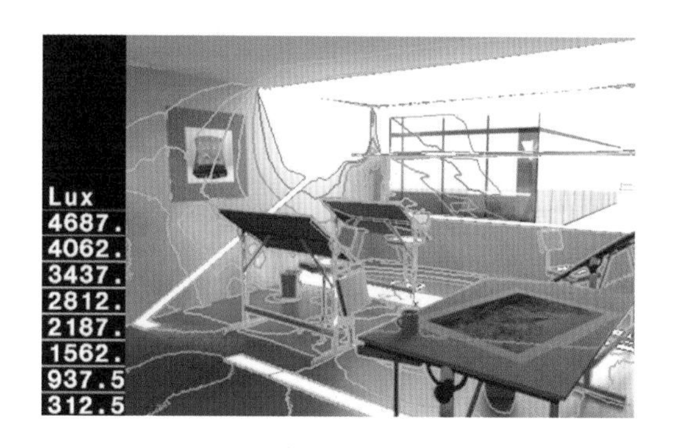

图 4.4（b）Radiance 软件被用于模拟采光和生成照度轮廓。Radiance 系统计算被渲染的图像和它们的值。（劳伦斯伯克利国家实验室）

为了理解照明使用的习惯与态度，史密森尼国立美国历史博物馆（Smithsonian National Museum of American History）正在收集来自照明制造商、销售商和消费者的反馈，撰写一部作品（图 4.5）。问题及回复在博物馆网站上可见，你也可以通

图 4.5 史密森尼国立美国历史博物馆正在收集来自照明制造商、销售商和消费者的反馈，撰写一部作品。（史密森尼学会、国立美国历史博物馆、艺术与工业馆、照明历史项目）

过访问其网站查看这些问题的回复。这些问题主要涉及节约能源方面。例如：

- 一个向制造商提出的问题：“您参与节能照明的活动是否使您在生产其他产品时考虑能源问题，能否举例说明？”
- 一个向销售商提出的问题：“高效照明越发被视为一个关联诸多综合组成部分的系统。以您的经验而言，这如何影响了科技的应用？”
- 一个向消费者们提出的问题：“您是否曾经为了使用更高效的灯泡而更换全部的照明灯具，如果没有，您是否会考虑这么做？”

网站上含有问题的精选回复。由于这是一个进行中的研究，目前还没有研究结论。不过，通过阅读这些回复，室内设计师可以获得有关创造和分配高效照明系统问题的深刻见解。意识到这些问题可以促进业内代表的讨论，加速实现可持续的照明系统。

优质照明与可持续设计

室内设计师们在支持可持续设计方面发挥重要作用，因为他们每年会指定数以百万计的产品和材料的使用。可持续设计通过全面优化土地、人群、建成环境以及现代和后代的经济之间的相互作用，来减少对环境产生的负面影响。可持续设计注重健康的室内环境、环境友好型产品、浪费化最少，以及减少能源消耗和不可再生能源的使用。

寿命周期评价（LCA）

美国环境保护局（EPA）规定，与可持续发展相关的问题包括污染的预防、多级和系统性影响、与环境相关的寿命周期评价（LCA）、（本地及全球的）影响程度以及有关环境属性的详述。

一分钟学习指南

1. 阐述全球能量消耗的整体趋势。
2. 你认为设计师可以怎样减少用于照明的能量？

一项寿命周期评价，或“从摇篮到坟墓”分析，是检测一个产品对环境产生影响的完整过程，从原材料提取、材料加工，到制造、运输、使用、回收、废弃。蕴藏能量是指一个产品在其寿命周期内消耗的能量。最近，人们开始关注用于生产 LED 灯具的铝制热沉的蕴藏能量。

室内设计师在制定照明系统时，所有这些过程都很重要。照明的制造、运转和废弃都会使用能源、消耗能量和造成污染。制定照明系统的目标应该包括：

- 最大化采光；
- 减少不可再生能源的使用；
- 控制可再生产品的使用；
- 最小化大气污染、水污染和土壤污染；
- 保护自然栖息地；
- 排除有毒物质；
- 再利用灯源；
- 减少光照污染和光侵扰。

光照污染是由电气光源造成的天空中的过度照明（见图 4.6）。当来自一个物体的不受欢迎的光源将光照指向附近物体时，会发生光侵扰。

可持续性资源

许多目前正在进行的公立和私立的能源与可持续项目都是有价值的资源（见表 4.1）。美国环境保护局、能源署和国家科学基金会（NSF）都赞助了促进保护环境、最小化浪费和最大化能源利用的项目。国际上有多个绿色建筑认证项目，包括：

- 英国的建筑研究院环境评估方法（BREEAM）及其国际项目（www.breeam.org）（见图 4.7）。
- 加拿大绿色建筑委员会（www.cagbc.org）。

图 4.6 从太空中看到的地球展示了光照污染带来的影响。（摄影：Marcel Clemens/iStock）

图 4.7 一间位于英国伦敦、获得 BREEAM（世界三大绿色建筑评价体系之一）奖的办公室。其中的可持续设计包括充足的自然光照以及全部购于可再生能源的电力。（摄影：Philip Vile，图片来自 Morgan Lovell）

表 4.1 能源与可持续项目

资源	网址
机构	
美国能源部	www.energy.gov
美国环境保护局	www.epa.gov
单位	
美国能源部能量效率与可再生能源办公室	www.eere.energy.gov
门窗热效评级委员会（NFRC）（美国）	www.nfrc.org
项目与实验室	
先进建筑物（Advanced Buildings）（美国）	http://www.advancedbuildings.net
ANSI/ASHRAE/IES 90.1（美国国家标准协会 / 美国供暖、制冷与空调工程师学会 / 美国照明工程学会）	www.ashrae.org
建设美国项目（美国）	www.eere.energy.gov/buildings/building_america
建筑行业研究联盟（美国）	http://www.research-alliance.org/pages/home.htm
绿色学校中心（美国）	http://www.centerforgreenschools.org
先进住宅建筑联合（CARB）（美国）	www.carb-swa.com
国际暗天协会	www.darksky.org
灯具设计联盟（美国）	https://www.designlights.org
“能源之星”	www.energystar.gov
美国能源技术领域	http://eta.lbl.gov
美国环境能源科技室（EETD）	www.lbl.gov
美国能源信息署	http://www.eia.gov
综合建造与施工解决方案（IBA-COS）	www.ibacos.com
美国总务管理局—公共房产业务部	www.gsa.gov
绿色家园指南（美国）	http://greenhomeguide.com
劳伦斯伯克利国家实验室（美国）	www.lbl.gov
能源与环境设计认证（LEED）（美国）	www.usgbc.org
MEC（《建筑规范体系》）	www.energycodes.gov
NFPA（《国家消防法》）5000	www.nfpa.org
国家再生能源实验室（NREL）（美国）	www.nrel.gov
加拿大自然资源部	http://www.nrcan.gc.ca/home
国家科学基金会（美国）	www.nsf.gov
橡树岭国家实验室（美国）	www.ornl.gov
美国绿色建筑委员会	www.usgbc.org

- 日本的建筑物综合环境性能评价方法（CASEBEE）（www.ibec.or.jp/CASBEE/english/index.htm）。
- 澳大利亚的“绿色之星”（Green Star）（www.gbca.org.au）。
- 美国的LEED及其国际项目（http://www.usgbc.org/leed）。

除了建筑物的评级系统，自发的标签项目也有助于分辨可持续产品。在美国，商业赞助和政府支持开发的生态标签和其他标签项目指定了这些产品。世界上许多国家都创建了类似的标签，用于灯源、材料、设备、家用器械和地板覆盖物（见图4.8）。

图4.8 用于符合EPA设立的能效指导方针的产品或实践上的标签。（EPA和美国能源部）

可持续实践

成功的可持续实践需要团队合作开发系统和程序，实现整个建筑系统的能源效率和效果的最大化。对于现有建筑物来说，应该开展采光和照明系统的评估，这包括灯源、镇流器、灯具、可移式灯具和控制器的详细目录。应该记录这些元素打开的具体时间，以及每天和每周中打开的具体次数。

有效的可持续实践承认照明与建筑室内其他元素之间的相互依存。因此，评估内容应包括灯具的用途、人为因素、房间装潢、颜色、材料、建筑特征、电的使用、空调负荷、维护与废弃政策。

采光

可持续设计强调将自然光融入空间的重要性。采光不仅能减少用于照明的能量消耗，还有助于提升建筑物中的健康氛围和人们的生产效率。

据美国建筑科学研究院估计，有效的采光可以减少大约1/3的整体建筑电量消耗。另外，电力使用的减少能带来更少的温室气体排放（美国能源信息署，2008）。

优质采光策略

采光策略注重创建最有效的方法，在提供最佳自然光照的同时控制眩光、光幕反射和过度增热（见表4.2）。

古代建筑物中有许多卓越采光策略的案例，因为它们的设计都出现在电力发明以前（见图4.9）。在无法使用电气光源的情况下，工程师和建筑师必须设计出既能保证日照最大化又能避免阳光直射的建筑结构。

表 4.2 采光策略总结

采光最大化		控制自然光	
建成环境	准则	选项与考量	准则
建筑位置	周围环境：城市环境内的邻近建筑物可能会遮挡阳光。 朝向主立面的理想朝向是南和北；对应的是窗户的位置。 温暖与寒冷气候：注意温暖气候时的遮阳；对于寒冷气候，要在冬季月份提供被动太阳能，而在夏季实现遮阳	室外遮阳	深挑檐、壁龛、阳台、双层墙、固定屏风、拱廊、百叶、肋、窗前遮阳板、遮阳帘、光架（反射光照、形成阴影）。 在南面和（或）北面的窗户上采用水平元素，在东面和（或）西面的窗户上采用垂直元素。 阳光追踪（反射）系统。 可移动单元比固定元素更适宜。 户外遮阳比户内遮阳更有效。 窗上植被。阔叶树
占地面积	形状或大小：侧部照明通常更适合矩形和 U 形建筑物。 侧部照明难以用于大型、正方形建筑物。室内房间可能需要上部照明。其他选项包括门廊、庭院和采光井	室内遮阳	用户可触及范围内。 遮阳布要选浅色、稀松织法的，以供光照进入室内。 垂直软帘用于东面和西面。 水平软帘用于北面和南面。 硬遮阳帘
建筑立面	加深门窗框槽口。 V 形伸展表面。 光架。 肋。 光照颜色：最小化光泽饰面的使用，以避免眩光	结合电气光源	节约能源的有效途径。 通过具体任务照明灯具来增补采光。 间接型或直接型灯具补充采光。避免眩光、最小化光照以接近制造商的建议值。 灯源：4000K/4100K，带有电子调光镇流器。难以采用可调光的灯源，如高强度放电灯
房间	大小：狭窄的进深（自然光可以渗透约 1.5 倍窗户高度，比使用光架更远）。 高顶棚（高反射率和亚光饰面）。 斜面的顶棚。 用于平衡光照分布，通过对面窗户照明墙面。	控制器与传感器	在需要时，将日照控制器与电气光源或挡板结合。 调光硬件或分布控制器。 将传感器置于合适的位置来感受自然光，要注意避免障碍物。 在多个灯具中采用双级开关。 用户可触及控制器。

窗户	靠近窗户的 V 形伸展表面。 视野：使用挡板（低传输率的）和玻璃来避免眩光和太阳能得热量。 室外反射率：浅色（雪、砂、水泥、砖块等）会增加光照水平。 形状：水平长窗可以平均分配光照。 墙上位置：顶棚高处（天窗）且靠近其他墙面。 大小：大窗户会带来眩光和太阳能得热量问题。 光架：反射光照、形成阴影。漆成白色或亚光饰面。置于南面较理想。 目标：将注重视敏度的任务靠近自然光。短期活动和对视觉要求不高的活动置于远处。 反射率：顶棚（901%），墙面（701%），地面（20% ~ 40%），家具（25% ~ 45%）。 避免障碍物：家具、墙面、顶棚设备或照明	玻璃	低可见光透射比（T_{vis}）。 低紫外线透射比。 热导系数（U 值）：U 值越小，意味着热阻越大，隔热也就越好（具体评级参见门窗热效评级委员会（NFRC）。 太阳能得热系数（SHGC）：数值越低，太阳能得热量越低。 颜色：深色会过多地阻挡光照。 声音：选用能够减少声发射的玻璃。影响制暖 / 制冷负荷
上部照明	顶棚。 显示屏。 锯齿（垂直和倾斜的光圈）。 天窗。 穹顶。 光导管	居用者考量	太阳能得热量：要求玻璃和挡板。 眩光：要求玻璃和挡板
玻璃	高可见光透射比（T_{vis}）。 太阳能得热系数（SHGC）：数值越低，太阳能得热量越低。 光谱选择性：在优化可见光的同时减少太阳能得热量。太阳能光伏玻璃。 颜色：考虑颜色对室内的影响。深色减少可见光，但也会增多太阳能得热量。 双片式窗适宜大部分气候。 在温带气候下使用单片式窗	维护	校准：协调检测到的日照水平与灯源输出。 入住前调试：整体照明系统的运行达到设计预期。 集体更换灯源。 清洁：灯源、灯具、窗户、表面。 O&M 手册。 分析成本与收益
维护	清洁窗户与表面。 操作维护（O&M）手册。 分析成本与收益		

图 4.9 建于古罗马的万神殿（Pantheon）（建于公元 125 年）是古典建筑的绝佳案例，它示范了如何运用穹顶上的圆孔和浅色表面，实现最大化的自然光照。同时，注意穹顶的形状和图案如何通过自然光被加强。（摄影：UIG 通过 Getty Images）

图 4.10（a）安特卫普大教堂（Antwerp Cathedral）的室内空间，由（老）皮耶特·莫夫（Pieter Neeffs）于 17 世纪所画，是绝佳的案例，它示范了自然光照如何影响表面、颜色、建筑细节和体积空间。想要检验自然光的变化会如何影响室内空间，对比这幅画作与图 4.10（b）。（摄影：De Agostini/Getty Images）

图 4.10（b）安特卫普大教堂（Antwerp Cathedral）的室内空间，由（小）皮耶特·莫夫（Pieter Neeffs）于 17 世纪所画。想要检验自然光的变化会如何影响室内空间，对比这幅画作与图 4.10（a）。（摄影：Heritage Images/Getty Images）

想要了解在电力发明之前，自然光照是如何影响建筑的室内空间的，画作可作为参考的资源。其中最值得注意的作品来自杨·维梅尔（Jan Vermeer）、亨德里克·范·史坦维克（Hendrick van Steenwyck）、彼得·扬斯·珊列丹（Pieter Jansz Saenredam）及老皮耶特·莫夫与小皮耶特·莫夫（Pieter Neeffs）（见图 4.10（a）和图 4.10（b））。

实现采光量的最大化需要分析建筑的朝向、建筑的立面设计、临近建筑、靠近窗户的地面及上部照明和侧部照明。成功的采光需要通过使用室内外装置和有效的开关、调光和结合电气光源的设计来适当控制阳光。

玻璃涂层的新发展改进了之前与玻璃相关的问题（见图4.11(a)至图4.11(e)）。例如，玻璃上的抗反光涂层可以在将光照反射减少至1%的同时，实现高可见光透射比（VT或T_{vis}）和低UV透射比（见图4.11(a)）。VT指能够穿透玻璃的光照比例，而UV透射比是指能够穿透玻璃的紫外线比例。

安装具有有效热导系数（U值）评级的窗户可以控制透过窗户获得或损失的热量。热导系数可度量热量通过材料时的损耗或获得的比例。U值越低，材料的抗热传导越好，隔热性能越好。

门窗热效评级委员会（NFRC）提供窗户的U值评级。新型薄膜与涂层科技可以使玻璃从透明过渡到半透明，其更具体的用处是将自然光传输进室内的分区（见图4.11(b)和图4.11(c)）。

灯源的可持续特征

正如第三章提到的，可持续设计需要使用具有高效能评级、卓越光照输出、长寿命、高流明维护、高显色性、颜色稳定、低汞或无汞水平和废弃选项灵活的灯源。所有的灯源都应被回收、不含添加剂，且应服从TCLP（毒性特征浸出程序）。

高效能的灯源通常在广告中被冠以“高能效”“超节能”“极致性能”“降低能源成本”或“长寿命”的标签。LED、荧光灯、金卤（MH）灯、高压钠气（HPS）灯都是最高效的白色光源，而白炽灯的效率低，应该仅作特殊用途。

LED和荧光灯是白炽灯源的优良替代品，因为它们的电力消耗大大减少，而持续运行的时间是白炽灯的十余倍。

对于要求卓越显色性和精确光学控制的应用（如重点照明）来说，LED和卤素灯（卤素红外灯）是很好的选择，因为它们的效率比白炽灯源更高。LED或卤素紧凑型PAR灯源（PAR20和PAR30）可用于替代R20和R30白炽灯源。

相较于白炽灯，直线形荧光灯在产生相同光照输出时约只需使用白炽灯所需能量的20%。荧光灯的持续运行时间也为白炽灯的10～20倍，而且荧光灯使用的有害物质更少。将磁性镇流器替换为电子镇流器，可以降低运行所需的能量。

T8和T5型荧光灯都很受欢迎，因为它们能效高，具有更好的颜色属性，而且体积小。带有高能效电子镇流器的F32T8型灯源已经被用于改造已被禁止的带有磁性镇流器的F40T12型灯源系统，因为前者可以在节约能量的同时，减少装置所需的镇流器和灯源的数量。

高强度放电（HID）灯是效能优良的光源，而且在更高的功率下可以实现更高的光视效能。高压钠气灯效能最佳，其次是金卤灯，水银蒸气灯效能最差。高压钠气灯或金卤灯应该

(a)

图 4.11(a) 抗反光玻璃有助于消除窗户的眩光。(摄影：肖特股份公司)

图 4.11(b) 和图 4.11(c) 注意带夹层的安全玻璃(图(b))如何经过雾化之后保护隐私(图(c))。(摄影：Shtiever/WikiMedia/Creative Commons 3.0)

图 4.11(d) 电致变色窗户使房间变暗。(摄影：Gallop 工作室)

图 4.11(e) 电致变色窗户使图 4.11(d) 中展示的相同房间变亮。(摄影：Gallop 工作室)

(b)

(c)

(d)

(e)

取代水银蒸气灯。

标准金卤灯应该被更节能高效的灯源代替。相较于传统的金卤灯，脉冲启动型金卤(PSMH)灯更节能高效，其持续运行的时间更长，而且具有更好的颜色一致性。

灯具的可持续特征

节能型灯源需要可以实现运行功能最大化的灯具，每枚灯源对应唯一的灯具。可持续设计包括摆放合适的灯具，以及通过颜色和材料来实现照明反射率最大化的灯具（见图4.12）。

灯具应置于使它能够为具体的任务提供有效照明的位置。以统一的“毯式”光照分布为特征的布局通常会浪费能量。指定使用过多的灯具会浪费能量，并在制造、打包和运输过程中造成不必要的资源浪费。

照明布局必须适合于灯具的用途，并控制眩光。照明率（CU）是重要的计算参考，用于确定空间比例及墙面、顶棚和地面的反射率对一项照明任务中的流明量的影响（有关CU的内容在第八章中）。CU是指初始灯源流明与工作面上的流明之比。

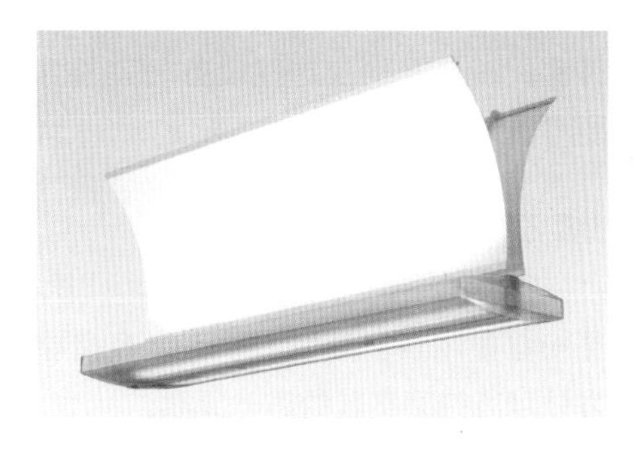

图4.12 可持续设计包括能够实现照明反射率最大化的灯具。（摄影：Siteco Beteiligungsverwaltungs有限责任公司）

顶棚和墙面的颜色应为浅值，反射率应分别不低于90%与70%。应该谨慎选择材质，在增强反射率的同时避免眩光。

灯具的种类

对可持续设计的关注促使灯具设计师们创造出由回收的产品制作的灯具。使用回收产品激发出能够节约资源的新型灯具设计。除了使用环境友好的材料，可持续灯具也可以实现高效的能源使用。

灯具的内部空间应为半圆形，采用弱荧光色或白色以实现最大化的流明输出。灯具效能比（LER）可用于比较不同灯具的效能和效果，灯具效能更高的灯具相应地也有更高的效率。为了减少灯源上的灰尘累积（灰尘累积会减少光照输出)，灯具还应该密封。

现有建筑物中的灯具应该经过评估后确定是否应该被替换或改造。常见的改造策略是在灯具内部安装反射器。反射器可以将流明输出提升20%～30%。

为了增强灯具的视觉效果，漫射器应该被替换为塑料或玻璃制成的棱镜片。另外，“蛋箱形”百叶应该被替换为抛物线形百叶，因为抛物线形状的弧度可以实现流明输出的最大化，并有助于控制眩光。

控制器与维护

优质的节能高效照明系统需要对控制器做出综合规划，在满足空间用户的需求的同时，达到规范的强制规定标准（见图 4.13）。一个空间的能量消耗基于功率和持续时间。

照明系统中的控制器会影响电力使用的时长。控制器的安装应该伴有完整的调试过程，这可以确保建筑系统的运行符合规范。控制器通过关闭不再使用的灯来节约能量，并为不必须处于全光度运行的灯源调光。

控制器的种类

手动开关、分级开关、感应传感器或定时自动开关可以控制灯光。分级（或多级）开关通过控制一个灯具中每个灯源的开关。理想状态下，用户在空间中操作控制器的时候，应该注意不到光照水平的变化。调光是实现此目标的最佳方法，但是调光镇流器价格昂贵。持续调光系统可以将全输出减低至 1%。

图 4.13 优质的节能高效照明系统需要对控制器做出综合规划。多种感光器被用于这样的室内空间，以监控自然光、控制电气光源。（照片版权归 Sam Fentress 所有）

调光是照明中优先采用的方法，因为调光控制系统可以根据不断变化的自然光水平持续地、逐渐地调节电气光源。

控制器与能量节省

为了明确控制器对节约能量的作用，人们开展了许多实验研究。

研究通过安装独立的控制器为节约能量提供支持，而且人们对具有灵活性的照明系统更加满意。

使用控制器来节约能量要求具体分析影响采光、室内环境、空间规划、时间表、活动和用户特征的因素。基于每个项目的独特性，室内设计师必须明确最合适的控制器，来减少和关闭电气光源。

想要确立灯被关闭的时间，需要做出特别的考虑。当空间用户需要照明时，如果灯光被自动关闭，用户会非常失望。如果灯是打开的，人们也禁用了传感器设备，这通常会导致在不需要的时候灯还开着。在第五章和第七章会谈及指定合适的控制器和传感器，以及其他与这些设备相关的重要考量。

节能高效的维护规划

完整的维护规划包括清洁说明书、更换灯源项目、灯源回收，废弃指导方针是可持续实践的另一元素。

灰尘和寿命可影响灯源的流明输出。根据北美照明工程协会的报道：

“设备的灰尘和寿命衰减的联合作用会降低 25% ~ 50% 的照度，取决于具体选用的应用和设备”。

灯具应处于可以轻松触及的范围，方便维护工人清洁和更换灯具。清洁说明书应该指定合适的清洁剂，并说明灯具、灯源、顶棚、墙面和窗户应该清洁的频率。研磨型清洁剂会擦伤反射器，导致流明输出降低。制造商的产品文件应该指出合适的清洁剂和清洁方法。

通常，最节能、高效的更换灯源的时间为灯源的额定寿命消耗了约 70% 的时候，因为燃烧超过这个时间点的灯源通常会为保持流明输出而消耗更高的电力。为了降低人力成本，应采用集体更换灯源的方式。

能源规范、经济学与废弃规定

世界各地都设立了相关标准、规范和规定，鼓励节能、高效和可持续发展。由于标准、规范和规定不断被更新，室内设计师要参考最新版本，并检查投资节能、高效照明系统的长期经济效益。

一分钟学习指南

1. 阐述照明如何在可持续设计中发挥重要的作用。
2. 解释控制器如何帮助节约能源。

能源标准与规范

标准描述照明设备的最低能效和特殊室内应用的限定功率，而规范则是生效的法律，以应用这些标准。

在美国，国家与地方团体必须颁布与联邦标准一致的法律。许多团体单纯采用联邦标准作为它们的规范，不作任何修改；不过，像加利福尼亚州等地也有一些超出联邦标准范围的规范。

室内设计师必须参考目标建筑物所在地的国家规范和地方规范。当设计师的项目并非处于自己所在的州或国家时，这会变得尤为重要。

照明功率限额（LPA）

室内设计师应熟练掌握重要的标准和规范。标准明确了节能高效设计的最低要求，用于设计新建筑及对现有建筑进行增添或改造。本书的第九章包括有关室内照明功率限额（LPAs）的内容。判定照明功率限额有两种方法，即建筑面积法和逐空间法。建筑面积法适用于整栋建筑，计算方法是用总照明面积 × 标准照明功率密度（LPD）表格中的允许量。

功率限额基于特定建筑物类型的最大照明功率密度。因此，销售和采购的零售店，其最大照明功率密度比办公室更高。

逐空间法在计算照明功率限额方面则更加灵活和精确，因为建筑物的每个空间是确定的。这个方法是通过计算每个空间的照明功率并相加从而得到照明功率限额。例如，在学校建筑中，照明功率限额应该包含教室、走廊、办公室、休息室、餐厅和健身房的照明功率。所有空间的室内照明功率总和不得超过整栋建筑的照明功率限额。

为了简化能源合规检测，美国能源部（DOE）提供了在线资源中心，其中包含用于开展演算的出版物、技术辅助和软件。REScheck 和 COMcheck 是分别用于检测住宅和商用建筑的合规工具（https://www.energycodes.gov）。

能源政策法案与项目

美国在 1992 年通过了《能源政策法案》（EPAct1992），并在 2005 年通过了 EPAct 2005，二者都对节能高效照明产生了深刻的影响。EPAct 聚焦了照明标准、窗户的节能高效评级系统及电力需求侧管理（DSM）项目。DSM 项目关注的是通过公用事业供应商的客户减少能源消耗的策略。

EPAct 要求美国所有州都设立达到或超过 ANSI90.1 标准的规范（见图 4.14）。《能源政策法案》还要求灯源制造商停止生产不够节能的灯源。用于特殊场合的灯源（如应急服务、安全服务和低温服务），不必满足能效标准。

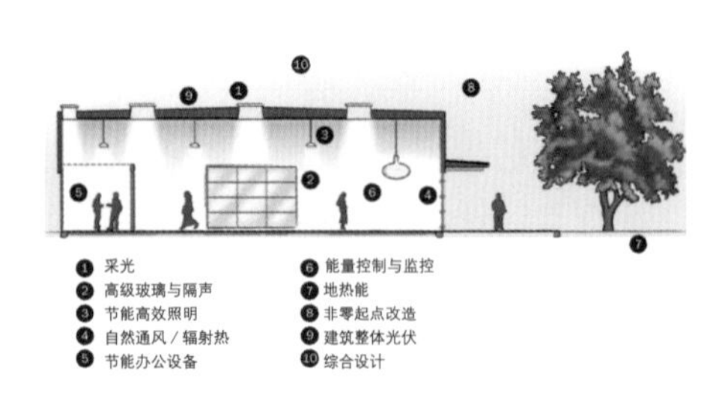

图 4.14 可持续特征展示了这座超过 ANSI 90.1 标准的零能源使用和零碳排放的建筑。综汇建筑设计（IDeAs）估计其能源消耗比 ASHRAE 90.1 标准低约 60%。

EPAct 2005 是美国自出台 EPAct 1992 以来，最先出台的主要能源效率标准。与照明相关的要求已经列入表 4.3 中。最值得注意的是它包含一项固态照明研究项目。

表 4.3 还涵盖了美国《能源独立和安全法案》EISA2007 中有关照明系统的内容。此项立法包括针对通用服务灯源（普通白炽灯源）（第 321 条）、白炽反射灯（第 322 条）和针对金卤灯具中镇流器（地 324 条）的能源效率标准。

EISA2007 中含有对建筑物的能源要求，包括实现净零能源商用建筑物的中长期倡议。通过使用节能技术和现场可再生能源发电系统，比如太阳能，这些建筑物可以在消耗能量的过程中产生同等的能量。

EISA2007 还包含一项研究和开发内容，关于采光系统、太阳光导管技术和奖励固态照明发展的照明奖项。这个奖项名为“L Prize”，比赛旨在鼓励照明制造商开发高质量、高能效的固态照明产品，为该行业提供最先进的性能基准。

FTC 标签项目

美国联邦贸易委员会（FTC）开发了一个标签项目（见图 4.15），所有灯源制造商都必须采用这一标签，以指明其产品的能效。位于产品包装正面的标签提供灯源年度能耗的估算值和灯源的亮度（以流明为单位，而不是以瓦为单位，瓦是过去常用的单位）。包装反面则是“照明事实“标签，内容包括：

- 亮度（以流明为单位）；
- 年度能耗；
- 灯源的寿命（基于每天使用 3 小时）；
- 灯源外观（冷暖色范围内）；
- 能源使用（以瓦特为单位）；
- 汞含量，如适用。

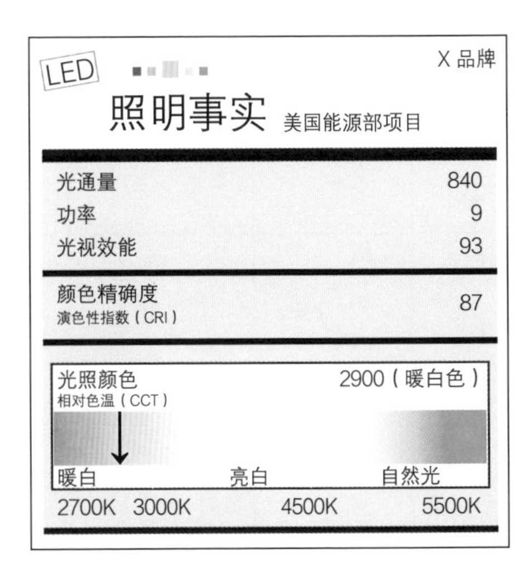

图 4.15 美国联邦贸易委员会（FTC）开发了一个标签项目，所有灯源制造商都必须采用这一标签，以指明其产品的能效。

一分钟学习指南

1. 指出重要的能源政策法案与项目。
2. 确定照明功率限额的两个方法是什么？

表 4.3 EPAct2005 和 2007 年通过的《能源独立和安全法案》（EISA）概览

EPAct 2005（除外条款适用）	EISA 2007（免责条款适用）			
CFL 灯源（中型螺口灯座）：必须与“能源之星”项目关于 CFL 的要求一致，包括最低效能值、CRI 最小值、具体相对色温指定，以及流明维护要求	**通用灯源（第 321 条）** 最低额定寿命 1000 小时 80 CRI	**通用 / 最大功率（W）** 100W/72W 75W/53W 60W/43W 40W/29W	流明范围	有效期
镇流器 自 2006 年 1 月 1 日起不再制造水银蒸气镇流器。 电磁镇流器（运行特定荧光灯源）：用于自 2009 年 10 月 1 日之后不再出售的新型灯具。 电磁更换镇流器：售至 2010 年 7 月 1 日，但必须标有更换标签且仅用于更换。 T12 荧光镇流器：功率系数达到或高于 0.90，且须带有具体镇流器效能系数	白炽反射灯（第 322 条）	最低平均效能（lpW）		功率
灯具 发光的出口标志必须与“能源之星”项目要求一致，包括功率最高 5 瓦，以及产品可靠性标准要求。 落地灯灯具耗能不得超过 190 瓦，且不能与总功率超过 190 瓦的灯源一同运行。 住宅顶棚风扇灯套件的气流效率标准和不使用灯时的最大能耗	金卤灯具（第 324 条） 建筑能效	2009 年 1 月 1 日后生产的金卤灯源灯具必须带有能效在 88% ~ 94% 范围内的镇流器。 第 323 条：公共建筑能源效率和可持续能源系统； 第 421 条：商用高性能绿色建筑； 第 422 条：净零能源商用建筑计划； 第 431 条和第 436 条：高性能联邦建筑		
控制器 新建建筑必须与 ASHRAE/IESNA 90.1 中控制器部分条款要求一致，包括面积大于 5000 平方英尺（465 平方米）的建筑中的自动照明中断要求。 所有空间中都要求使用（免责条款适用）双级控制器（双级功率）。 用于特殊照明应用的独立控制器	研究与开发	第 605 条：采光系统和直接太阳能光导管科技； 第 655 条：点亮明天照明奖		
研究与开发 第 975 条 固态照明：开展有关固态照明的基础研究项目，以支持基于第 912 条开展的“下一代照明计划”。 第 931 条 秘书长须开展一项有关太阳能的研究、发展、展示和商业应用项目，内容包括为了提升能源使用效率，在普通照明灯具中结合自然光照明与电气照明，且实现优势互补的照明系统				

EPAct 2005 Sources: http://www.epa.gov/oust/fedlaws/publ_109-058.pdf and http://www.energystar.gov.
EISA 2007 Source: http://thomas.loc.gov/cgi-bin/bdquery/z?d110:HR00006:@@@L&summ2=&

能源与经济学

有关照明的经济性分析应该包括已安装系统的全部相关费用，包括灯源、灯具、镇流器、变压器、控制器、电力、维护、废弃与人力。照明系统占整栋建筑成本的 5% 左右。

照明系统的资本成本通常以十年为单位计算。影响照明系统运行的因素包括自然光因素、灯源寿命、维护以及灯源和灯具的能效。

寿命周期成本效益分析（LCCBA）

一项照明的经济性分析可通过检查静态投资回报展开，这项照明经济分析也被称作寿命周期成本效益分析（LCCBA）。分析所需的计算包括初始成本、年度耗电量、维护成本及资金的时间价值。LCCBA 内容繁复，超出了本书的内容范围。在 IES 出版的《照明手册（第 10 版）》（2011 年）的第十八章中，有关于如何开展一项 LCCBA 分析的详细介绍。IES 推荐将 LCCBA 运用于大型、复杂工程项目（见图 4.16）。已有许多软件工具可用于测算计划节能项目的成本与效益。

静态投资回报是一种快速的估算方法。估算投资进照明系统的钱得到收益所需的年数，这便于比较不同的照明系统。例如，如果一个高效照明系统的采购与运行成本为 10 万元，且该系统每年在能源方面节约 2 万元的成本，那么其投资回报期为 5 年。

公式：系统成本 / 每年节约成本 = 投资回报期

例：$\frac{10\text{万元}}{2\text{万元/年}} = 5\text{年}$

（a）

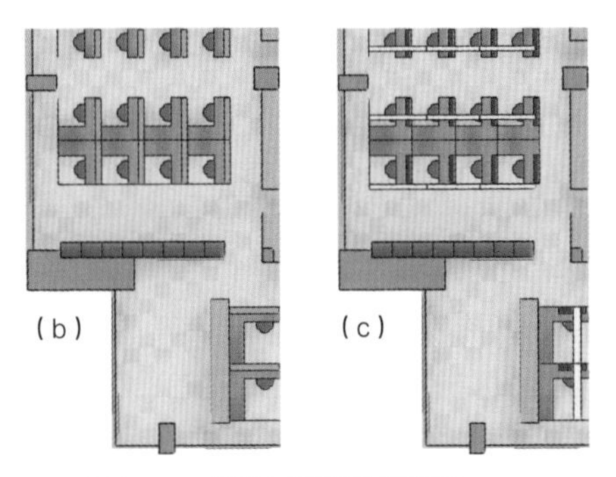

图 4.16 通过寿命周期分析比较家具一体式灯具（图 (a) 和图 (b)）和带有任务照明的悬挂式间接灯具（图 (c)）。结果显示，前七年内，家具一体式灯具的年度寿命周期成本更低。（摄影：由 Lighting Quotient 生产的荧光和 LED 版 tambient 任务 / 周围照明灯具。）

处置

可持续性处置方法的首要目标就是降低垃圾量并减少垃圾对环境的影响。商用与住宅灯源的回收是减少垃圾的首要步骤。LampRecycle 网站（www.lamprecycle.org）上有很多关于灯源回收的信息。

美国于 1965 年生效了《固体废物处置法》（SWDA），旨在完善固体废物的处置方法。1976 年，这项法案通过修订,建立了《资源保护与回收法》（RCRA），其目的是：

- 保护人类健康与环境；
- 减少和（或）消除有害废物的产生；
- 节约能源与自然资源。

《资源保护和回收法》（RCRA）规定了与汞、铅和钠有关的有害废物。多家机构都与 RCRA 相关联，包括美国环境保护局，其指导方针及规定极大地影响了照明产业。RCRA 给美国环境保护局提供了“从‘摇篮到坟墓’地控制有害废物的权力，包括有害废物的产生、运输、处理、存储与处置”。

《有毒物质控制法》（TSCA）和《综合环境反应、赔偿和责任法案》（CERCLA，也被称为《超级基金法》）从联邦层面规定了多氯联苯（PCB）的适当处置方法。PCB 是指 1978 年前生产的镇流器中的有毒物质。

1990 年，EPA 开发了毒性特征浸出程序（TCLP），用于避免灯源中的汞对垃圾填埋场造成污染。通过 TCLP 测试的汞含量范围为 4 ～ 6 毫克，不含添加剂。

当地法律法规明确规定了灯源中的汞含量上限。在一些州，比如加利福尼亚州，法律规定的汞含量水平必须低于 TCLP 要求。1996 年通过的《土地处置计划灵活性法案》就固体废弃物处理厂的土地处置限制和水源监控做出调整。

照明系统的拆除与处置

许多法律、法规都会影响照明设备的处理、拆除、存储、传输和处置。在美国，联邦、区域、州和地方层面都有相关的环境规定。

需要拆除照明系统时，应该记得查看最新的相关规定，如果未能符合环境规定，建筑所有人应负相应责任。室内设计师应鼓励客户保留建筑内灯源和镇流器的运行记录，并跟进相应的处置过程。

拆除照明系统时的主要顾虑是有毒物质的泄漏和灯源的破损。当照明系统已经明确含有有毒物质，拆除时需要遵循严格的处理步骤，包括穿戴特别防护服饰、手套和防护镜。拆除后设备必须装于专用包装内，标签写明规定，运输时采用能够确保安全交货且不导致破损的方式。

材料可以运输至回收设施、有害垃圾填埋场或焚化炉。不同的处置方法会产生不同的成本，这也应包含在照明系统的价格中。可以联系 EPA

获取最新的有关有害垃圾处置方法的信息。

许多公司专门从事灯源与镇流器的处理工作。附录I提供了一系列有关回收和处理灯源与镇流器的公司名单。在选择处置公司时，应该先做调查，以确保该公司在更新许可证、与EPA（美国环境保护署）要求一致、有害垃圾处理方面具有相关培训经历，并且拥有适合的责任保险。

照明系统的环境影响

照明系统的组成部分会对环境造成影响，这包括其中产品所使用的材料类型，加工过程，运输、使用及处置方法。有关材料和运输模式的信息可向制造商索取。

一些制造商会刻意创造一些可持续产品，以成为可持续公司。不过，很多制造商只是看上去可持续而已；他们的研究最终被证明只是停留在表面。在开发出明确规定可持续产品与实践的正式标准之前，室内设计师必须运用自己在可持续设计方面的知识和制造商提供的信息。

理想状态下，用于照明系统组成部分的材料应该来自可再生能源、再利用产品或可回收材料（见图4.17）。除此之外，材料应该只含有极少或完全不含有毒物质。

在荧光灯、高强度放电灯和霓虹灯里，需要重点关注的是汞的使用。目前，这些灯源还无法实现无汞生产。

图4.17 由Georgy Porgy设计的橄榄树灯（olive tree light）灯具，用可回收的铜质戒指制成，采用LED灯源。（版权归georgiosi所有，2005—2016）

汞是一种持久性生物累积性有毒污染物，也就是会在生态系统中积累、在水土中无限留存的有毒物质。例如，荧光灯被放在垃圾填埋场，破碎后，汞会流入土地。降雨将汞带入空气、湖泊与河流。汞进入水系之后，鱼摄入汞，生命受到影响，最终人类也会由于食用鱼肉而导致体内汞含量升高。

为了减少对环境产生的影响，灯源应具有较长寿命及较低或零汞含量，这两点都可以向灯源制造商咨询相关信息。美国联邦与州立法律规定了含汞灯源的处置方式。

欧盟已经拓宽了对汞及其他有害物质的规定范围。自2006年起生效，欧盟（EU）禁止在欧洲市场使用任何“铅、镉、汞、六价铬、多溴联苯（PBBs）和多溴二苯醚（PBDEs）阻燃剂的含量超过规定水平的新型电气与电子设备”（欧盟委员会，2006）。欧盟采取的规定为《关于限制在电子电器设备中使用某些有害成分的指令》（RoHS），适用于一些镇流器、控制器和灯源，包括 LED。

如前文内容中提到的，多氯联苯（PCBs）是另一种 1978 年前生产的镇流器中的有毒物质。不含 PCBs 的镇流器会带有“无 PCBs”标签。美国联邦及州立法律同样规定了对含有 PCB 的镇流器的处置办法。

其他寿命周期考量

除了灯源、镇流器和灯具，其他照明系统的组成部分也应根据制造时所使用的材料通过检验。这些组成部分包括外壳、变压器和控制器。所有的产品都应采用可再生能源、可再利用产品或可回收材料，且不应含有有毒物质。

可持续设计还要考虑制造商的生产过程和货物的运输。一家可持续的制造公司应通过减少电力使用、使用可再生能源、再利用和防止有毒垃圾的产生，推进能效和可持续发展。这些方法应体现在产品的整个制造、打包和运输的寿命周期之中。

包装应采用可回收材料，并将尺寸控制到最小，尽可能减少包装所需的资源和卡车运输所需的空间。保持可持续运输是非常重要的，因为许多不可再生能源都被用于交通运输。一家可持续制造商会将运货所需的卡车数量和每辆车所需行驶的里程降到最低。

有关 LEED 认证

如何使自然光源与电气光源适用于创建 LEED 认证建筑的检查清单，参见方框内容、“可持续策略与 LEED”，以及附录 IV。

章节概念→专业实践

这些项目基于大脑学习过程的规律——一项研究大脑如何运行和学习所形成的理论（参见“前言”）。这些项目可以独自完成，也可以进行分组讨论。

互联网探索

从表 4.1 中列出的能源中选择一项，探索相关网站。阐述你选择的理由，创建一个信息列表，列出你认为对于室内设计师来说重要的网站，信息包括组织机构的目标和网站上提供的其他信息的链接。

思维导图

思维导图是一种头脑风暴的技巧，它可以帮助你理解概念。创建思维导图时，需要画几个圆圈代表每一个概念，用线连接来表示不同概念间的关系。用最大的圆圈表示最重要的概念，用最粗的线条表示最牢固的关系。文字、图像、颜色或其他视觉手段都可以用来代表概念。发挥创造力！

一分钟学习指南 

1. 解释 TCLP（毒性特征浸出程序）的目的。
2. 画一张草图解释 PBT（持久性生物累积性有毒污染物）汞如何影响自然环境。

可持续策略与 LEED：能源、环境、可持续设计与 LEED 认证

你可以参考以下策略，将本章内容应用于实践，创建LEED认证建筑。

- 优化人类与建成环境、地球与经济的相互依存关系。
- 减少光照污染；实施有助于消除室内光照溢出室外的策略。
- 通过优化自然光和控制直射阳光来优化能源绩效。
- 通过最优化采光、提供个人照明控制、保证室外观景和个性化的热舒适性，来实现用户对于环境和生产效率满意度的最大化。
- 通过为特定应用选择能效最高的灯源和附属设备、产生最少的热量，来最优化能源绩效。
- 通过更换和再利用无效能的灯源和附属设备，来最优化能源绩效。
- 通过选用合适的采光、调光、感应有无用户和定时的控制器，来最优化能源绩效。
- 在任何可能的时候，重复使用灯具和照明系统中使用的建筑材料，比如顶棚、墙面和其他建筑元素。
- 减少施工垃圾：将照明系统中使用的任何带有可再利用成分的材料，尤其是灯源，重新定向。
- 帮助保护环境：监控全部在欧盟《关于限制在电子电器设备中使用某些有害成分的指令》中指出的灯源、控制器或镇流器。
- 在任何可能的时候，明确与照明系统有关的灯具及其他元素含有可再利用成分，而且是在当地生产的。
- 在任何可能的时候，明确与照明系统有关的灯具及其他元素是通过快速可再生材料制成的。森林管理委员会（Forest Stewardship Council）应为主要材料为木头的产品认证。
- 为了确保优质的室内环境，明确照明系统中的所有元素都使用低辐射涂料。为了实现最大化照明，明确涂料颜色的高反射率(85%)。
- 在建筑能源系统的基础及增强调试中，监控照明系统的安装、运行和校准，包括控制器和控制自然光的元素。
- 度量并明确自然光源、电气光源、控制器和热舒适性的使用效率。
- 关注照明系统的新型可持续发展，确保使用最节能、最划算的照明系统。
- 关注全球能源规范与标准。

制作一张思维导图，包含与可持续设计、可持续照明以及能源标准、规范和处置规定相关的主要题目。

视觉还原

把自己想象成一名照明设计师，专业是可持续设计。做一个标志设计的草图，可以在不同版面上搭配你的名字，比如图纸、文档、网站和社交平台。你的品牌标志设计应该向受众体现“可持续”与“照明”。

一分钟学习指南 

将你在“一分钟学习指南”中的回答汇编成一本“学习指南”。对比你的回答与本章中的内容。你的回答准确吗？有没有错过什么重要的信息？你觉得你是否需要重读某些部分的内容？另外，利用“关键术语”列表来测试自己对每个术语的掌握程度，然后再在本章内容或词汇表中查找相关释义。把难记的术语及其释义加进你的“学习指南”。相应地，完善你的回答，然后创建“第四章学习手册”。

章节小结

- 根据美国能源信息署的资料，世界能量消耗将在 2040 年达到 820 千万亿英热单位（Btu）。
- 美国能源信息署假定，来自非经合组织成员国的电力使用还将在 2040 年后持续增长。
- 美国能源信息署估计，在 2014 年约有 15% 的电力用于住宅和商业照明。
- 制定照明系统的目标应该包括：
  （1）减少不可再生能源的使用；
  （2）控制可再生产品的使用；
  （3）最小化大气污染、水污染和土壤污染；
  （4）保护自然栖息地；
  （5）排除有毒物质；
  （6）减少光照污染。
- 国际上的绿色建筑评级项目包括英国建筑研究院环境评估方法（BREEAM）和 LEED。
- 世界范围内已有标准与规范用语推进照明能效和可持续发展。其中影响照明效率的重要的能源标准与规范是 ANSI/ASHRAE/IES90.1、MEC 和 IECC。
- 美国在 1992 年通过的《能源政策法案》（EPAct1992）和 2005 年通过的 EPAct2005，都对节能高效照明产生了深刻的影响。
- 有关照明的经济性分析应该包括已安装系统的全部相关费用，包括灯源、灯具、镇流器、变压器、控制器、电力以及维护、废弃与人力相关费用。
- 一项照明的经济性分析可通过检查静态投资回报展开，或称作寿命周期成本效益分析（LCCBA）。可持续性处置方法的首要目标就是降低垃圾量，并减少对环境产生的影响。

可持续设计要求使用能够节约能源的灯源，具有高效能评级、卓越的光照输出、长寿命、高流明维护、高显色性、颜色稳定、低或零汞含量，以及灵活的处置选择。这些灯源还应遵守 TCLP 要求，不含添加成分。

关键术语

building area method 建筑面积法

California Title 24 《加州能效认证规范》

coefficient of utilization（CU）照明率

commissioning 调试

life-cycle assessment（LCA）寿命周期评价

life-cycle cost-benefit analysis（LCCBA）寿命周期成本效益分析

light pollution 光污染

lighting power density（LPD）照明功率密度

light trespass 光侵入

PBT（persistent，bioaccumulative，oxic）持久性生物累积性有毒污染物

polychlorinated biphenyls（PCBs）多氯联苯

Restriction of the use of certain Hazardous Substances（RoHS）《关于限制在电子电气设备中使用某些有害成分的指令》

space-by-space method 逐空间法

stepped （or multi-level）switching 多级开关

toxicity characteristic leaching procedure（TCLP）毒性特征浸出程序

U-factor（U-value）热导系数（U 值）

UV transmittance 紫外线透射比

visible transmittance（VT or T_{vis}）可见光透射比

zero-net-energy 净零能源

第五章 照明、健康和行为

目标

- 理解人在环境中系统。
- 分析人眼的基本部分、视觉过程和眼睛老化。
- 阐述有关研究结果，指出照明对人类健康所产生的正面和负面的影响。
- 理解光照对人产生的行为上和心理上的影响。
- 在照明环境中运用通用设计准则。
- 理解 LEED 认证要求与灯光照明、人体健康和行为之间的关系。

（摄影：Anadolu Agency/Getty Images.）

研究显示，照明会影响人类的身体健康、行为和心理健康。这项研究是基于人与其所处环境之间的互动。基于研究调查，本章将研究照明是如何影响人类的生理及心理健康的。

优化人在环境中系统

瓦普纳（Wapner）和德莱克（Demick）认为，人在环境中系统假定个体是“由相互定义的物理或生理（例如健康）、心理（例如自信）和社会文化（例如工人身份）等方面构成；且环境也是由相互定义的几方面构成，包括物理（自然和建成环境）、人际关系（例如朋友、配偶）和社会文化（家庭、社区与文化的约束）等方面”。

关注人与环境之间的互动，是理解照明对人类影响的关键。在设计照明系统的时候，室内设计师必须了解在特定环境空间中的用户，身在一个全球化的时代，这项努力别具挑战。

优质的照明环境应该优化人在环境中系统，并且反映出与循证设计（EBD）相关的准则。这样的规划需要设计师掌握当下研究、实践的相关知识，以及对于项目的全面评估。

有一处资源可以用于检验实验研究：InformeDesign（www.informedesign.org）。

人在环境中系统研究

由于人在工作场所的效率与对环境的感知相关，早期的照明研究聚焦在照明的视觉部分。当下的研究是在探索照明对行为和心理的影响，但是还会与其他课题相关联，包括照明如何影响人类的生物发展进程。

项目评估包括空间的目的和空间用户的特征。理解照明对人产生的影响，有助于室内设计师实现空间环境的目的。通过观察、了解人的具体特征，设计师可以明确照明在特定环境中如何满足人群的特定需求。

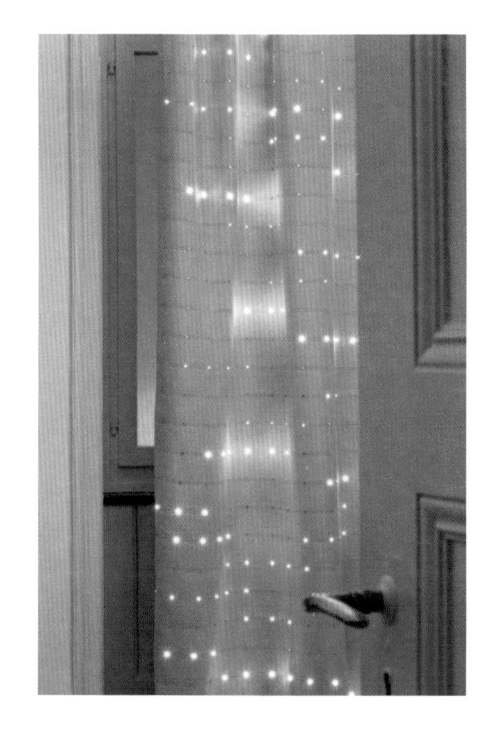

图 5.1 由福斯特・罗纳设计的电子刺绣（e-broidery©）是一项通过 LED 制造工艺定制开发的作品。注意 LED 灯泡与发光布料之间的美妙互动。（福斯特・罗纳纺织品革新技术）

照明与互动体验

照明对人产生的影响包括生理因素和心理因素。生理方面与人的健康、视力、昼夜节律及特殊人群的需求相关。

从另一个角度来看，LED 和 OLED 是规模极小的科技产品，与纳米科技和智能纺织品相关联，会对刺激作出反应，也在为人与光源间的生理互动提供新的途径（见图 5.1）。

这些产品和材料，大部分都还处于开发阶段，但是已有组织机构与艺术家在探索互动科技的可能性。例如，在 2015 年墨西哥视觉艺术周（Visual Arts Week Mexico 2015），人们已经可以与照明艺术装置互动（见图 5.2(a)）。另外，艺术家创作的互动性 LED 雕塑可以通过光照反映人们对声音和图像作出的反应（见图 5.2(b)）。

其他一些利用科技点亮室内体验的方法包括室内 GPS 科技。美国通用电气（GE）公司的 LED 灯具中含有模块，传输灯中已嵌入的代码，结合蓝牙低能耗（bluetooth low energy）科技与智能手机相连（见图 5.3）。信息通过应用软件传递，帮助用户寻找商品，还有基于购物者在店内的位置提供特定优惠信息。应用软件会提供产品的信息、用户评论，也可帮助有需要的顾客在线预定商品。

图 5.2(a) 在墨西哥举办的 2015 年视觉艺术周中，人们与 Marentus of the Art Alliance MX 互动装置互动。（Anadolu Agency、Getty Images）

图 5.2(b) 由艺术家 Daniel Iregui 设计的一座互动装置，Control No Control。（Anadolu Agency、Getty Images）

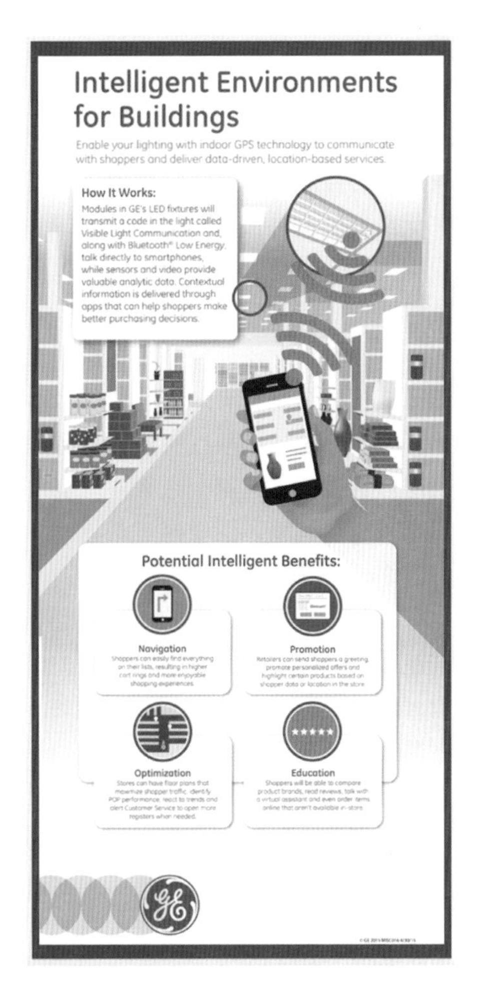

图 5.3 通用电气公司的 LED 灯具中含有模块，采用室内 GPS 技术，通过客户的智能手机应用软件来传达产品信息。（图片来自通用电气公司）

生理因素

在环境中可以系统检验一个人的健康与自然环境、建成环境之间的互动。自然光照与电气照明分别是自然环境和建成环境的元素，两者都会影响人的健康。世界上日益增长的老年人口的健康，以及他们与年龄增长相关的视觉变化都日益受到关注。根据美国人口调查局 2014 年发布的数据，2050 年美国达到 65 岁的人口预计达到 8370 万。

视力与照明

视觉过程始于光线进入瞳孔（见图 5.4）。晶状体为远近调整感光，然后角膜通过屈光将光线聚焦到视网膜上，这种功能叫作“调节”。视网膜是人眼内在的、感光的内衬，视网膜的中心凹是光照被聚焦的地方。

视杆细胞和视锥细胞是位于视网膜后面的检测细胞。视杆细胞主要是在低水平照度时被激活，对夜间视力很重要。视锥细胞被明亮的光线、颜色和细节激活。

中心凹不含任何视杆细胞。视锥细胞和视杆细胞将光能转化成神经冲动，再通过视神经从视网膜传导到大脑进行解释。在这整个过程中，亮度和颜色经过调整，图像经过与记忆中的过往经历相比较。

人眼对进入瞳孔的光线作出调整，这被称为“适应”。与相机的镜头相似，眼睛的瞳孔在明亮的光线下收缩，在黑暗中扩张。

适应的过程需要时间。人眼从光明到黑暗比从黑暗到光明需要更多的时间适应。例如，晴朗的日子里，白天进入黑暗的电影院，比晚上需要更多的时间让眼睛适应。

为了在视觉过程中帮助眼睛适应，

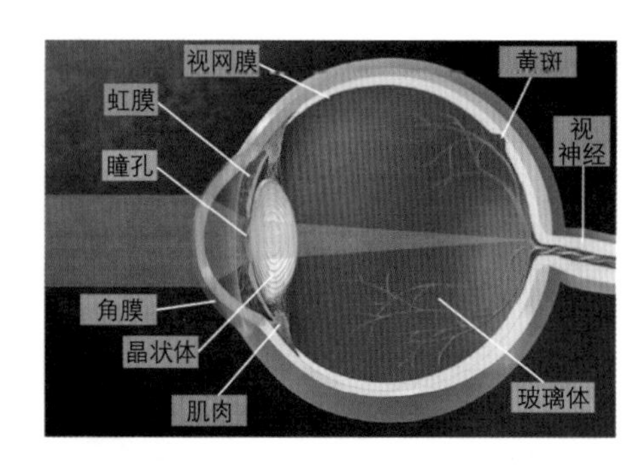

图 5.4 人眼的横截面。

设计师应该采用能使人眼在不同光照水平间过渡的照明系统。对于白天使用低水平照度的室内空间，一个过渡型系统应在人进入空间时提供较高的光照水平，然后随着人进入室内时间增加，逐渐降低光照水平。如果可能的话，一个人到达最黑暗的空间所需的时间应该等于眼睛在视觉过程中适应所需的时间。对于那些需要更多时间用于眼睛适应的人来说，比如老年人，应该为其提供座椅。

在夜晚，想要减少室外到室内的照明对比，应降低入口区域的光照水平，并在人走进室内的时候逐步提高光照水平。

影响视力的情况

眼睛的视野也是设计优质照明环境时需要考虑的因素。视野包括眼睛可见的中央及周边区域。眼睛的中央视野大约在视线直线的上下 2° 之间（见图 5.5）。视觉锐度是指眼睛看见细节和色彩的能力，中央视野这个小范围中人的视觉锐度最佳。人在水平的视野中看物体是最自然的。

周边区域是指中心视野的周边及上下区域。比如闪光灯，其亮度和动态都是在周边视野中所见的。

设计师在规划细致的视觉任务照明，或是指定明亮或闪烁的照明系统时，应该考虑人眼的视野。例如，在规划工作面的照明时，设计师应该控制光源位置，使之在用户的中央视野里照亮工作区域。

闪烁的急救灯具最好置于人眼的周围视野区域之中。由于人从坐姿到站姿时，视野会随之改变，设计师也应该明确需要几盏灯源来满足全部的照明需求。

视力缺陷与眼睛老化

视力有缺陷的 人们需要特别的照明设施。据美国国家眼科研究所 2012 年估算的数据，超过 1400 万美国人口有视力缺陷。这个人群包括各个年龄段，但是主要为老年人，也就是年龄超过 65 岁的人群。

想要设计出适合有视力缺陷的人使用的照明环境，应先理解视觉过程，包括人眼的老化和疾病会如何影响视觉锐度、颜色识别、适应过程、周围视野、对深度的感知、对运动的探测及对眩光的容忍。视力缺陷还会影响眼手协调。

视力上最常见的变化是瞳孔缩小、肌肉弹性减弱以及晶状体变黄和变厚。

眼部肌肉弹性减弱和晶状体变厚会导致远视眼（老花眼），这会影响视觉锐度和人眼看清近距离物体的能力。

与年龄相关的黄斑病变会影响中心视野，这个区域中的物体看起来变得模糊，也是常见的老年人视力受损的起因之一（见图 5.6）。此外，晶状体结晶会增加眼睛对眩光的敏感度。

眼部疾病

除了年龄增长对视力造成的影响，老年人还容易患上眼部疾病，包括白内障、青光眼和糖尿病性视网膜病变。白内障是眼睛晶状体呈云雾状的疾病，常见于老年人（见图 5.7）。白内障会导致视线模糊，增强眼睛对明亮光照与眩光的敏感度。云雾状晶状体会影响颜色（尤其是冷色调的颜色）识别。

青光眼是一种眼内压升高导致的疾病（见图 5.8）。眼压破坏视神经。如果没有接受适当治疗，青光眼会导致失明、盲点、视力模糊和周围视野受损，随后中央视野受损。

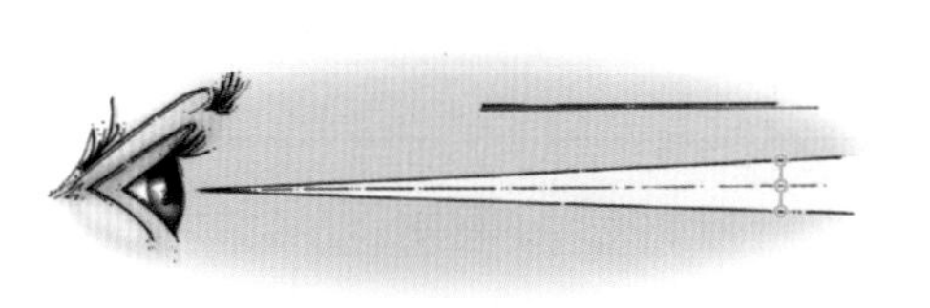

图 5.5 人眼的中央视野大约为视线直线的上下 2° 之间。

图 5.6 与年龄相关的黄斑病变会影响中心视野。（美国国家眼科研究所、美国国立卫生研究院）

糖尿病性视网膜病变是由于患糖尿病而血糖过高导致的视网膜血管损坏。视力会被影响，导致中央视野和颜色识别能力产生变化。糖尿病是常见的老年疾病，也会导致白内障与青光眼。更多有关视力缺陷的信息，参见美国国家眼科研究所（https://nei.nih.gov）或灯塔国际（Lighthouse International）（www.lighthouseguild.org）。

图 5.7 白内障是眼睛晶状体呈云雾状的疾病。（美国国立卫生研究院）

图 5.8 青光眼是一种眼内压升高导致的疾病。（美国国家眼科研究所、美国国立卫生研究院）

照明对健康的影响

光生物学是检测光照与生物体之间相互作用的科学（http://www.photobiology.info）。研究显示，照明对一个人的健康会产生负面和正面的影响。一些劣质照明带来的负面影响包括眼疲劳、头痛、头晕、皮肤癌，以及皮肤和眼睛的过早老化。

癫痫患者见到闪烁光时可能会发生痉挛。只有极少数的人能感受到正常运行的放电灯的闪烁，但是一部分人群都对这类灯源不太适应。克利曼在 1981 年发现，荧光照明会带来营养问题和减少注意力时间，从而影响多动症儿童。

研究发现自闭症儿童对光输出中的变动敏感，尤其是当变动突然发生时。随着被诊断为自闭症的儿童数量激增，越来越多有关照明的严谨分析被用于课堂之中。根据美国疾病控制与预防中心 2014 年发布的数据，在美国，大约每 68 名儿童中就有一名被确诊患有自闭症。

一些疾病或药物会让一个人对高光照水平更敏感。研究正在探索照明对婴儿的生长、体重增加与发育产生的影响。

一分钟学习指南

1. 指出设计师在规划室内照明时需要考虑的视觉过程的三个关键功能。
2. 年龄对视力造成的影响有哪些?

光医学

光医学是致力于使用光照来改善人类健康的科学。光照对人产生的积极影响来自于人体产生的维生素 D，维生素 D 促进钙的吸收，这有利于预防骨质疏松和佝偻病。

紫外线光照被用于治疗婴儿黄疸。研究人员发现，带有特殊蓝频的 LED 可以帮助治疗黄疸，且比通常使用的 CFL 更快。LED 比 CFL 更节能，寿命也更长。医学从业人员也将光照疗法运用在治疗老年人的一些特定类型的癌症、白血病、皮肤病、睡眠障碍和抑郁症上（Lam & Tam，2009；Partonen & Pandi-Perumal，2010）。

光照还被用于控制荷尔蒙分泌、促进儿童生长和改善免疫系统。研究检验光照影响生理功能的可能性，不仅局限于视觉功能。新发现的眼部感光机理会使人更好地理解照明对生理和心理功能所产生的影响。

光照与昼夜节律

光照疗法已经成功用于帮助调节与人体昼夜节律相关的生物钟。

昼夜节律是协调人体醒来和睡着的功能，并且影响荷尔蒙水平和新陈代谢过程。启动昼夜节律需要高水平的照明，而低光照水平会促使褪黑素产生，褪黑素是一种睡眠所需的激素。

受到时差影响或者上晚班的人们，通常很难调节昼夜节律。光照在扰乱或维持昼夜节律时起到的作用，正是照明研究中心（LRC）（www.lrc.rpi.edu）所研究的领域。照明研究中心的其他研究课题包括人类癌症发展、生育能力、核心体温、警觉性和时差反应。

在伦斯勒理工学院的照明研究中心工作的玛丽安娜 · G. 菲戈罗博士作出报告，在蓝光下暴露两小时（下午 4：30 至 6：30）可能为阿尔茨海默病患者与老年人群在深化睡眠和提升效率方面提供可行的治疗方法。菲戈罗还发现，一些老年卫生保健设施的夜间照明设计不良，打扰人们的休息。当护士在夜间查房时开灯，位于人们床位上方的荧光灯具就是个问题。

为了消除扰乱昼夜节律系统的明亮光源，菲戈罗开展研究，完善照明方案，在四间卧室里，把由运动传感器控制的琥珀色 LED 安装在床下、门口、洗手间水槽上方和马桶旁边（见图 5.9）。

大部分与调节昼夜节律相关的问题是在电气照明被发明之后出现的，因为在那之前，人们的作息都是根据地球白天与黑夜的自然规律。电气照明使人们可以在一天 24 小时中都处于高水平照明中，每日如此。其带来的影响，目前大部分还是未知的。

光照治疗与 SAD

与昼夜节律相关的问题也与季节性情绪失调（SAD）相关，这种状况与日晒不足有关。SAD 的一些影响包括抑郁、体重增加、注意力不集中和睡眠不足。

许多人会在冬天经历 SAD，冬天的白天最短。这对于生活在北半球北方区域的人们来说问题尤为严重，因为那里的日照时间极少。研究表明，女性比男性更容易经历 SAD。经历 SAD 的人们被鼓励多出门，尤其是晴天大清早的时候。

一些内科医生会采用光照疗法来减轻 SAD。这种疗法要求病人在一天的大清早暴露在高水平照明下一段时间。研究人员在近期发现，LED 对于治疗 SAD 是成功有效的。

光照疗法还对调节阿尔茨海默病患者的睡眠模式有所帮助。患有严重 SAD 的人们需要专业的疾病诊断，可能还需要使用药物。SAD 可能非常严重——在极端案例中，甚至会导致自杀。

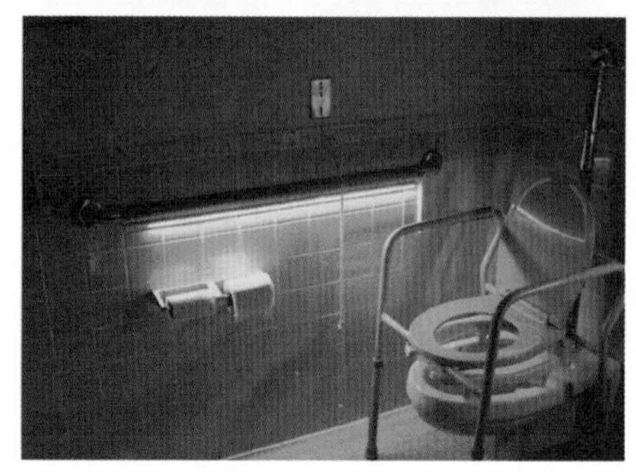

图 5.9 在伦斯勒理工学院的照明研究中心工作的玛丽安娜 · G. 菲戈罗博士对老年卫生保健设施开展研究，建议通过消除明亮光源来改善照明，并将明亮光源替换为带有运动传感器控制的琥珀色 LED。（照明研究中心 /Rensselaer Polytechnic Institute）

心理因素

Wapner 与 Demick（2002）指出，人在环境中系统包括环境对人的心理健康所产生的影响，以及对人际关系产生的影响。照明研究关注照明在这些因素中的作用，包括自然光源与电气光源的特征，及其对人的行为和心理产生的影响。

照明与健康

照明会改变人的行为，激发人对环境的主观印象，从而影响人的心理健康。例如，位于美国华盛顿特区的大屠杀纪念馆内，照明会激发观众的同情、悲伤和愤慨的情绪。

纪念馆永久展区的两幅图像，给观众带来视觉冲击（见图 5.10）。来访者一出电梯，就有一大幅有关人们被屠杀的摄影作品直接摆在他们面前，而照片旁边的“大屠杀”字样也会立即与那场灾难联系起来。强对比的照明突出图像，增强观众的情绪反应。

本书第三章论及的一些研究发现，自然光会对医院、学校和零售店等场所的活动产生积极的影响。除此之外，博谢曼与海斯发现，对于精神病院的病人，如果他们住的房间有自然光照，比其他住在带有电气光源房间的病人至少少住院三天。

研究人员对影响人类的电气光源的特征进行探索。相关研究课题包括具体的灯源（例如卤素灯、HID 和 LED）、演色性指数、色温、光照量与密度、光谱的组成与分布模式。

图 5.10 位于美国华盛顿特区的大屠杀纪念馆内的永久展区空间，人们首先看到的图像之一。强对比的照明可以突出图像，也会增强观众的情绪反应（美国大屠杀纪念馆）。

一分钟学习指南

1. 阐述光照如何影响人体的昼夜节律。
2. 季节性情绪失调的治疗方法包括哪些？

照明与特定群体

研究正在探索照明对特定群体的影响，比如患有阿尔茨海默病、癌症和艾滋病的人群，以及婴儿和老人。

患有阿尔茨海默病的人群通常会有视力缺陷，还会受到记忆缺失和时空错位的影响。照明可以提供视觉提示，弥补记忆缺失和辅助寻找方向。另外，受到自然光照、看到室外景观可以帮助降低与错位相关的影响。

一些患有阿尔茨海默病的患者会有日落综合征体验，这与下午和傍晚时的行为问题相关（如焦虑和困惑）。

研究人员表示，在傍晚左右发生的行为问题可能与低水平的照明相关，因此，设计师必须创建一种照明方案，可以在一天当中的所有时间为人们提供适当的光照水平。

人类进行跨文化研究来确定文化如何影响光照感知。例如，帕克与法尔在 2007 年进行了一组跨文化比较研究，即零售环境中照明对消费者情绪和行为意图的影响。这项研究显示了在演色性和色温方面，美国与韩国消费者有感知差异。实验表明暖色光照促使美国消费者进入一家商店，而韩国消费者则偏好冷色光照。

照明对行为的影响

一些早期的照明研究调查了光照量对工作效率的影响（见图 5.11）。彼时，电气光源概念还相对较新，照明从业人员还在尝试说服公司在照明系统上做投入。成本效益研究法成为基本原理，研究展示了优质照明可以提升员工的生产力，而绩效的增长则抵消了照明系统的成本。

由于诸多影响绩效的因素之间相互依存，包括噪声、压力、周围温度和自然光，现有的关于照明影响生产力的研究结果仍是不确定的。

图 5.11 获得 LEED 白金认证的美国绿色建筑委员会总部大楼位于华盛顿特区，是办公空间采光的典范。注意玻璃隔板如何使自然光照亮整个办公空间。有色玻璃带来视觉趣味，从安全角度，也向人们警示玻璃隔板的存在（图像的使用已获得美国绿色建筑委员会批准）。

一些研究展示出人们绩效的提升与人们对工作环境的满意度有关，而非照明与生产力之间的直接关系。

研究表明，控制一个人所在的环境，包括照明，是实现员工满意度的重要途径之一。除此之外，研究还指出，当人们可以控制他们自己的照明时，他们会降低光照水平至低于已设定的光照水平，从而节约能源。

照明与绩效

在判定照明对绩效产生直接影响的一次尝试中，研究检验了照明系统的具体特征，包括荧光灯源、镇流器、灯具种类和控制器。

有关全波段荧光灯效果的拓展研究总体表明，荧光灯对于绩效或情绪并没有影响。不过，一些研究指出，荧光灯闪烁会导致头痛和压力增加。

维奇与纽什发现，通过在办公场合使用电子镇流器而非磁性镇流器，办公室员工的绩效得到了提升。此外，使用电子镇流器可以减少头痛（威尔金斯等，1989）。

许多研究的结果都展示出噪声与员工绩效之间的重要关系。一些特定的灯具也可能在环境中造成噪声，如硬质材料表面或面积较大的表面会反射声音。

整体而言，员工的绩效不受灯具类型和光照分布类型的影响。不过，一项在纽约奥尔巴尼办公楼中开展的研究显示，直接型或间接型灯具、泛光照明以及位于其工作点上方的照明控制给人感觉最舒适（见图 5.12）。在这种照明情况下，员工对他们的工作和办公环境最满意。

研究还显示，提升员工的生产力还要求消除由光泽工作面反射的眩光，并为电脑的视觉显示终端（VDT）采用合适的照明。

为了减轻眼部疲劳和干涩，内科医生建议患者经常活动眼睛。这可以通过在 VDT 周围创建有趣的环境和不同的光照水平来实现。

通用设计

照明系统应满足在任何情况下所有人的需求，且无须改造。这可以通过能够明确满足空间用户的生理和心理需求的照明方案来实现。

图 5.12(a) 一项在纽约奥尔巴尼开展的研究中采用的照明方案之一，该项研究用于确定对员工来说最舒适的照明类别。与图 5.12(b) 和图 5.12(c) 对比。（图片来自西北太平洋国家实验室）

图 5.12(b) 图 5.12(a) 中描述的研究中使用的照明方案之一。本方案注重直接型或间接型灯具和泛光照明。与图 5.12(a) 和图 5.12(c) 对比。（图片来自西北太平洋国家实验室）

图 5.12(c) 图 5.12(a) 中描述的研究中使用的照明方案之一。本方案注重直接型或间接型灯具、泛光照明和桌面的可移式灯具。与图 5.12(a) 和图 5.12(b) 对比。（图片来自西北太平洋国家实验室）

图 5.12(d) 图 5.12(a) 中描述的研究中使用的照明方案之一。本方案在走廊中注重抛物线百叶窗型灯具的排列。与图 5.12(e) 对比。（图片来自西北太平洋国家实验室）

图 5.12(e) 图 5.12(a) 中描述的研究中使用的照明方案之一。本方案在走廊中注重使用间接型灯具。与图 5.12(d) 对比。（图片来自西北太平洋国家实验室）

物理环境

优质的照明环境会反映通用设计的原则。想要设计出能够满足所有人需求与能力的环境，室内设计师需要查阅最新文献。研究试验可以为高效的环境设计提供重要指导和建议。

在应用通用设计的原则时，应该考虑照明的诸多方面，包括视觉锐度、手的灵巧度、控制器，以及灯具、开关和电源插座的位置。

影响视觉锐度的因素包括光照水平、灯源类型、光照分布、色温、显色性、镇流器和控制照明的能力。如之前在本章讨论的，通用设计必须也考虑到有视力缺陷和眼部疾病的人群的需求，以确保他们的视觉锐度。为完成具体任务明确亮度对比，可增强视觉锐度。

墙面开关与灯具使用起来应该简单、易行。通常来说，摇杆和触碰开关是最简单的；应该避免使用需要扭、捏的装置。开关与调光器应便于接触且易于操作。避免使用电线上带有开关装置的可移式灯具。

允许用户变换光源指向的灯具应经过权衡，而且灯罩设计应该防止灯源加热后烧坏。经过正确调整的定时开关和传感器开关是重要的通用设计设备。

灯具、开关和电源插座应该置于残障人士可触及的地方，包括使用轮椅的人。布置灯具应该避免在工作表面产生阴影。必须避免人在站姿和坐姿时直视到灯源。允许用户调整光照方向或控制光照水平的可移式灯具，应该置于方便用户使用的距离内；人的平均接触范围是610毫米。

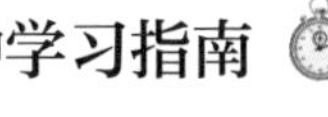

1. 人在环境中系统包括环境对人的心理健康产生的影响。照明如何影响一个人的健康?
2. 阐述照明如何影响一个人的行为表现。

照明与 ADA

《美国残疾人法案》（ADA）（美国司法部，2010）明确了安装在竣工地面（AFF）以上 685.8 ~ 2032 毫米（27 ~ 80 英寸）的墙面灯具不得延伸出墙面超过 101.6 毫米（4 英寸）（见图 5.13）。距竣工地面小于或等于 685.8 毫米（27 英寸）的灯具则可以延伸出任意尺寸。悬挂式灯具的位置最低的元素应该留出至少 2032 毫米（80 英寸）的净空高度。安装在柱上的独立灯具应该在水平面悬垂 304.8 毫米（12 英寸）且在竣工地面以上 685.8 ~ 2032 毫米（27 ~ 80 英寸）。

墙面开关和电源插座应该安装在人们站着和坐在轮椅上都可触及的高度（见图 5.14）。ADA 明确了墙上的家用交流电源插头与电源插座应该装在不低于竣工地面 381 毫米（15 英寸）的地方；但是，为了遵守通用设计的原则，方便实用的墙面开关与电源插座应该分别位于竣工地面以上 965.2 毫米（38 英寸）和 457.2 毫米（18 英寸）。

关于照明亮度，ADA 要求引导标示处于 100 ~ 300 勒克斯（10 ~ 30 英尺烛光），电梯最小亮度阈值为 50 勒克斯（5 英尺烛光）。

设计师应该将研究结果应用到照明规划中。照明研究是一个相对较新的领域，也正在持续地发展和扩大。因此，想要设计一个能够兼顾人类健康、行为、情绪和感知的照明系统，室内设计师应该经常关注、了解最新的研究结果。

进行分析、研究的关键是要详细检查研究的细节。每个研究的开展都

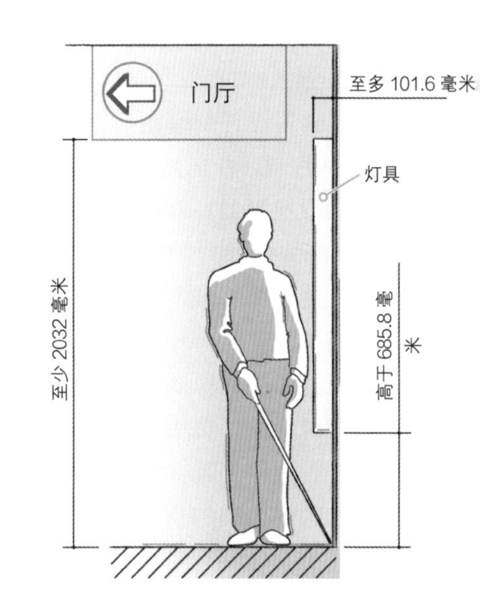

图 5.13 《美国残疾人法案》（ADA）（2010）中有关墙面灯具的安装规定立面图展示。

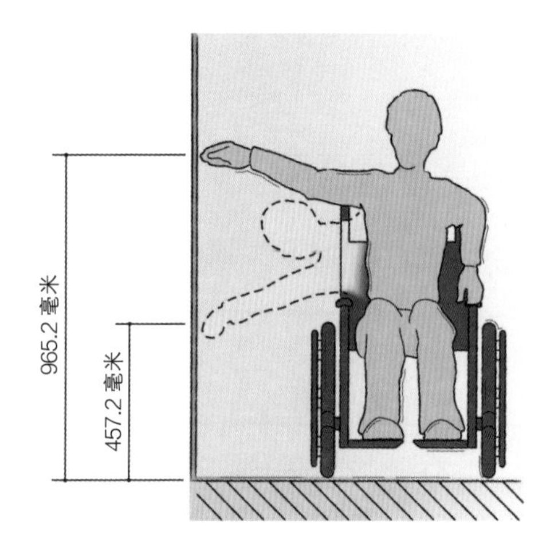

图 5.14 《美国残疾人法案》（ADA）（2010）中有关墙面开关和电源插座的安装规定立面图展示。

要考虑具体的对象和参数，而只有当研究的各方面情况都接近设计师正在着手的室内项目时，研究结果才能应用于实践中。在本章和后续章节中提到的材料，应该应用于第九章和第十章中涵盖的照明设计过程中。

有关 LEED 认证

如何将照明、健康与行为的原则应用于创建 LEED 认证建筑的检查清单，参见方框内容“可持续策略与 LEED”，以及附录 IV。

章节概念→专业实践

这些项目基于大脑学习过程的规律——一项研究大脑如何运行和学习所形成的理论（参见前言）。这些项目可以独自完成，也可以进行分组讨论。

一分钟学习指南 

1. 指出照明与通用设计相关的三个方面。
2. 设计师在为使用轮椅者规划照明方案时，应该考虑什么？

互联网探索

位于华盛顿特区的大屠杀纪念馆创建了一种线上纪念方式。在线查看博物馆的“展览与收藏”（www.ushmm.org），探索其中的照明设计是如何应用于教育和启发博物馆访客的。应该观察照明亮度的对比和创建重点照明的技巧。写一份有关你探索发现的小结，涵盖一些草图。

增强研究

观察图 5.6 ～图 5.8，并回答：

- 指出在阴暗中模糊的图像及区域。
- 基于你的发现，指出照明是如何改善患有与年龄有关的黄斑病变、白内障和青光眼的人们的视力的。

增强观察技能

观察组图 5.12，并回答：

- 阐述照明在五个房间的顶棚上创建的不同效果与图案。
- 留意处于阴暗部分的区域或物品，指出照明是如何造成这种效果的。
- 指出对你来说看上去舒适的照明方案并解释原因。

可持续策略与 LEED：照明、健康、行为与 LEED 认证

你可以参考以下策略，将本章内容投入使用，创建 LEED 认证建筑。

- 想要优化用户满意度和生产效率，就要提升照明与人类及其健康、行为、生理特征和环境之间的关系。
- 通过优化采光、提供个人照明控制、保证室外景观的可见度和个性化的舒适温度，来最大化用户满意度。
- 通过选用合适的控制器控制采光、传感器、定时和舒适温度，来最大化用户满意度。
- 密切关注自然光源和电气光源对人体健康、生产效率、行为和舒适度产生影响的相关研究。

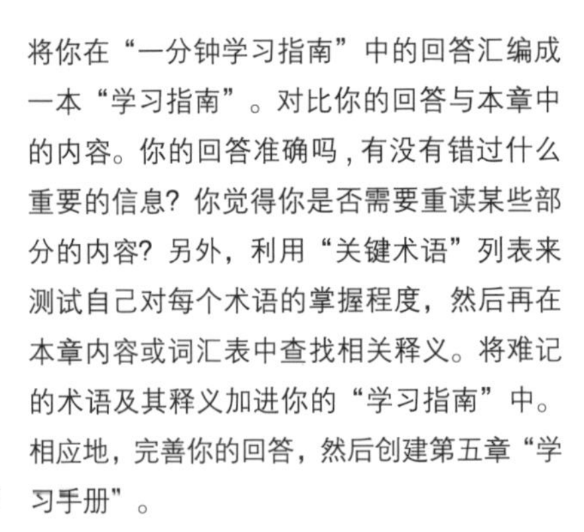

一分钟学习指南

将你在“一分钟学习指南”中的回答汇编成一本“学习指南”。对比你的回答与本章中的内容。你的回答准确吗，有没有错过什么重要的信息？你觉得你是否需要重读某些部分的内容？另外，利用“关键术语”列表来测试自己对每个术语的掌握程度，然后再在本章内容或词汇表中查找相关释义。将难记的术语及其释义加进你的“学习指南”中。相应地，完善你的回答，然后创建第五章“学习手册”。

章节小结

- 人在环境中系统检验个人的健康与自然和建成环境间的互动。
- 视觉过程始于光照进入瞳孔。晶状体为远近物体调整感光，然后角膜通过屈光将光照聚焦到视网膜上。
- 眼睛的视野范围包括中央及周边区域。
- 眼睛老化影响视觉锐度、对颜色识别、适应过程、周围视野、对深度的感知、对运动的探测，以及对眩光的容忍。
- 研究显示，照明对一个人的健康会产生负面和正面的影响。一些劣质照明带来的负面影响包括眼疲劳、头痛、头晕、皮肤癌及皮肤和眼睛的过早老化。
- 光照治疗可以成功帮助调节与身体昼夜节律相关的生物钟。
- 照明研究聚焦自然光源与电气光源，以及它们对人们的行为和心理产生的影响，包括研究具体的灯源、演色性指数、色温，以及光照量与密度。
- 为了确定照明对灯具性能产生的影响，研究检验了照明系统的具体特征，包括荧光灯源、镇流器和灯具种类。
- 优质的照明环境反映通用设计原则。
- 许多策略都可以将与照明、健康和行为相关的可持续原则运用在LEED认证的建筑中。

关键术语

accommodation 调节
adaptation 适应
cataract 白内障
diabetic retinopathy 糖尿病性视网膜病变
evidence-based design 循证设计（EBD）
eye's field of vision 眼睛的视野
glaucoma 青光眼
macular degeneration 黄斑病变
nanotechnology 纳米科技
photobiology 光生物学
presbyopia 远视眼，老花眼
seasonal affective disorder 季节性情绪失调（SAD）
smart textiles 智能纺织品
sundowning 日落综合征
universal design 通用设计
visual acuity 视觉锐度

第六章　照明系统：灯具

目标

- 明确灯具的特征和组成部分，包括合适的位置和分布光照的技巧。
- 理解几种主要灯具的优势与弊端。
- 明确光纤照明的首要功能性组成部分和运行原理。
- 理解一个环境的地点与用户如何影响其中灯具的指定与放置。
- 在指定与放置空间中的灯具时运用有关灯具运行和维护的知识。
- 理解灯具与 LEED 评分要求之间的关系。

（摄影：UIG通过Getty Images）

在之前的内容中介绍过，灯源是照明系统的重要元素。在这一章，我们将讨论系统中的另一主要组成部分——灯具。本章除了探索灯具在相互依存系统中的角色，还将展示灯具的选择与放置如何影响能源消耗、照明品质、光照的量和照明的指向效果。

灯具概观

节能灯具的选择是节能照明系统的关键。灯具的设计可能遮挡大部分光照。一些灯具会阻碍灯源产生的大约 50% 的光照。

室内设计师想要成功规划出优质的照明环境，就必须理解照明系统中所有相互依存的元素，并掌握现有产品的应用知识。本章聚焦安装在顶棚、墙面、地面、建筑元素或橱柜的灯具，以及可移式灯具和创新型灯具（见图 6.1）。

灯具的组成

灯具的设计将科学与艺术相融合，弱化了许多照明中的差异特点，比如将光照指向上方或下方、泛光照明一个空间或聚光照明桌上的一件小艺术

图 6.1 位于英国伦敦，由 SelgasCano 设计的蛇形画廊（Serpentine Gallery Pavilion）（2015），展示了一种在人、光与艺术间产生互动的创新方式。（Dan Kitwood/Getty Images）

图 6.2 位于英国格拉斯哥，由查尔斯·伦尼·麦金托什设计的一间名为“艺术爱好者之家（House for an Art Lover）”的餐厅，展示了他的定制设计作品，包括家具和灯具。（Maurice ROUGEMONT/Gamma-Rapho 通过 Getty Images.）

品。许多工业设计师、建筑师和室内设计师都曾被要求设计出能够成功解决这些问题的灯具。

通常，能够定义设计师的两件室内元素就是灯具和椅具。查尔斯·伦尼·麦金托什就是一位以设计椅具和灯具出名的杰出设计师（见图 6.2）。

影响照明分布的首要因素就是灯具的形状、材料和饰面、孔口的位置和大小以及安装方向。第二章中介绍了灯具的形状、材料和饰面如何影响照明的指向效果。

孔口的位置、灯具的材料和安装方向决定了光照分布的主要方式：(a) 直接型灯具；(b) 间接型灯具；(c) 半直接型灯具；(d) 半间接型灯具；(e) 漫射型灯具（见组图 6.3）。

直接型灯具将至少 90% 的光照指向下方。间接型灯具将至少 90% 的光照指向顶棚。

半直接型灯具大部分配光朝下、小部分配光朝上。漫射型灯具将光指向所有的方向。

灯具种类

灯具主要包括嵌入式、表面安装式、悬挂式、导轨式、结构型、组合家具式和可移动式。这些灯具的设计主要是搭配白炽灯、荧光灯、高强度放电灯（HID）和发光二极管（LED）；可以采用不同的尺寸、形状和材料设计。

（a）

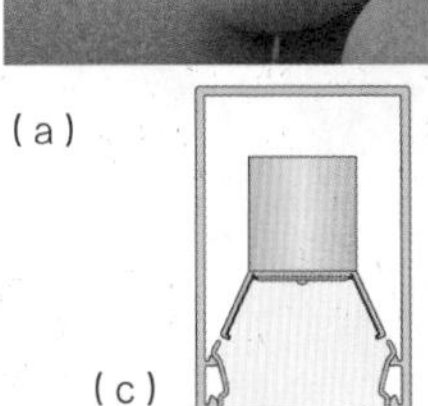

（c）

图 6.3(a) 和 (c) 这家图书馆的悬挂式灯具为空间提供直接照明（图 (a)）。图纸则展示了灯具的光照分布（图 (c)）。（摄影：View Pictures/Getty Images）

图 6.3（e）这些传统日式灯具的光照通过纸张漫射。（Peter Charlesworth/Getty Images）

（b）

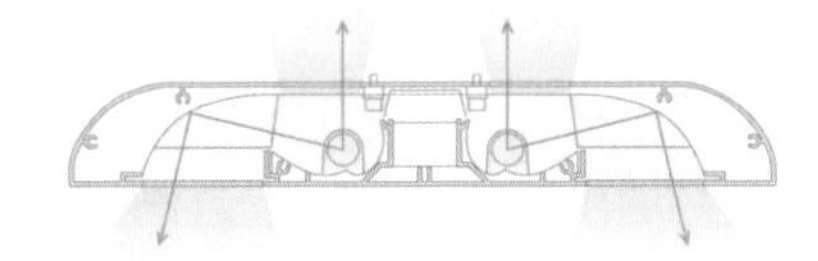

（d）

图 6.3(b) 和 (d) 半间接型灯具（图 (b)）80% 向上照明，20% 向下照明。展示灯具光照分布的图纸（图 (d)）。（美国 iGuzzini 照明）

大部分灯具可以用于周围照明、任务照明和重点照明。一些制造商设计的灯具可应用于多种场景，比如吊灯、顶棚灯和壁灯。这些灯具可以在维护通用型设计的同时采用多种照明技巧。

图 6.4 位于英格兰萨里皇家植物园的邱园温室，由戴尔・奇胡利设计的“波斯人”（Persian）枝形吊灯是手工制作灯具的典范。（Insights/Getty Images.）

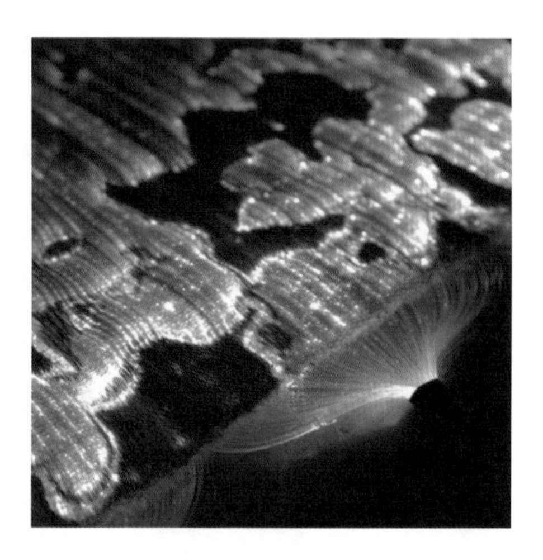

图 6.5(a) 由光纤织成的纺织品。（智能纺织品）

一些大型制造商大批量生产灯具，但也有一些生产灯具的小公司，一些灯具通过手工制作（见图 6.4）。意大利设计师在设计创意和经典作品方面享有盛誉。

不同的制造商与产品线所选择的结构与材料质量也有所不同。为了保证优质的照明环境，室内设计师必须了解他们所指定的产品的特征，包括产品是否坚持可持续原则。想要了解这部分知识可以参观制造商展厅、与制造商代表讨论产品属性、出席教育研讨会和阅读行业刊物的最新文章。

考察产品的更新应涵盖非传统型资源，比如创新型纺织品，这部分内容在之前的章节中已有相关介绍。除了能够通过照明来回应人们触摸或靠近的互动型纺织品，还有采用极薄的光导纤维、LED 和太阳能电池编织而成的纺织品（见图 6.5(a)）。

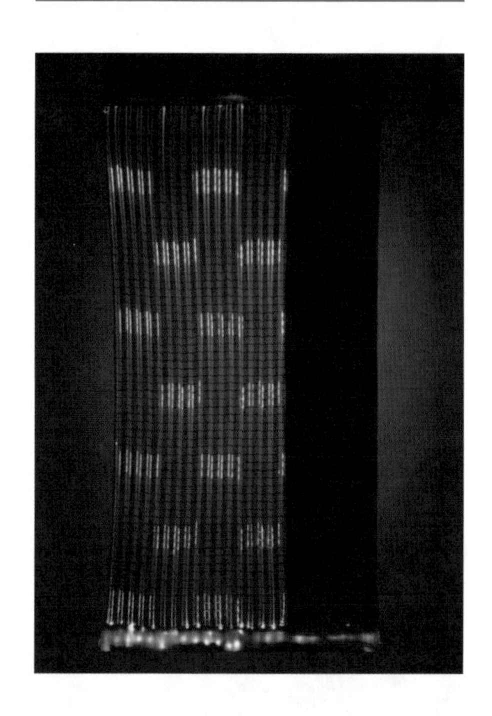

图 6.5(b) 这种“能源窗帘”（Energy Curtain）带有太阳能电池，可以在白天吸收能量，在晚上提供光照。（摄影：Johan Redström，互动研究所）

编织的灯罩带有太阳能板，可以在白天吸收能量，在晚上提供照明（见

图 6.5(b)）。可能性是无限的，取决于设计师是否关注科技进步、是否了解如何将科技创新运用到实践中去(见图 6.6）。

嵌入式灯具与表面安装式灯具

适用于商业与住宅室内照明的嵌入式灯具与表面安装式灯具种类多样。从可持续的角度出发，室内设计师应该全面探索这类灯具的优势与弊端，因为安装此类灯具也可能对表面和饰面造成损坏。

嵌入式灯具

嵌入式灯具是指安装在石膏夹心纸板顶棚或格栅顶棚之上的灯具（见图6.7）。根据顶棚的不同厚度与材质，参照灯具制造商的规格参数，确定可以安装在顶棚内的具体灯具。

IC 级（绝缘）灯具是指被评定为可接触绝缘的灯具。AT 级（气密）灯具是指灯具已被评为能够减少通过顶棚和顶楼损失的热或冷。

图 6.6 光纤制成的花朵和 LED 气泡灯，都是将科技创新运用在实践中的典范。（George Skene/Maurice ROUGEMONT/Gamma-Rapho 通过 Getty Images）

图 6.7 悬挂式格栅顶棚展示了嵌入式灯具的安装。（Andaleks/iStock.）

图6.8 完工后的顶棚上，嵌入式灯具显得清爽整洁。（摄影：UIG 通过 Getty Images.）

嵌入式灯具的最新设计进展使得无角安装成为可能，这样，顶棚表面可以与嵌入式灯具的孔口齐平。这样的安装显得清爽整洁，还有助于隐藏灯具（见图 6.8）。

嵌入式灯具的灯壳有一部分在顶棚之上、一部分在顶棚之下，被称为半嵌入式灯具。

嵌入式灯具通常在空间内营造直

接照明。最常见的嵌入式灯具有暗灯、筒灯、聚光灯和洗墙灯。洗墙灯在某一特定区域实现统一配光。暗灯或安装在顶棚内的照明单元的常见尺寸有：

- （15 ~ 20）厘米 ×122 厘米；
- 31 厘米 ×122 厘米；
- 61 厘米 ×61 厘米；
- 61 厘米 ×122 厘米。

暗灯的内部通常漆成白色，或是带有特别的金属反射器。最常见的孔口装置是丙烯酸棱镜透镜和抛物线形百叶。大槽口深度 4 ~ 10 厘米的抛物线形百叶灯具比小槽口的能效更高，因为大槽口表面积更大，反射率高。

为了完善小型荧光灯源（例如 T5 HE）的光照分布，制造商开发出可在垂直表面带来更多照度的暗灯，垂直表面包括墙面（见图 6.9）。如第五章中讨论到的，在这些表面上的照明对员工来说是舒适宜人的，而且能够将多个表面照亮的照明灯具大大减少了一个区域中所需的灯具数量。

图 6.9 如照片中房间后部的明亮墙面所示，嵌入式灯具照明全部空间。（图片版权归 Acuity 品牌照明公司 Acuity Brands Lighting，Inc 所有。使用已经获得授权。）

筒灯

嵌入式筒灯也被称为“高帽灯”。最常见的嵌入式筒灯的形状为圆形和正方形。筒灯孔口的尺寸可以缩小至 5 厘米（2 英寸）。

边缘的饰面会影响灯具的能效，白色铝制饰面可以实现最高的灯具效率。深色的、黑色的边缘使灯具能效指数变低，但是可以帮助减少眩光。

筒灯的能效还会受到灯具内反射器的影响。不带反射器的筒灯，如果要实现最大化的流明输出，则需要指定反射灯源。

筒灯孔口采用的装置类型会影响光照分布。通常来说，裸露开口的筒灯的光照输出取决于灯源类型。例如，安装在嵌入式筒灯内的窄型卤素聚光灯源会射出窄的光束。

裸露开口的嵌入式筒灯，由于其暴露的灯源，可能导致不舒适眩光和失能眩光，因此，许多设备都可以用于避免这样的后果，包括挡板、百叶和特制的透镜。特制的嵌入式灯具将光照指向上方，适用于地面装置。这样的嵌入式灯具包括安装在地面的灯座，通常用于增强和突出建筑细节。

嵌入式筒灯还可以通过设计将光照指向垂直的表面。从掠射技巧考虑，筒灯与墙面的距离应该在 15 ~ 20 厘米之间。筒灯之间的距离取决于在墙面上形成扇形的图案是否理想；紧挨着的灯具不太会在墙面造成扇形的光照图案。

嵌入式直线形或圆形洗墙灯可以为墙面的一大片区域配光（见图6.10）。在嵌入式洗墙灯内，反射器或带角度的透镜将光线射向墙面。

洗墙灯灯具应置于距离墙面至少76厘米（30英寸）的位置，以防止形成过热点。如果要避免在墙面形成扇形图案，灯具与墙面、灯具与灯具之间的距离大约为顶棚高度的三分之一。

嵌入式重点照明或聚光筒灯射出窄的光束。嵌入式重点照明筒灯的目标角度为30°～45°，可以旋转至少350°，固定式或可调式。嵌入式重点照明筒灯中，常见的指向型装饰包括割缝式、挡板式、眼球式和小孔式孔口（见组图6.11）。

(a)

(b)

图6.10 嵌入式直线形洗墙灯灯具照亮此接待区域的左侧墙面（图(a)）。如放大的灯具照片所示，不对称的反射器系统将光照指向墙面（图(b)）。（图(a)：图片版权归Acuity品牌照明公司所有，使用已获授权。图(b)：版权归Ron Solomon Photography所有）

图6.11(a) 嵌入式重点照明筒灯中的割缝式可调节洗墙灯。图例采用卤素MR16灯源。（图片来自ConTech Lighting）

图6.11(b) 表面可调节、带有黑色挡板的眼球式嵌入式重点照明筒灯。图例采用卤素MR16灯源。（图片来自ConTech Lighting）

图6.11(c) 嵌入式重点照明筒灯中的可调节挡板。图例采用卤素MR16灯源。（图片来自ConTech Lighting）

多种嵌入式灯具都会在一个矩形开口内形成两个或更多的焦点（见图6.12），使其可以聚光照明三个不同的重点，而只在顶棚上打一个孔。

嵌入式灯具可以经过调节，实现不同的用途，比如向下照明、泛光照明或重点照明。如果室内的顶棚有角度，嵌入式、斜顶灯具可以用于将光照指向下方、提供泛光照明的洗墙效果或者聚焦物体。

嵌入式灯具的优势与弊端

嵌入式灯具的优势是其在将光照指向不同位置的同时，可以保持顶棚线的外观清爽、整洁，通常也使空间看起来更大。嵌入式灯具可以为带有装饰性灯具的区域提供任务照明。小型嵌入式灯具可以隐藏，带来神秘的感觉。

嵌入式照明的弊端包括其安装所需的间隙空间，绝缘体与灯壳之间所需的预留空间，以及用于除热的通风需求。根据安装要求，嵌入式灯具应该在施工早期规划，因为其需要适应经过重新评估的顶棚，并在顶棚上打孔。

除了结构性的安装要求，嵌入式灯具还涉及一些其他挑战。它们必须置于合适的位置，以避免产生与直接照明相关的问题，包括对人造成眩光和产生令人不舒服的阴影。

物体表面与顶棚之间的距离固定，这使得选用能够满足要求的灯具和灯源变得尤为重要，以适用于特定位置的相关参数。嵌入式灯具的拆除费用昂贵，而且会破坏完工的顶棚表面。灯具的更换也很困难，尤其是在顶棚很高的房间；可以从前面更换的嵌入式灯具维护起来更容易。

表面安装式灯具

表面安装式灯具是指安装在顶棚、墙面、地面上，或板架、橱柜下的灯具（见图6.13）。这类灯具用于直接

图6.12 安装在顶棚内的多种嵌入式灯具。（摄影：UIG通过Getty Images）

图6.13 安装于图书馆顶棚上的表面安装式灯具。（摄影：UIG通过Getty Images）

照明、半直接照明和漫射照明。用于顶棚的表面安装式灯具包括暗灯、筒灯、环绕式透镜灯具和 HID 高（或低）顶灯。

环绕式透镜灯具是通过灯的边缘及底部发出大部分光照的照明部件，与顶棚极为贴近，可以通过顶棚的反射实现最大化的照度。不过，这样的灯具也会在电脑显示器上形成眩光。

HID 高（或低）顶灯是铃铛形状的灯具，用以适配金卤灯和高压钠气灯。镀铝反射灯是良好的光学控制器，也常用于高顶棚的商业场景。

壁灯和白板灯具是最常见的用于墙面的表面安装式灯具（见图 6.14）。壁灯通常是装饰性光源，提供直接、间接、半直接、半间接和漫射照明。

出于安全因素考虑，并遵循《美国残疾人法》（ADA），安装位置离地面少于 203 厘米（80 英寸）的壁灯，投射距离与墙面间不得超过 10 厘米（4 英寸）。

齐眼高度的壁灯容易造成不舒适眩光或失能眩光。当壁灯位于楼梯的底部时，这个问题尤其突出。一个人下楼梯的时候会因为看见裸露的灯源而造成失能眩光。

当壁灯的遮蔽装置为薄的、半透明的材料，且处于高光照水平时，裸露的灯源也会成为问题。为了避免眩光，一些壁灯带有漫射器、百叶、挡板或透镜。

(a)

(b)

(c) (d)

图 6.14 表面安装式灯具在墙面上形成的有趣的光影图案。注意掩埋式装置在地面上形成装饰性元素的同时，也可用作寻路指示（图 (a)）。注意放大的表面装置（图 (b)），以及两种掩埋式装置：雾面玻璃（图 (c)）和半雾面玻璃（图 (d)）。（iGuzzini Lighting USA）

白板照明装于墙面，为白板或黑板提供直接光照。 通常，荧光灯用于白板照明。内置反射器向垂直表面发出柔和的光照,而不产生阴影或眩光。

表面安装式灯具还包括安装在板架或橱柜下的灯具。灯具可以垂直或水平安装在平面的前部、中部或后部，取决于希望得到照明的区域位置。最常见的形状是直线、圆形和正方形。通常来说，这些灯具带有荧光灯、卤素灯、白炽灯和 LED 灯源。表面安装式灯具的发光孔很小，是突出柜上物体的绝佳选择。

表面安装式灯具的优势与弊端

表面安装式灯具的优势是可以在作为装饰性灯具的同时提供照明。控制光照指向和漫射光照的潜能使得这类灯具可以灵活满足环境中的多重照明需求。

相较于嵌入式灯具，表面安装式灯具更易于安装。在指定表面安装式灯具的位置时，室内设计师通常不用考虑绝缘间隙或机械和管道的限制。

表面安装式灯具的一些弊端与灯具的位置有关。顶棚水平灯具的更换会很困难，而拆除灯具会对饰面和材料造成严重损坏。一些表面安装式灯具在墙面或顶棚上投射出光影图案，可能会对已有图案或纹理的表面外观造成负面的扭曲。

由于表面安装式灯具可以成为房间内的焦点，灯具的选用与位置必须遵循设计原则。例如，灯具应该反映设计理念的主题，灯具尺寸相较房间的形状和大小应该合适，而且灯具的位置应该在顶棚上形成平衡。

悬挂式灯具与导轨式灯具

悬挂式灯具与导轨式灯具需要特别考虑，因为它们的组成部分可能与空间中的其他元素相互干扰，比如指示标志、门合页或艺术品。关键是要先明确灯具的三维特性和房间内的元素。

悬挂式灯具

悬挂式灯具是指安装在顶棚上、通过绳、链、杆或线延伸至房间内的灯具（见图 6.15）。一些灯具带有可以轻松调节绳线长度的装置。

悬挂式灯具发出直接、间接、半直接和漫射的照明。最常见的悬挂式灯具包括吊灯、枝形吊灯、吊顶风扇、直线形荧光灯具（半直接双向型），以及构成部分轨道照明系统的灯具。其中的一些仅用作装饰。

一分钟学习指南 

1. 描述以下灯具的光照分布：间接型灯具、半间接型灯具及漫射型灯具。
2. 指出嵌入式灯具的优势与弊端。指出表面安装式灯具的优势与弊端。

（a）

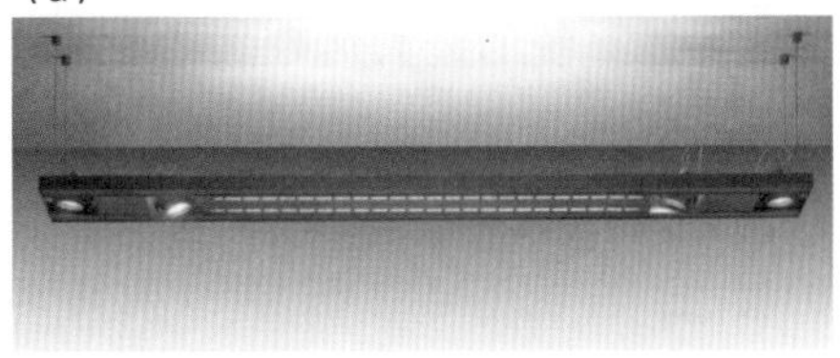
（b）

图 6.15 带有两盏灯源的直线形悬挂式灯具：T5 和 MR16（图 a）。注意灯具的放大图（图 (b)）。（摄影（图 (a)）：Tom Arban 摄影公司；摄影（图 (b)）：美国 iGuzzini 照明）

直线形荧光灯灯具经常被用于任务照明。用于周围照明或任务照明的双向型（直接兼间接型）灯具的材料、反射器、挡板或百叶，反射率应该大于 90%。

为了避免形成过热点或眩光，提供间接光照的悬挂式灯具应该安装在距离顶棚至少 46 厘米（18 英寸）的位置；处于通道位置的灯具应该安装在距离地面至少 203 厘米（80 英寸）的位置。灯具的底部距离餐桌应该在 76 厘米（30 英寸）以上。顶棚的高度、房间的大小、灯具的尺寸应该确定相互间合适的距离。

悬挂式灯具的首要用途是装饰，灯具的设计必须能反映室内设计的理念，并且遵循设计原则。由于悬挂式灯具通常都是室内空间的焦点，而且会从视觉上分割空间，这些灯具的位置、尺寸和材质可能会使得室内空间显得比实际要小。悬挂式灯具的清洁也比较困难，因为其位置会导致灯具积累许多灰尘。

在安装悬挂式灯具时需要重点考虑的两个问题，避免眩光和防止对空间中移动的人造成冲突。想要找到合适的位置设置灯具，室内设计师应该考虑灯具的位置对站着与坐着的人有什么影响。

灯具的位置在任何时候都不应该干扰到环境中的装饰焦点，例如墙上的艺术品或是窗外的美景。在成排使用多个悬挂式灯具时，注意确保灯具的悬挂呈完美的直线形。

导轨式灯具

导轨式灯具是指有多个灯头安装在一个继电器上的灯具（见图 6.16）。导轨可选的长度不同，使用连接器后可以创建出 L 形、T 形或 X 形灯具。通常，导轨的一端连接主电路电线，而另一端则是固定的。

多导轨可用于独立开关设置，低电压导轨系统配合遥控变压器使用。导轨系统可以通过电线悬挂在顶棚上、嵌入顶棚板，或者安装于顶棚或墙表面。

图 6.16 位于秘鲁利马，安装在国家考古博物馆（National Museum of Archaeology）内的导轨式灯具。（摄影：UIG 通过 Getty Images）

通过导轨安装的灯具，也称作导轨头，有多种式样、颜色、尺寸、灯源类型和制作材料可供选择；同时内置变压器。一些导轨头连接在长线的一端，电线可以灵活改变造型，将光照指向几个方向。单点的灯具用于只能使用单导轨头的照明装置。

新型导轨式灯具的设计包含了低压电线和轨道系统（见图 6.17）。这些系统中的导轨头连接至电线或轨道，可以在布置装置时调节和塑形。这样灵活的系统可以实现曲线的造型和柔和的角度。

导轨系统的导轨头可以实现直接、间接、直接兼间接或漫射的光照分布。导轨系统最常见的应用是重点照明、泛光照明和下照光照明。

许多导轨头的设计仅仅是为了支撑灯源，而且不能做任何调整或控制；对于这些导轨头，选用能够实现理想光束分布和光照强度的灯源就是关键。

导轨头可以选配百叶、透镜、固体或网状的遮蔽装置，以控制眩光。导轨系统的悬挂件及加长的导轨头，都可用于高顶棚环境。

导轨式灯具的优势与弊端

导轨系统的最大优势就是灵活，导轨头的重新定位相对简单。这类灯具常被用在零售店中，强调展示柜中的物品。导轨还可以通过一件灯具灵活实现不同类别的照明。

图 6.17 安装在厨房内操作岛台上方的低压电线照明系统——导轨头可以在平行的线之间旋转 350°，灯源可以旋转 360°。（图片来自 Tech Lighting）

导轨系统的弊端包括难以触及导轨头、很可能带来眩光以及很容易积累灰尘。如果导轨头难以触及，它们就很少得到重新定位，因而不能发挥导轨系统最重要的优势，而且增加了形成眩光的风险。想要降低眩光的可能性，应避免将导轨置于用户能看见灯源的地方，或者在导轨头上添加遮蔽装置。

在指定导轨系统时，要注意产品的质量。一些导轨是由脆弱的铝片制成的，对于经常需要重新定位的灯具不适用。

导轨系统还会带来一些安全问题。通常，系统的组成部分是不能在制造商之间互换的，尤其是专门与某家制造商和某个产品系列相配的导轨系统。此外，便于在导轨上添加导轨头的系统，也更容易超出功率限额。

结构型灯具与组合家具式灯具

结构型灯具和组合家具式灯具在照亮空间和物体的同时，还可以完美地营造出光源并不存在的假象，此类照明兼具功能性与艺术性。

结构型灯具

结构型灯具是指那些组成建筑物室内元素的灯具。结构型灯具的主要类别有凹槽照明、窗帘箱式照明、檐板照明、底部照明、墙槽和壁灯照明(见组图 6.18）。

（a）

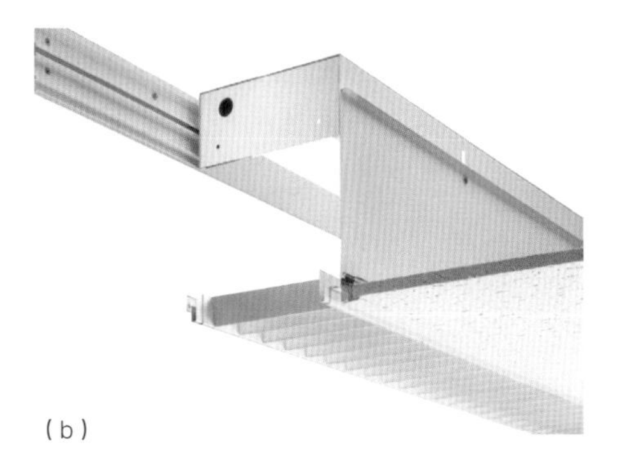

（b）

图 6.18(a) 空间中央的凹槽照明。注意光照的均匀分布。（Jud Haggard Photography）

（c）

图 6.18(b) 和 (c) 安装在接待区域（图 (c)）的墙槽灯具（图 (b)）局部特写。（接待区域的图片：摄影 Balthazar Korab，图片来自国会图书馆（Library of Congress）；灯具的图片：© Charles Mayer Photography 所有）

凹槽照明安装在墙面上，将光向上照向顶棚。凹槽照明在顶棚高的房间内尤其有效，还可以与顶棚线相结合。

窗帘箱式照明装于窗户上方，光照向上方和下方。檐板照明装在窗户上方或墙面上，光向下照。

底部照明接近或紧邻顶棚的内置墙面元素，从墙面延伸出 31 ~ 46 厘米，通常将光指向下方照明目标物，其中的一些单元还会含有间接照明。底部照明经常被用于工作区域上方，比如厨房台面、书桌和浴室水槽的上方。

壁灯照明安装在墙面上，光照向上方和下方。结合顶棚系统内的墙槽，配光向下指向垂直的表面。壁灯有时被用在房间的边界。无缝的荧光照明系统和 LED 可以连续成排地照亮阴暗的区域，可以在墙面和顶棚上形成连续的带状照明。

最常用的结构型灯具材料为木材、金属或石膏板。用于遮挡光源的板材被称作饰带。想要实现结构型灯具的光照最大化，室内的平面应该漆成白色，并对饰面做直角截断。通常，这些单元中采用的是直线形荧光灯源。

为了确保光照颜色和亮度水平的一致性，单元中安装的所有灯源都应来自同一家制造商。为了减少眩光，一些结构型灯具配有遮挡光源的装置，比如挡板、透镜或百叶。

照明单元的大小与它在墙面上的位置也是结构型灯具成功的关键所在。单元必须采用适当的尺寸，以实现最大化的反射率，并从多个视角适当地遮蔽灯源。照明单元在墙上的位置会影响反射率、光照水平和产生眩光的可能性。

以下列出的是适用于凹槽照明、窗帘箱照明、檐板照明和壁灯照明的单元大小。

- 结构型灯具：安装位置距离顶棚至少 46 厘米，距离墙面 15 ~ 31 厘米。
- 灯源：安装位置距离墙面至少 10 厘米，距离饰带至少 5 厘米。
  饰带高度：20 ~ 31 厘米。
- 底部照明灯具：高度 15 ~ 31 厘米，安装位置距离墙面 31 ~ 46 厘米。

在高顶棚的房间，或是在非常大或非常小的房间，可能需要对建议尺寸做出修改。例如，在大房间，可能需要修改凹槽照明的尺寸，以免在房间中央形成阴暗的区域。

一些灯具的配光更均匀，避免灯源造成过热点。内置的反射器也会辅助灯具在表面的配光。

结构型灯具的优势与弊端

结构型灯具可以通过与室内建筑的良好结合，增强室内的空间效果。通过照明描绘室内的轮廓与大小，可以使空间显得更大。

此类照明的另一个优势就是，均

匀的光照分布带来类似自然光照明的优点，此类照明也成为实现整体照明的理想选择。结构型灯具还可以为空间添加一点神秘的元素，因为光源被隐藏在视线之外，光照也若隐若现。

结构型灯具的弊端包括可能造成眩光、拆除照明元素时会损坏顶棚和墙面，以及很难清洁灯源和换灯。

在大房间里，安装结构型照明可能会导致房间中央是阴暗的。除此之外，当光照掠射表面的时候，墙面或顶棚上的任何裂缝或瑕疵都会变得十分明显，不过，使用亚光漆饰面可以将裂缝或瑕疵的影响减到最小。

组合家具式灯具

组合家具式灯具装在橱柜里，通常隐藏在视野之外。最常见的组合照明的家具包括办公系统、古董橱、断层书柜和书架（见图 6.19）。

组合办公系统的家具带有用于整体照明与任务照明的灯源，而用于突出物体的家具则通常带有筒灯或聚光灯。

一分钟学习指南

1. 在明确悬挂式灯具的理想位置时，需要考虑哪些因素?
2. 描述凹槽照明、窗帘箱式照明和底部照明之间的区别。

图 6.19 博物馆通常会采用带有组合式照明的展示柜来展示工艺品。（摄影：UIG 通过 Getty Images）

组合家具式灯具可以为其预期目的提供卓越的光照。这种灯具的弊端主要是会在橱柜中产生聚集的热量，以及换灯的不便。

光纤照明与可移式灯具

光纤照明和可移式灯具可为室内设计师提供独特的选项。光纤系统可以通过富有创意和艺术气息的方式强调小物件。可移式灯具是无需支撑物的桌面或地面灯具，可以实现类似的目标，并同时实现有效的任务照明、周围照明和装饰照明。

光纤照明

光纤照明是远程的照明源，光通过光纤束传输。用于固定光纤光源的盒子叫作“照明器”，指向性灯源通常是金卤灯、卤素灯（低电压）或 LED（见图 6.20）。

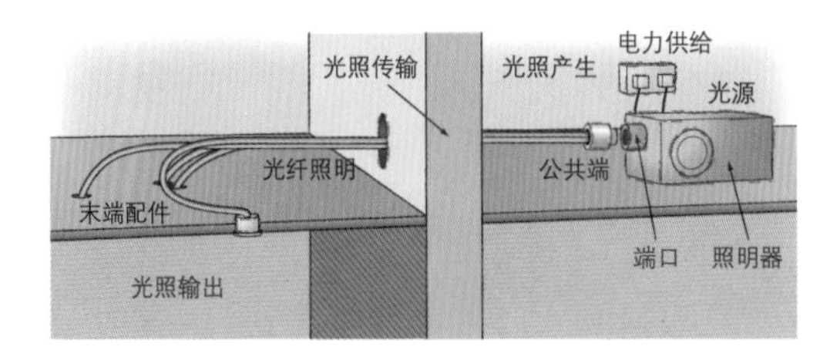

图 6.20 光纤照明系统。

光纤捆在一起，置于照明器边上的“端口”或开口处。光纤由玻璃或塑料制成，照明系统中会用到数以百计的光纤。玻璃是更好的材料，因为它可以传输优质的色彩及光照、寿命更长、维护要求更低，而且更易弯曲。

光纤通过内部反射产生光照；在侧边发光光纤照明系统中，光照在光纤的全长侧边可见（见图 6.21），而在末端发光光纤照明系统中，光照在光纤末端可见（见图 6.22）。

末端发光光纤系统由玻璃支撑，产生指向性照明。最常见的末端配件是固定的或可调节的筒灯（见图 6.22）。

光纤照明的优势与弊端

使用光纤照明的优势众多，包括安全、易于维护、向被照明物体输送的热量低，而且仅有很少量的红外线（IR）与紫外线（UV）。但是，光纤照明设备及装置的成本较高，而且这些应用通常经过特殊设计。

由于光纤系统中的光源被置于照明器中，只有光纤传输光照，而且光纤不带电流。这就使得设计师可以将光纤置于潮湿的空间内，比如游泳池、水塘、淋浴室和台阶处，而将照明器装在远处的、干燥的位置（见图 6.21(b)）。

(a)

(b)

图 6.21 侧边发光光纤照明系统（图 (a)）示例，以及安装在台阶边缘的光纤（图 (b)）。（图片版权归 Universal Fiber Optic Lighting，LLC 所有，且不得在未经书面同意前使用）

光纤照明易于维护，能够替代它的灯源很少，而且照明器可以安装在容易接触到的位置。极少数的灯源还可以节约能源。

在远处安装灯源可以消除热量的不利影响，减少被照明物体上的红外线（IR）和紫外线（UV），因此，光纤照明是对热敏感的产品、艺术品和其他装饰性物品以及易损坏的博物馆工艺品照明的理想选择。

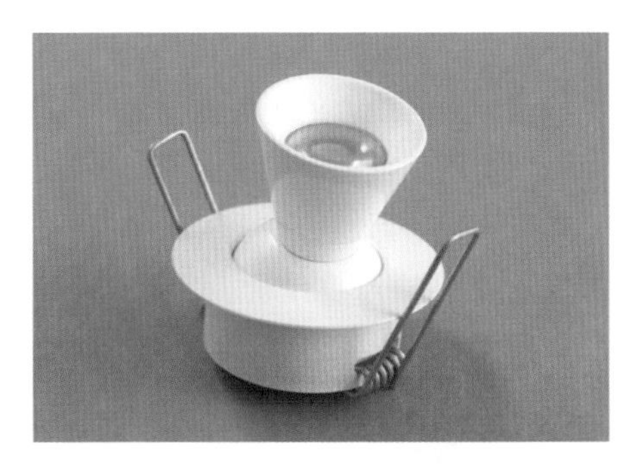

（a）

（b）

图 6.22 经过末端发光光纤照明系统（图 (a)）突出的绘画细节（图 (b)）。（光纤系统摄影：© Universal Fiber Optic Lighting，LLC 所有，未经书面同意不得使用。末端配件摄影：Arcaid/Mark Bentley）

可移式灯具

可移式灯具包括桌面灯具和地面灯具，主要是用于住宅室内空间、酒店、餐厅和私人办公室。这类灯具易于安装、提供即时照明、可以实现丰富的照明效果，而且成本相对较低。不过，大部分可移式灯具都是白炽灯，现在应该替换为紧凑型荧光灯(CFL)、卤素灯或 LED 灯具。

可移式灯具可以实现卓越的任务照明和可持续设计理念，因为用户可以轻松放置和调整灯具。可移式灯具也是一种理想的重点照明方法。小型的灯具易于安装在可以强调物体的地方，同时隐藏在视野之外。可移式灯具还可以在装饰照明中发挥重要作用（见图 6.23）。

图 6.23 位于威斯康星州塔里耶森山边剧院，由弗兰克·劳埃德设计的塔里耶森三世灯（Taliesin III Lamp）（1933），最初是为他家（Wright）的住宅和工作室所做的设计。（华盛顿邮报 / Getty Images）

大部分可移式灯具都带有基本的开关控制器。为三向开关设计的灯具应使用三向灯源来节约能源，并为用户提供方便。但是，三向灯源不应被用在没有三向开关的灯具中，因为仅在最大功率时运行灯源的灯具会造成能源的浪费。

一些灯具带有调光器、定时器、感光器或感应传感器。这些元素可能内置于灯具中，或是独立的装置。

出于安全的考虑，灯具应该处于物理平衡的状态，而且电线应该远离人行通道。想要隐藏电线，应该在可行的时候指定地面的电源插座。

室内设计师在指定可移式灯具的时候，必须考虑灯具的设计、空间内灯具与其他元素的关系，以及能够实现预期照明目的灯具的合适位置。

眩光是分析灯具设计及其摆放位置的一个重要考量。裸露的灯源位于直接视线内，或者挡板过于透明，都会造成不舒适眩光或失能眩光。

想要解决眩光的问题，就应在决定灯具位置时从多个角度分析灯具与用户间的关系。例如，一件桌面灯具的位置可能完美适用坐在灯源边上的人。但是，在屋内站着的人可能就会看到灯源的上部，从而产生眩光。

相反，一件高桌上的灯具可能会对坐在桌边的人造成眩光，而站在空间内的人反而不会受到其亮度的影响。可移式灯具应该置于为任务提供直接光照，但不产生阴影或眩光的位置。用于坐在椅子或沙发上的人的灯具，应该置于人的边上或稍后的位置。

想要避免在任务照明区形成阴影，灯具应该置于习惯用右手的人的左侧、习惯用左手的人的右侧。灯罩的底部应该位于视平线左右，也就是距离地面 97 ~ 107 厘米的位置。这个高度的光照可以直接射在任务对象上，而且人不会受到灯源带来的眩光的影响。

用于个人在桌面工作的灯具应该距离个人大约 38 厘米，距离桌的前部边缘约 30 厘米。灯罩的底部应该位于桌面上方大约 38 厘米。灯具的位置可能需要调整，以避免在电脑显示器上形成反射。

指定灯具

室内设计师要指定灯具，就必须具备不同制造商提供的有关灯具、灯源和用于控制灯具的设备的相关知识。

制造商提供的规格参数

规格参数的获取始于调研现有产品。互联网是指定和对比产品的重要资源，网站上会有基于规格参数的产品分类。例如，一些网站会列出几种产品分类，比如灯具、灯源和应用的类别。

一分钟学习指南

1. 描述光纤照明系统的组成部分。
2. 指明与可移式灯具相关的安全问题。

用户选择想要的类别，网站会筛选出符合规格的产品。

在查看不同产品的时候，关键是明确制造商提供的规格参数数据。这些数据包括安装说明、应用指南、规格参数表、光度信息和价格。室内设计师需要用这些信息来选择和指定灯具和灯源，用数据为客户演算和提供维护推荐。

选择考量

为优质照明环境选择灯具，需要先分析空间的位置和用户。理想状态下，应该在项目的初始阶段规划照明；如果要达到 LEED 评级标准，初始阶段是关键时期。

项目是新建施工还是在已有建筑上施工，是影响照明设计的一个主要因素。两种情况都会带来相应的挑战，设计师也必须在选择灯具之前解决这些问题。

查看项目的细节时，设计师需要优先考虑与灯具相关的条件。例如，如果现有建筑已有大量结构型照明，那么首要条件就是确保指定的灯具真的能够安装进房间。

如果客户的建筑位于用电花费高的地区，那么灯具的经济性就应该作为重要考量因素。而昂贵的珠宝店应该优先考虑能够增强珠宝的亮度和细节的灯具。设立优先条件会非常有助于指定灯具类别。

在考量这些前提条件的背景下，必须明确灯具的用途（见图 6.24）。这件灯具如何才能与分层照明方案相结合？这件灯具能否提供周围照明、人物照明、重点照明或装饰照明？室内设计师还必须明确，灯具是要作为空间的焦点，融入室内设计，还是要完全隐藏起来。

做出这些决定之后，选择灯具的下一步就是评估照明系统的具体特征，这包括产品质量、光度数据、灯源特性、经济考量、安装方法、运行考虑、维护和设计考虑。

图 6.24 锯齿状的灯具与天窗的作用包括提供照明、道路指示，以及作为走廊中的艺术元素。(FERNANDO GUERRA / Getty Images)

灯具的理想品质通常取决于客户的优先要求。但是，想要考虑周全，室内设计师有责任了解不同产品的质量差别。优质材料制成的结构良好的灯具是一项优良的可持续投资。优质灯具对于长期装置和注重耐用性的应用尤其重要。

设计师还应该参照光度数据来决定灯具的光照分布；设计师应该通过必要的演算做出决定（参见第八章）。规格数据也会指出灯具的适用灯源。

查看适用灯源的特性来决定这些灯源是否符合照明设计的目标。需要考量的因素包括效能评级、颜色特征、灯源寿命、目标特性、运行位置、功率、热量累积、光学控制属性、控制特征及灯源的实用性。

在跨国搜寻灯具的时候，了解插头和电源插座的适配性和评级十分关键，因为不同的国家采用不同的电力系统，有不同的电力要求。与经济性相关的灯具特征包括灯具、灯源、镇流器、控制器的成本，以及电力、安装和维护的成本。

装置

在选用灯具的时候，需要调研诸多因素，如查看建筑的机电、管道和结构组成后再决定安装灯具的可行性。调研过程还包括查看当地建筑与电气规范。历史建筑会有严格的翻新规定，整个项目的开展都必须遵守法律规定（见图6.25）。

必须经过调研设计师才能了解室内装置与维护的方法。空间要求包括镇流器、变压器、输出盒和气候控制。顶棚和墙面上必须有适当的支撑才能安装灯具。

最常见的安装灯具的表面材料包括石膏灰胶纸夹板、石膏、木材和吸声砖。砖砌墙面和不规则表面会对灯具的安装造成不便。另外，不规则表面的轮廓还要求灯具能够在现场进行改装或调整。

安装灯具的时候还必须考虑灯具在水平和垂直面上的效果，以及对墙面上的艺术装置产生的影响。回顾安装考量时还需注意照明对空间和用户产生的指向性效果。

操作

操作是指定灯具时需要考量的另一方面因素。决定因素包括控制器的使用、可调节性、未来要求、人体工程、环境因素及安全因素。

室内设计师可能需要特别的控制器，比如调光器、感应检测器和自然光感光系统。想要实现成功的运行，就必须选用符合适配控制器要求的灯具。

对于需要为不同用户和不同任务服务的照明系统来说，灯具的可调节性是关键。灯具可能在未来被移动到不同的位置，或者照明系统会在某天被完全拆除。对于这样的情况，应该选用易于移动和拆除的灯具。

（a）

（b）

图 6.25 位于芝加哥的演艺剧院（Auditorium Theatre）（1889），由路易斯·沙利文和丹克马尔·阿德勒设计，该建筑是最早使用电气光源的建筑之一（图 (a)）。3500 件透明玻璃碳丝灯突出了剧院的拱形顶棚。由于该剧院具有历史意义的地位，目前采用的灯源都是原版托马斯·爱迪生（Thomas Edison）碳丝灯泡的复制品（图 (b)）。（图 (a)：James Steinkamp 摄影；图 (b)：2010. Chip Williams）

设计师在指定灯具和灯源的时候，应该总是首先考虑人体工程学与环境因素。此外，还有一些安全问题：带有裸露灯源的灯具可能会烧伤人们，或者点燃易燃材料。

在完成任务时采用不适宜的光照，可能会因为无法正常看到工作材料而导致人员视力损伤或物品损坏。应该检查灯具的稳定性，尤其是在有儿童、老年人和宠物的空间内。

维护

指定灯具时需要考虑的另一重要问题就是维护。如果灯具不易于清洗或者更换，则说明室内设计师考虑不周，会对他们的名声造成不好的影响。人力成本是与维护相关的重要支出。

灯具如果安装在易于接触的地方，则通常不会带来维护问题；对于难以触及的地方，比如 6 米（20 英尺）高的顶棚，则应该从前面更换灯具，并且配有挡板，以减少灰尘累积。还应该考虑使用寿命长的灯源。

需要使用特别工具的产品会妨碍灯具的维护。灯具的材料也会带来维护问题。例如，有光泽的铝面容易留下划痕和指纹。

协调设计元素

灯具要反映室内设计的主题，并强调设计的原则。室内设计师在选用灯具时，应该挑选与空间中其他元素相协调的灯具，达到一致的美学效果。

图 6.26 将照明与建筑结构相结合，是实现无缝照明的一种方法，这种组合富有创意和个性。（摄影：UIG 通过 Getty Images）

选用特定时期的灯具，需要做相关的历史研究。为了与室内主题风格相呼应，一些室内设计师会定制灯具（见图 6.26）。酒店和餐厅经常这么做。

决定空间中灯具的位置时，也需要应用相关的设计原则。安装在顶棚上的灯具应该与顶棚上的其他元素相协调，包括漫射器、墙面折转、烟雾警报器与应急灯。可以根据灯具的类别与照明的目的来决定采用对称还是非对称的协调。

选用的灯具应该增强空间及其装潢的韵律、重点、统一性、比例与尺寸。如果房间要突出高顶棚，则应该选择能够形成垂直面焦点的灯具。低位的照明应该用在打算营造亲密氛围的空间里。

灯具的尺寸应该与房间的大小、安装的区域成比例。另外，在非住宅项目中，应该控制灯源的种类，以避免维护人员在更换灯具时产生困扰。如果有多种不同种类的灯源，很容易在为灯具换灯时出现装错灯源的问题。

灯具的正确选用与放置是优质照明环境的关键。为了节约能源，设计师应该尽可能选择流明输出高的灯具。成功的关键在于对产品的彻底了解，对照明系统中相互依存的元素的理解，以及有关灯具如何影响室内整体设计的考虑。

照明系统中的另一重要元素就是控制器。下一章中会有关于控制器及其对灯具影响的相关讨论。

有关 LEED 认证

如何将灯具应用于创建 LEED 认证建筑的检查清单，参见方框内容“可持续策略与 LEED”以及附录 IV。

章节概念→专业实践

这些项目基于大脑学习过程的规律——一项研究大脑如何运行和学习所形成的理论（参见“前言”）。这些项目可以独自完成，也可以进行分组讨论。

一分钟学习指南

1. 选用灯具时，需要考虑哪些与安装、维护相关的问题?
2. 灯具的设计可以如何强化空间的韵律与重点?

可持续策略与 LEED：灯具与 LEED 认证

你可以参考以下策略，将本章内容放入其中，创建 LEED 认证建筑。

- 通过选用将光照指向所需的地方而不溢至其他区域或溢至室外的灯源和灯具，来减少光污染。
- 通过选用光照输出最大化、产生热量的灯具最少，来最小化能源消耗和最优化能源表现。
- 通过选用气密级灯具来最小化能源消耗和最优化能源表现。
- 通过替换和回收效能不佳的灯具——灯源系统，来最小化能源消耗和最优化能源表现。
- 通过在已有灯具中安装装置，将之前灯具中被浪费的光照重新定向至照明单元的孔口，来最小化能源消耗和最优化能源表现。
- 通过替换和回收不能与控制器兼容的灯具，来最小化能源消耗和最优化能源表现。
- 尽可能重复利用灯具及之前用于照明系统的建筑材料，比如顶棚、墙面和建筑元素。
- 减少施工垃圾；将灯具中可回收部分的材料重新定向。
- 通过定制优质灯具，在未来减少施工垃圾，尽可能采用可以通过调节适用于未来其他用途的灯具。
- 尽可能指定带有可回收部分的、当地生产的灯具。
- 尽可能指定通过可再生材料快速制造的灯具。森林管理委员会会为基于木材制作的产品认证。
- 想要实现优质的室内环境，在安装灯具的表面指定低排放的油漆，比如顶棚和墙面。想要最大化照明，指定高反射率（大于 85%）的油漆颜色。
- 通过选用配光角度最佳的灯具，为特定人物或用户特征照明，来实现用户对环境的满意度和生产效率的最大化。
- 通过选用适用于任务照明、消除眩光、带有独立控制器，不会散发出用户能感觉到的热量而对热环境产生负面影响的灯具，来实现用户对环境的满意度和生产效率的最大化。
- 在建筑能源系统的基本或强化调试中，监控灯具的安装、运行和校准，包括控制器和控制自然光的元素。
- 度量并明确灯具的能效、控制器和热舒适性。
- 关注灯具领域的可持续发展，确保采用最高效和最节能的照明系统。

互联网探索

本书中的附录I列出了许多灯具制造商。选取两家制造商，浏览他们的网站。做一张表格，抬头应为“产品”“应用”“图册或案例研究”等项目，总结制造商的信息。

增强观察技能

查看图6.15～6.18，并回答以下问题：

- 基于光照分布方式，明确灯具类型（例如直接型、间接型等）；
- 画一张草图，展示每件灯具的光照分布方式（示例参见图6.3(b)至图6.3(d)）；
- 描述不同的灯具如何影响空间中的照明。

闪回关联

吸收知识的一个重要方式就是将新知识与之前学过的内容相联系。草绘一件灯具的设计，并说明你的设计中的细节：灯具的目的、灯源、尺寸、材料、可持续特征、期望对用户产生的心理作用。

一分钟学习指南

将你在“一分钟学习指南”中的回答汇编成一本“学习指南”。对比你的回答与本章中的内容。你的回答准确吗，有没有错过什么重要的信息？你觉得你是否需要重读某些部分的内容？另外，利用“关键术语”列表来测试自己对于每个术语的掌握程度，然后再在本章内容或词汇表中查找相关释义。把难记的术语及其释义加进你的“学习指南”。相应地，完善你的回答，然后创建第六章“学习手册”。

章节小结

- 最基本的几种光照分布方式：直接型、间接型、半直接型、半间接型和漫射型。
- 主要的几种灯具类别包括嵌入式、表面安装式、悬挂式、导轨式、结构型和组合家具式照明单元。
- 主要结构型灯具包括凹槽照明、窗帘箱式照明、檐板照明、底部照明、墙槽和壁灯照明。
- 光纤照明利用远程光源实现照明。
- 室内设计师要指定灯具，就必须具备不同制造商提供的，有关灯具、灯源和控制器的产品相关知识。
- 为优质照明环境选择灯具，需要先分析空间的位置和用户。在考虑了已有前提的基础上，必须明确灯具的使用目的。

- 建筑的机电、管道和结构组成必须经过调研，以决定安装灯具的可行性。
- 操作性考量包括控制器的使用、可调节性、未来要求、人体工程、环境因素及安全因素。
- 维护是指定灯具时需要考虑的另一重要因素。
- 将灯具相关的可持续原则与LEED认证建筑相结合，有许多策略可以采用。

关键术语

AT-rated (air-tight) fixture 气密级灯具
cornice lighting 檐板照明
cove lighting 凹槽照明
diffused luminaire 漫射型灯具
direct luminaire 直接型灯具
end-emitting fiber optic lighting syste 末端发光光纤照明系统
fiber optic lighting 光纤照明
furniture-integrated luminaire 组合家具式灯具
HID high/low-bay HID 高/低顶灯
high hat 高帽灯
IC-rated (insulation contact) fixture 绝缘级灯具
illuminator 照明器
indirect luminaire 间接型灯具
portable luminaire 可移式灯具
recessed downlight 嵌入式筒灯
recessed luminaire 嵌入式灯具
semi-direct luminaire 半直接型灯具
semi-indirect luminaire 半间接型灯具
semi-recessed luminaire 半嵌入式灯具
side-emitting fiber optic lighting system 侧边发光光纤照明系统
soffit lighting 底部照明
structural luminaire 结构型灯具
surface-mount luminaire 表面安装式灯具
suspended luminaire 悬挂式灯具
track luminaire 导轨式灯具
troffer 暗灯
valance lighting 窗帘箱式照明
wall bracket lighting 壁灯照明
wall washer luminaire 洗墙灯灯具
wallslot 墙槽
wraparound lens luminaire 环绕式透镜灯具

第七章 照明系统：控制器

目标

- 描述变压器与镇流器在照明系统中的作用。
- 描述照明控制器如何节约能源和增强环境氛围。
- 描述照明控制器的基本设备。
- 理解如何为优质照明环境指定辅助控制器与照明控制器。
- 理解控制器与 LEED 认证要求之间的关系。

控制器用于规范照明系统，对于技能环保型照明尤为重要。过去，控制器不是重要考量因素，而且主要是用于装饰，但是数字科技的发展提升了室内设计师的表现，增加了可用选项。

随着控制器变得越来越复杂，室内设计师有多种方式来提升照明系统的效率，并为用户提供便捷与灵活度。控制器科技的持续发展，要求室内设计师经常阅读专业期刊中相关产品的文献。

本章将探索辅助控制器与照明控制器，以及它们会如何影响优质的照明系统。辅助控制器包括变压器、LED 驱动器和镇流器。照明控制器包括一系列广泛的技术与设备，用于节约能源、最大化采光和增强环境氛围。

照明控制器的手动或自动操作包括开关、调光器、计时器、感应传感器、感光器、场景控制器和中央（网络）控制系统。

辅助控制器

变压器、LED 驱动器、镇流器是运行一些照明系统的关键设备。这些控制器必须与照明系统适配，而且会消耗电力。为了适应更小的使用空间，一些辅助控制器也有较小的造型款式。

变压器

变压器是在照明系统中升、降电压的电气设备。在特别的商用和住宅应用中，升压变压器用于升高电压，降压变压器用于降低电压。用于照明目的时，变压器或者与灯具设计融为一体，或者作为独立的单元，隐藏在顶棚里或者墙面后（见图 7.1）。

绝大部分线电压照明运行电压是 120 伏。低电压照明运行电压通常是 12 伏。因此，对于低电压照明，需要通过变压器将线电压降至 12 伏。

变压器分为磁性变压器和电子变压器。磁性变压器带有钢芯，包裹在铜线内，价格便宜，但质量非常可靠。不过它们相较于电子变压器在重量、体积、噪声方面都更大。

电子变压器由电气线路组成。电子变压器的优势包括体积小、重量轻、运行安静。由于变压器的运行需要电力，在计算空间的能耗（瓦 / 平方米）时，也必须涵盖变压器消耗的能源。

每个变压器都有额定功率，制造商会提供这部分信息。为了保证安全并正确地操作灯具，灯源与其使用的变压器是十分关键的，两者都不应超过额定功率。

另外，变压器应该尽可能安装在靠近灯具的地方，因为如果变压器与灯具的距离太远，可能会出现电压下降和光照输出降低。

大部分变压器与卤素灯、白炽灯调光器一起使用，后两者是通过降低灯源功率来减少光照输出的电气设备。变压器的一些可用选项包括自动重置、软启动、可复位断路器、热保护和短路保护。

还有一些为满足特别装置要求所设计的特殊设备，比如为悬挂式灯具提供支撑的可扩展吊架杆。特别小的带调光器的变压器可以用于橱柜或展示架。内置式变压器可用于 12 伏灯具。

图 7.1 与灯具设计融为一体的变压器。此处展示的是一件导轨型灯具的导轨头。（图片来自飞利浦照明）

LED 驱动器

如第三章中提到的，驱动器是运行 LED 时所需的一个辅助性电气设备。驱动器用于连接输入线电压和 LED 灯源。

LED 驱动器的主要功能包括调光，以及转换线电压（从交流电源到直流电源的所需电压）。带有驱动器的 LED 产品包括 LED 灯源（集成与非集成）、LED 光照引擎和 LED 灯具。

镇流器

镇流器是与放电灯一起使用的控制装置，可用于启动放电灯并控制运行时的电流。荧光灯与高强度放电（HID）灯运行都需要镇流器。灯源的镇流器或是独立的控制器，或是集成系统，通常寿命会比放电灯本身要长。

镇流器分为磁性镇流器和电子镇流器，每种磁性镇流器都有电子版的替代品。另外，根据 2005 年通过的《能源政策法案》，美国自 2010 年 7 月起，禁止销售磁性镇流器。

磁性镇流器由包裹着铜线或铝线的钢芯组成。镇流器可能产生嗡嗡的噪声。基于按分贝计算的声音水平，镇流器经过分级，从最安静的（20 ~ 24 分贝）A 级到最大声（超过 49 分贝）的 F 级。

电子镇流器由固态电路制成，其中一些在高频电源上运行，可以提高灯源或镇流器系统的效率。多灯源镇流器可以同时适用于多枚灯源。

与变压器相似，电子镇流器比磁性镇流器更受欢迎，因为电子镇流器更节能、更安静、更轻。而且，电子镇流器在实现相同光照输出时比磁性镇流器消耗更少的电力，而且运行温度更低，因此可以节约能源。

湿度较低的运行环境可以延长灯具寿命，同时减少调节空气所需的能源。电子镇流器消除闪烁，而且可以实现多灯源运行。

镇流器可以在并联电路或串联电路中运行。在串联电路中，灯源作为一个系统整体运行，如果一枚灯源短路了，则其他灯源都不运作了。在并联电路上运行的灯源各自独立运行，如果有灯源短路，其他灯源还可以继续运行。

镇流器与系统

镇流器应该总是被视为与特定灯源一起组成系统（见图 7.2）。通常，镇流器适应灯源的某些特征，比如光源类型、功率和控制器。

（a）

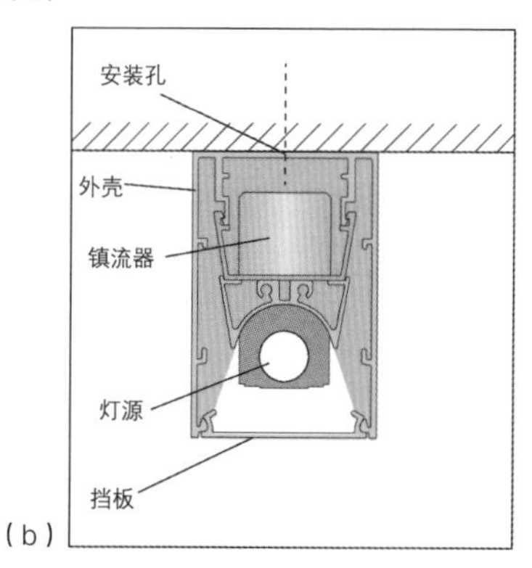

（b）

图 7.2 与直线形荧光直挂灯具结合的镇流器（图 (a)），灯具的横截面如图 (b) 所示。（摄影：Assassi）

例如，有一些镇流器就是为在指定功率下运行的金卤灯特别制作的。荧光灯源或镇流器线路是为快速启动和瞬时启动系统特别设计的。另外，不同的灯源制造商也可能导致灯源与镇流器不能与其他制造商的产品相互更换。

灯源与镇流器在运行时是相互依存的，也应该挑选能实现系统性能最大化的组合。例如，高频电子镇流器的开发就是为了适应效能优良的 T8 型荧光灯。T8 灯源与高频电子镇流器的组合可以实现低能耗、长寿命，并且改进了维护方式。

从另一个角度来说，高强度放电灯在高频电源运行时比低频时要稍微高效一些。因此，想要实现灯源或镇流器系统的运行潜能最大化，就需要查看产品的全部特性，包括每一个独立单元会如何影响其他单元。镇流器的特征与运行因素用于决定室内空间的光损耗系数（LLF）和照度的相关计算（参见第八章）。

实现灯源、镇流器系统的最大化包括减少镇流器的数量。通过电线控制两个或多个灯具灯源的串联配线镇流器，可以减少镇流器的使用数量（见图 7.3）。减少镇流器的使用数量可以节约能源、降低成本。

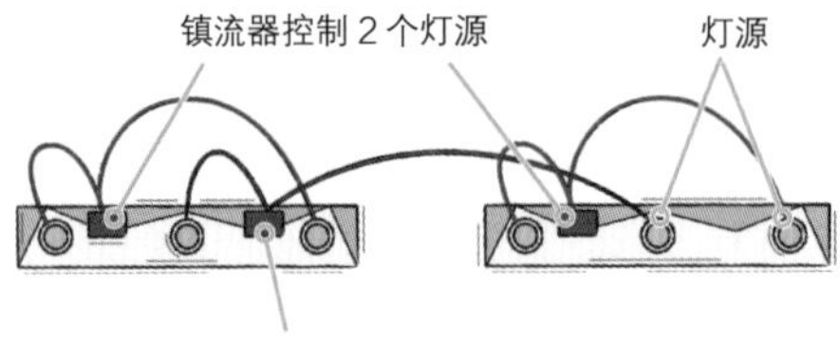

图 7.3 串联式接线可以减少镇流器的数目及能源，方法是在两个或多个固定装置内使用一个镇流器。

镇流器技术在诸多方面都在不断提升，比如系统效能、控制能力和与自然采光的结合。技术提升是为了实现更好的灵活性、增强控制、改善光照输出，以及节约能源和自然资源。节能型镇流器或灯源系统，比如 T8 或 T5 灯源，可以减少功率消耗。

通过控制一条电路上的几盏灯源的功率，读取输入电压和灯源类型，可以提升电路质量。这些提升减少空间中所需的镇流器数量，便于说明规格和维护。

控制器的改进包括设备，比如控制启动与重启的智能电路。电路还可以监控灯源、调光和光电池的寿命。

为了保护环境，用于制造镇流器的材料也得到了完善。一些在 1978 年前生产的镇流器包含有毒物质多氯联苯（PCB）。不含 PCB 的镇流器会带有标签“无 PCB”。

照明控制器

照明控制器分为手动、自动和手自一体式的。最新的集成控制系统使人们可以从任何地方接触室内。照明控制系统可以被监控、编程，通过程序管理，从而建立网络。

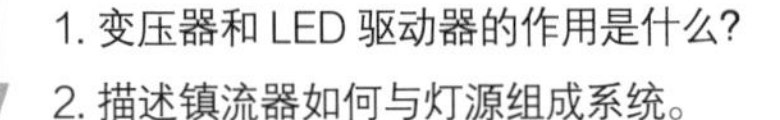

一分钟学习指南

1. 变压器和 LED 驱动器的作用是什么?
2. 描述镇流器如何与灯源组成系统。

系统软件使得用户可以通过定制图像，在平面图、立面图，或者其他任何绘图中描绘出照明系统，有助于在整个空间和建筑中实现可视化照明。例如，通过因特网，坐在办公室里就可以看到家里的平面图，了解灯的开关情况。它还可以检查与中央网络控制单元相结合的系统状态，比如安全和防火系统，并且在办公室就可以控制这些系统中的元素。

而智能手机、iPad 或 Apple Watch 智能手表中的应用程序，可以使客户控制住宅与商用空间中的照明元素和其他元素。这类的应用程序包括家庭控制、能源节约与能源建议等（见图 7.4）。

调试

照明控制系统中的一个重要组成部分就是调试（见图 7.5）。照明系统注重能效，也促使调试备受关注。

图 7.4 住宅中的光照、阴影和其他元素，通过 Apple Watch 里的路创应用程序，用智能手机控制。（路创电子公司）

(a)

(b)

图 7.5 初始调试在照明系统安装以后、投入使用之前进行。工作人员在位于曼哈顿的《纽约时报》总部大楼，在启用前通过技术调试阴影（图 (a)）。注意电脑屏幕和打印出的图纸（图 (b)）。

正如前面的章节中提到的，调试可以确保建筑系统依照规格参数、空间与活动来运行。初始调试是在照明系统安装以后、投入使用之前进行。如果条件允许，调试应该在安装完家具和室内装潢后进行。

反馈调试应该定期进行，尤其是在空间经过改造之后。调试的一项关键步骤是检查设备，包括自动窗户装置，以确保在特定位置安装了正确的系统。必须将传感器置于最佳位置，以检测人员和光照水平，用于自然光采集。调试应该在一天当中的不同时间、不同的日照情况下进行。

自然光采集控制器必须经过校准，以确保电气光源和自然光照可以持续为空间提供最佳光照水平的照明。制造商会为设备配校准说明。制造商应该将调试报告与校准报告、产品说明一并提供给操作与维护（O&M）人员。

指定控制器的准则

室内设计师在指定照明控制器时，有许多需要考虑的准则，包括能源考量、经济性和美学准则。控制器可以在不需要使用灯照时关灯、采集自然光、监控灯源维护，以节约能源（见图 7.6）。

想要节约能源，需要检查空间用户的活动路径。基于有关人们在空间中如何运作的分析表明，可以为不同种类的调度规划控制器。

图 7.6 位于曼哈顿的《纽约时报》新总部大楼，为了调研最佳照明控制系统，公司邀请了加利福尼亚大学的劳伦斯伯克力国家实验室（伯克力实验室）。时代公司的理想自然光采集和照明方案，可以使他们轻松重新规划空间。（图片版权归 ©Michel Denancé 所有）

可预测调度可以在拥有固定作息的空间中控制光照。例如，许多办公室职员在到达公司、午餐休息、下班离开公司的固定日程。控制系统可以通过设计，根据设定时间和一周中的不同日子，自动开关灯。

不可预测调度适用于空间中的不规律活动。例如，可以通过在私人办公室里安装控制器，在一个人请病假或者外出度假时关灯。不可预测调度还可以用于零售店试衣间、洗手间、图书馆等空间。

控制器还可以通过结合自然光、电气光源和自动窗帘系统来节约能源。调光和开关方案可以经过规划，弥补自然光照的不足，不论天气状况和季节、时令如何，都将照明维持在合适的水平（见组图 7.7）。

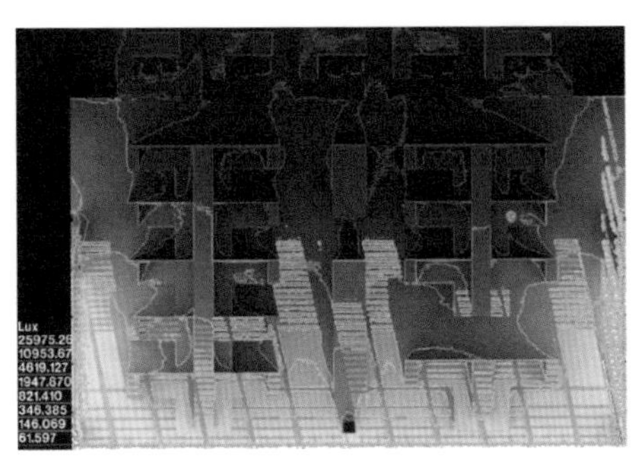

(a)

(b)

图 7.7(a) 和图 7.7(b) 位于曼哈顿的《纽约时报》新总部大楼，在规划采光和控制器时，伯克力实验室采用了 radiance 软件。这些模拟图像可以监控阴影、自然光和工作平面的照明数据。其他有关大楼的模拟图如图 7.7(c) ~ 图 7.7(h) 所示（图片来自劳伦斯伯克力国家实验室）。

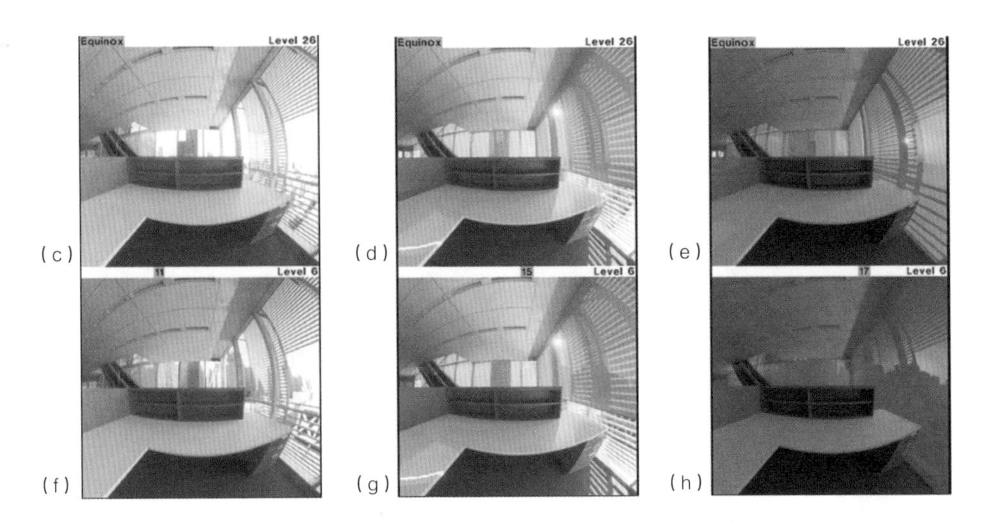

(c) (d) (e)

(f) (g) (h)

图 7.7(c) ~ 图 7.7(h) 伯克力实验室在控制空间中的自然光、亮度和照度分布时，采用 radiance 软件来模拟自然阴影的效果。上排（图 (c) 至 (e)）是第二十六层楼，下排（图 (f) 至 (h)）是第六层楼。对比这六幅图的区别（图片来自劳伦斯伯克力国家实验室）。

图 7.7(i) 伯克力实验室采用 radiance 软件来模拟《纽约时报》大楼周围建筑形成阴影的模式。

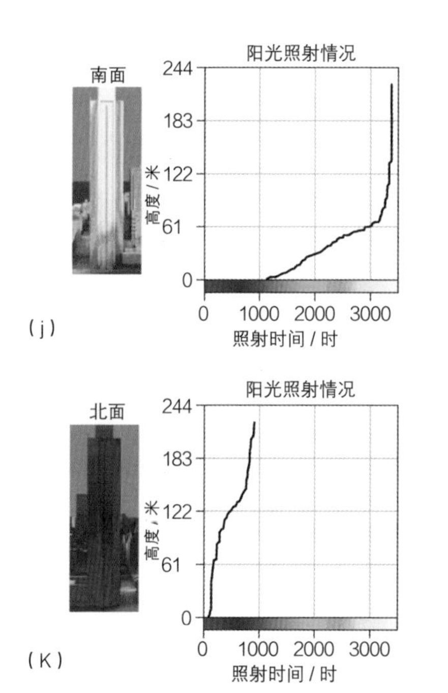

图 7.7(j) 和图 7.7(k) 伯克力实验室采用 radiance 软件来模拟《纽约时报》大楼南面和北面的阳光照射情况。

控制器还可以经过调节，用于确保远离窗户的区域也能为任务提供合适的照明。多级开关规划、调光器和感光器都是可以结合自然光照节约能源的技术。

科技的发展带来了非常复杂的自然光采集系统。例如，办公室的中央（网络）照明控制系统可以连接电源、感光器和阴影控制器。窗户前安装自动窗帘，小型光电池监控自然光照水平。当自然光照水平升高时，半透明窗帘会自动下降，电气灯具的光照会自动关闭或调暗。

白天，照明控制系统通过窗帘、感光器和电气光源持续平衡房间里的光照量并防止眩光。在自然光充足的时候，通过关闭或调暗电气光源，使得空间内的光照（勒克斯）水平保持稳定，节约能源。另外，系统还可以允许个人在空间内控制光照水平，以满足用户个性化的照明需求。

新开发的产品还可以实现 LED 的可调色照明。“变色”产品可以在白天灵活指定自然光中的颜色，在晚间指定“派对”颜色，比如红色。“暖色调”产品使用户可以将 LED 调至暖色。“可调白”产品可以调节白色呈冷色或暖色。人们还开展了更多的研究，开发出与其他固态照明技术相关的、更出色的可调色照明产品及装置。

节约能源

通过规划控制器来监控灯源的维

护，也可以节约能源。例如，灯源处于不合格的流明输出水平时，控制器可以通知用户。灯源处于最佳水平状态运行时，会消耗更多的能源。

低流明输出可能是因为灯源寿命将尽，或是积累了灰尘。经预告的灯源流明衰减，可以自动启动换灯步骤。

减少空间内的电力使用量被称作“切负荷”。负荷代表一个开关上所有的灯。中央（网络）照明控制系统可以为建筑里的每件灯具作出电力消耗报告，指出空间中任意表面或区域的英尺烛光（勒克斯）水平。这些信息可以用于实现切负荷。

在峰值时段减少照明是切负荷的一种形式。例如，夏天是用电的高峰期，因为夏天对空调的使用需求很高，因此，在夏季，最小化电力消耗的一种方法就是在晴天的时候调暗或关闭灯具。

另一个用电高峰期就是正常工作时段。一周中可以规律进行的切负荷都可以节约能源和自然资源。

任务调谐是另一种在工作区域节约能源的方法，即为空间里的每个人提供个性化灯具的照明系统。

使用控制器来节约能源可以带来长期的经济效益；当然，控制器的成本也应该在计算照明系统的成本时考虑进去。

控制器成本包括控制器单元本身、安装、电力和维护成本。通常，合理地选择、安装、调试和使用控制器，可以抵消这些支出，为已有照明系统节约能源和降低成本，可以用改造控制工具包。

美感与活动

控制器经常是出于审美的目的（见图 7.8）。环境、任务、重点和装饰性光源都应该带有能够强化光源的控制器。控制器可以通过调节为空间环境和特定时间开展的活动营造所需的气氛。它们还可以为突出一件艺术品创造出完美的光照平衡，或者在空间内的照明区域之间建立理想的层次。

控制器还可以通过平衡自然光源与电气光源来增强室内气氛。例如，当现有照明方案中的光照水平不平衡时，可以通过添加控制器来降低或升高特定灯具的光照水平。

图 7.8 餐厅可以使用场景控制器为午餐和晚餐营造不同的氛围。

控制器可以灵活适应相同空间内不同种类的活动（见组图7.9(a) ~ 7.9(c)）。带有合理设计的场景控制器的照明系统，可以将一间工作用的会议室转变为晚餐用餐区域。控制器还可以使一个人在观看屏幕或显示器的演示的同时做笔记，而且，通过逐步调节光照水平，提高可视度，减少眼睛疲劳感。

控制器的正确放置可以辅助视力有缺陷的人们，或者帮助人们完成困难的视觉任务。另外，控制光照逐渐变弱或是延迟关闭，可以提升空间的安全性。

规划控制器需要对空间内现有的及未来的需求做出彻底分析，要考虑用户及其活动。规划成功的关键是要能提供一个可以灵活操作、满足个人控制需求的系统。

可惜的是，有时人们因为不知道如何使用，而关闭昂贵的、精心规划的控制器系统，或是不能发挥它最大的优势。纸质文本和培训课程可以帮助人们了解控制器的正确操作与维护。

设备（一）

照明控制器的基础设备包括开关、调光器、定时器、感应传感器、感光器、场景控制器和中央（网络）控制器。

一分钟学习指南

1. 解释调试及其对于可持续设计的重要性。
2. 指出控制器节约能源的三种方式。

在指定设备时，设计师必须确保控制器能与整个照明系统适配，包括具体的光源。照明控制器分为手动操作、自动操作或手动、自动相结合。

图 7.9(a) 一间会议室在早晨的场景。注意窗帘已经收起，电气光源已经调暗。与图 7.9(b) 和图 7.9(c) 对比这个房间。（路创电子公司）

图 7.9(b) 一间会议室中的普通会议场景。注意窗帘已经放下，任务照明照亮桌面。位于后墙的演示板也被照亮。与图 7.9(a) 和图 7.9(c) 对比这个房间。（路创电子公司）

图 7.9(c) 一间会议室中的试听演示场景。注意窗帘已经放下一部分，低水平任务照明照亮桌面，还有低水平照明用于在房间里行走。与图 7.9(a) 和图 7.9(b) 对比这个房间。（路创电子公司）

环境的需求和空间的用户决定所制定的控制器类型。带有并联手动阀的自动控制器可以为用户提供最大的灵活度。设计师还应该考虑残疾人士是否方便使用设备。

需要注意的是，由于科技发展日新月异，与照明控制器相关产业也在不断发展。想要优化照明方案，室内设计师必须跟上时代，充分了解能源节约、控制器，以及照明系统的其他元素之间的交互。

开关

开关是最容易也是最古老的控制光照的方法。电气开关的作用是切断电流。灯打开时，电路闭合；灯关闭时，电路断开。

继电器、螺线管或接触器用于遥控开关或者开关大型照明负荷。最常见的开关是手动操作的单机闸门。

开关分为摇头型、摇臂型、按键型、触摸板型等（见图 7.10）。通常，开关安装在离地面 122 厘米（48 英寸）高的墙面上，并安装在靠近开的一侧。

带有超过一个开关的系统被称为多联配置。双级或多级开关系统可以在相同的灯具上灵活实现不同级别的照明。分级开关用于一整个电路的灯。

图 7.10 住宅用的开关和调光器分为摇头型、摇臂型、按键型、触摸板型等。（立维腾制造公司）

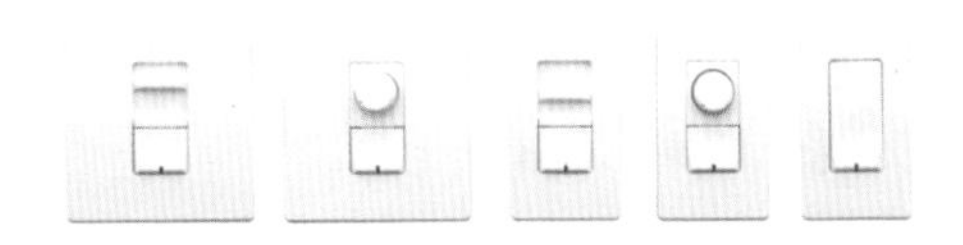

图 7.11 商用调光器采用滑钮或按键，通过不同的方式控制光照类型。（立维腾制造公司）

还有酒店磁卡钥匙开关，通过房客或保洁人员激活。插入磁卡激活房间的电路，而移出磁卡后，电路在设定时间段后断开，比如 30 秒后。

开关可以放置在中央开关系统中。带有单掷开关的双机闸门可以同时控制两个不同的电气设备。

三向开关从两个不同的地方运行电路。在使用三向开关调光时，调光功能仅能通过其中一个开关操作。四向开关可以从三个不同的地方开关灯。

调光器

调光器用于节约能源、增强环境美感（见图 7.10 和图 7.11）。通常，降低灯源的功率可以节约能源、影响色彩，并延长灯源的使用寿命。

建筑调光是可以使照明输出降低1% ~ 2% 的连续控制系统。为了实现光照水平的逐步变化，应将持续的调光用于自然光采集过程。

采用分级调光镇流器也可以降低光照水平。分级调光比持续调光更便宜，采用双级或多级开关来开关灯。例如，在一件带有三个灯源的灯具中，开关 A 控制一个灯源，开关 B 控制另外两个灯源。从操作上来说：

- 激活开关 A，打开一个灯源；
- 激活开关 B，打开两个灯源；
- 同时激活开关 A 和 B，打开全部三个灯源。

分级调光还可以根据预设光照水平，逐渐降低光照输出。例如，光照输出可以预设为从 100% 变为 66%，再变为 33%。

调光器有最大功率限制（制造商提供的产品信息中会说明其最大功率限制），必须依据这个限制，实现正常性能和安全操作。低功率灯源还需配有用于调光的变压器。通常，调光器分为摇头型、直线形滑钮和触摸板操作三种。可移式灯具调光还需要插头与适配器。

调光与光源

调光会在不同方面影响不同的光源。对于白炽灯与卤素灯，调光器可以帮助节约能源、延长灯源寿命，并使颜色更暖。为了适应卤素再生循环，制造商可能会建议定期全功率运行卤素灯。

白炽灯与高强度放电灯的调光昂贵，因为这类灯源调光需要特殊镇流器(每件灯具都需要一个调光镇流器)，而且还会缩短灯源的使用寿命。而一些调光器会导致荧光灯在低光照水平时发生闪烁。

高强度放电灯与调光器一同运行，往往表现不佳，因为它需要预热和重启时间、闪烁增多和颜色转变；不过，分级调光镇流器正在改善这样的照明系统。

LED 是可调光的，但是，性能会基于所使用的适配设备而不同，比如驱动器和调光器本身。为 LED 调光会导致闪烁、有限范围内的不规则流明输出和颜色转变，但是调光会提升 LED 的效率，延长灯源的使用寿命。

调光设备

调光设备各种各样。复杂的调光器可以调整光照水平提升或降低的速度，以适应人的眼睛的功能。例如，相比从昏暗到明亮，眼睛需要更长的时间适应从明亮到昏暗的光照水平，因此，调光器可以经过设定，用更长的时间将光照水平从明亮调至黑暗。这对于会议室来说非常有用，因为一些场合下，需要调暗光照，比如观看视听演示。

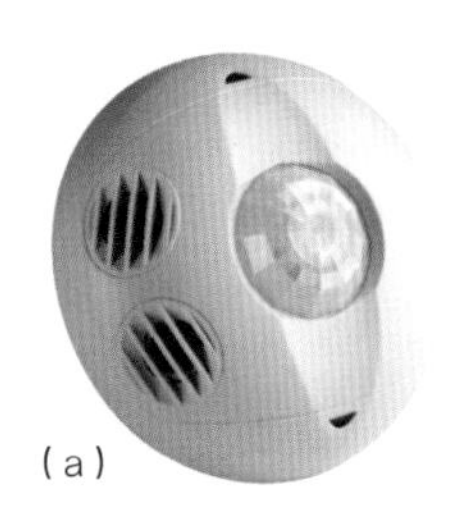
(a)

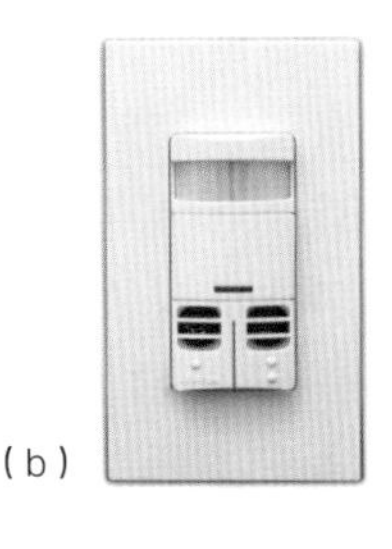
(b)

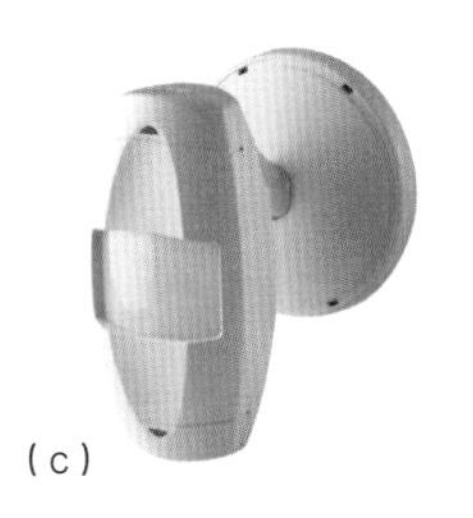
(c)

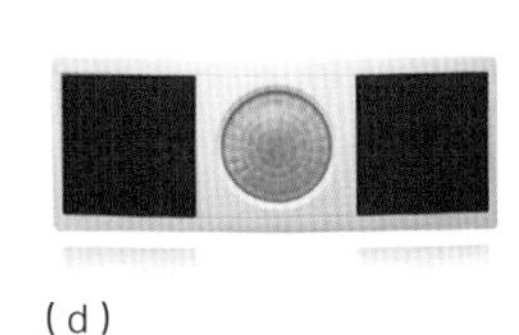
(d)

图7.12(a) 顶棚安装式感应传感器。(立维腾制造公司)

图7.12(b) 墙面开关式感应传感器。(立维腾制造公司)

图7.12(c) 墙面安装式感应传感器。(立维腾制造公司)

图7.12(d) 无线感应传感器。(立维腾制造公司)

计时器

计时器通过设定时间开关灯来控制照明系统。计时器可以是通过住户手动设置后插入墙面电源插座的简单设备，或者包含在非常复杂的电脑程序中，例如能源管理系统（EMS）。

一些电脑程序含有天文数据，可以根据特定季节、特定地理位置的自然光照量，自动调节计时器功能。一些计时器还为应对断电的突发状况设置备份系统。

计时器特别适用于高频使用区域的可预测日程中，或是不经常被开关的高强度放电灯。计时器还可以用于不常被使用的空间，比如洗手间或仓库。除非有补充照明，计时器不应用在需要考虑安全和安保的区域。

一分钟学习指南

1. 解释开关的运行原理，描述开关的类型。
2. 指出调光器和计时器的优势与弊端。

感应传感器

感应传感器是通过感应是否有人在房间来开关灯源的装置（见组图7.12）。研究表明，使用感应传感器可以显著节约能源。

通常，感应传感器对于偶尔使用或不可预知使用状态的空间来说非常实用，例如会议室和洗手间。感应传感器还适用于安保工作。

传感器通过辨别声音、运动或体温，检测空间内人的存在。一些传感器带有敏感度设置，使用户可以设定探测级别。

超声波传感器与被动式红外传感器

超声波传感器通过分析超声波形的变化来探测移动，因此，不推荐将其用于空气高度运动的室内，否则会干扰传感器的运行。也是出于相同的原因，这类传感器不应安装在通风换气口附近。

被动式红外（PIR）传感器通过温度来探测人体的存在，要求空间内所有区域为无阻挡视界以保证传感器的正常运行。被动式红外传感器检测的运动范围比超声波传感器要小，因此，一个空间所需的被动式红外传感器数量可能更多。

通常，超声波传感器比被动式红外传感器更好用。现在已有双科技传感器，将超声波与被动式红外传感器的功能相结合。

最优化感应传感器

感应传感器可以与开关、调光器、计时器、感光器、自然光采集和中央(网络）控制器组合使用，在为不同空间和用户做设计时实现最大化的灵活度。无线式的传感器便于安装。

与感光器和计时器相似，由于高强度放电灯重启时间较长，感应传感器与其一起运行性能不佳。另外，在一天内需要多次开关灯的空间内，例如洗手间，应该使用程序控制启动型电子镇流器。

瞬时启动型荧光灯镇流器应该安装在光照需要持续很长时间（三至十个小时）的房间内，比如酒店大堂。

感应传感器成败的关键在于对室内和空间内人群运作规律分析得透彻与否。空间的物理属性及其中的用户将决定合适的传感器和理想的安装位置。切记要考虑坐轮椅的人以及身高较矮的儿童。

通常，被动式红外传感器适用于没有障碍物的开放式空间、顶棚高于4.27米（14英尺）的房间和边远地区。超声波或双科技传感器则应该用于顶棚低于4.27米（14英尺）的房间、隔开物或大型家具内。

感应传感器可以安装在不同位置，如顶棚、墙面或是房间的角落里（见组图7.12）。用于墙面开关的单元（暗线盒）可以插入电源插头，还有可移式单元可以置于人的附近。每一种传感器都有预设的覆盖角度和有效范围；制造商的文件提供这些性能特征信息。

在决定传感器位置的时候，最重要的考量就是保持无遮挡的视界。选用错误类别的传感器或把传感器安装在不当的位置会导致在错误的时间开关灯。例如，当一个被动式红外传感器检测不到位于高分隔物后面的人，就会自动关灯。如果这样的情况持续发生，空间的用户就会变得烦恼，最后甚至可能停用传感系统。

为了避免错误信息，安装过程应该包括调试步骤。这包括测试和调节感应传感器，以适应室内的任何细微存在。

设备（二）

除了开关、调光器、计时器和感应传感器，照明控制器的基础设备还包括感光器、场景控制器和中央(网络）控制器。这些控制器必须与整个照明系统相适配，包括特定的光源。

感光器

感光器检测空间中光照的量，然后发送用于控制电气光源的信号，通过开关灯或调整光照使之达到目标水平（见图 7.13）。感光器调整电气光源以适应空间中或物体上自然光照的质与量的波动。

研究显示，使用感光器可以节约 40% ~ 60% 的能源，具体数值取决于空间的特征及其地理位置。

感光器分为独立单元和与灯具或自动窗帘相结合的单元。一些系统可以控制几个灯具区域——每一个都有其目标光照水平（见图 7.14）。

（a）

图 7.13(a) 室内光电池探测空间内的光照量，然后发送用于控制电气光源的信号，通过开关灯或调整光照水平以达到最佳水平。（立维腾制造公司）

（b）

图 7.13(b) 位于费城自由钟中心（Liberty Bell Center），安装在这个展览中，为自然光采集系统探测照明的光电池。（Visions of America/Getty Images.）

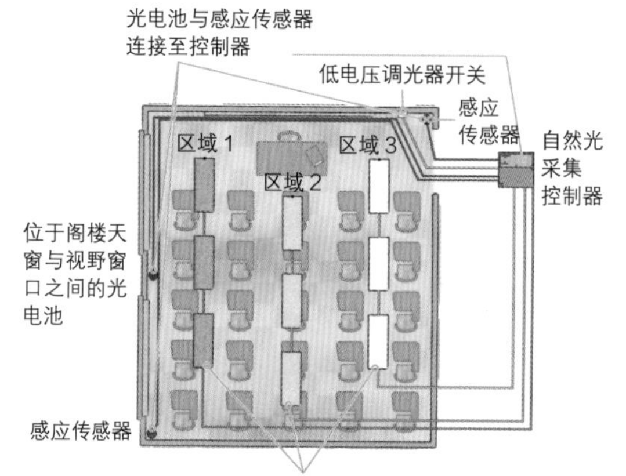

图7.14 在这间小教室里，光电池被用于监控光照水平。采集控制器被用于协调来自光电池和成排的区域灯具的信息。感应传感器也连接至控制器。

为了做到精确读数，感光器不应安装在电气光源或自然光的直接照射的位置。另外，每一个感光器都应该连接至需要满足相同照明要求的灯具。例如，在大型教室内，相较于位于书桌上方的任务照明，周围照明的光照水平较低，因此，不同的独立感光器应该分别连接至周围照明与任务照明的灯具。

感光器应用

想要最大程度地节约能源、满足用户需求，必须要考虑与感光器相关的几个因素。设计师必须决定对电气光源采用开关还是调光、在哪里安装传感器，并决定目标照度水平。

开关和调光可以通过使用开环或闭环控制器完成。开环控制器是通过自然光值决定开关电气光源或使电气光源模糊以维持目标物上的目标光照水平的装置。在侧部照明应用中，感光器可以置于户外，或者安装在距离窗户大约2.5米（8英尺）的位置。对于上部照明，感光器应该安装在顶棚靠近天窗的位置，或是在天窗内的表面上。

闭环控制器是通过空间值决定控制器电气光源或使电气光源模糊以维持目标物上的目标光照水平的装置。对于这类控制器，感光器应该位于距离带窗墙面2.5米（8英尺）的位置，而且不能太靠近电气光源。例如，感光器应该位于几排灯具的中间位置。想了解具体的安装规格参数，参考制造商的产品信息文件。

场景控制器

场景控制器是预设空间内不同照明情况的一种绝佳方法。每一种场景都适用于特定的空间或活动，并满足其照明需求，比如能源节约、安保、娱乐、外部光照或任务照明（见组图7.15）。

例如，在一间会议室内，如果标有“工作”的按钮被按下，场景控制系统将在当前空间中，为当前活动调整灯具和窗帘至设定的光照水平。“视频”按钮被按下，系统则会自动调整灯具和窗帘来适应观看视频的场景。“清除”按钮则可以提供高水平照明，便于工作人员清洁和除尘。

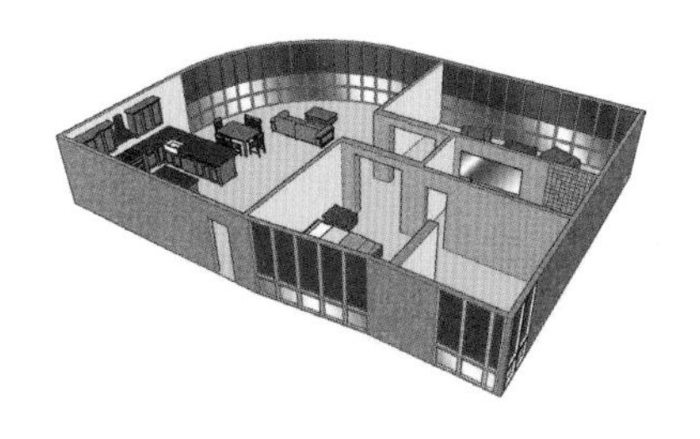

图7.15(a) 模型展示了为“早晨”场景设定的控制系统。厨房与卫生间的灯打开。住宅前侧的窗帘关闭，而起居区域的窗帘打开。与图 7.15(b) ~ 图 7.15(d) 中的图像对比这个模型。

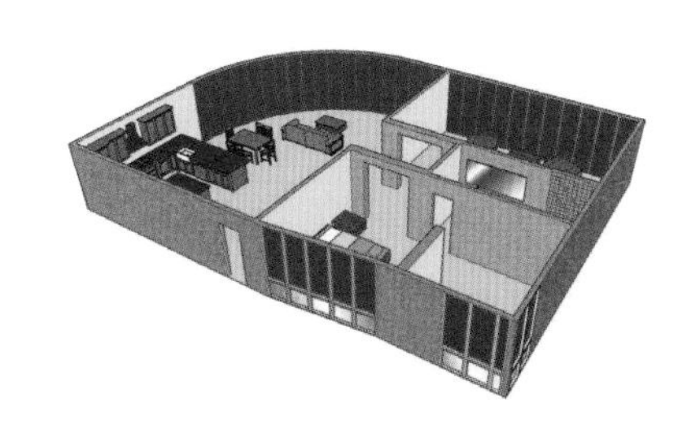

图7.15(b) 模型展示了为“离开”场景设定的控制系统。全部的灯和窗帘都关闭。放下的窗帘有助于增加安全感，使室内与住宅外部形成统一的外观。与图 7.15(a)、图 7.15(c) 和图 7.15(d) 中的图像对比这个模型。

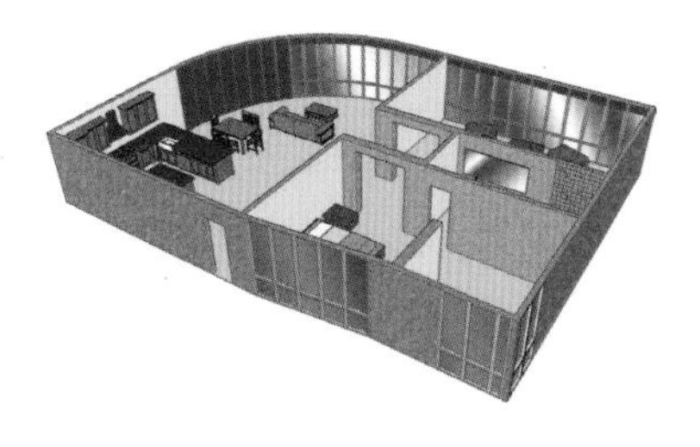

图7.15(c) 模型展示了为“夏季”场景设定的控制系统。为了保持住宅内凉爽，放下南面的窗帘。厨房与卫生间的灯打开。住宅前侧的窗帘关闭，而起居区域的窗帘打开。与图 7.15(a)、图 7.15(b) 和图 7.15(d) 中的图像对比这个模型。

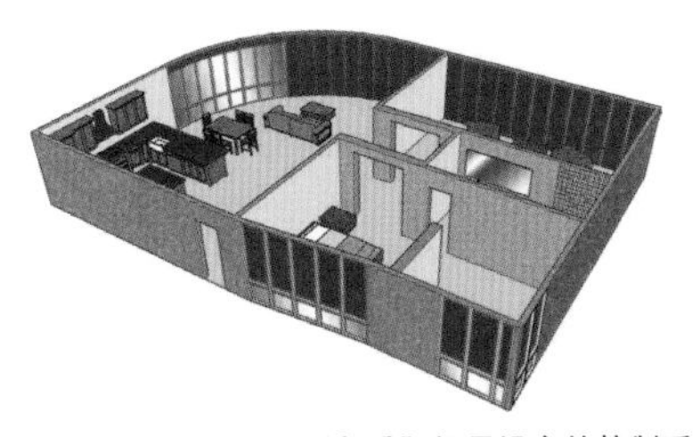

图 7.15(d) 模型展示了为“冬季”场景设定的控制系统。窗帘被用于绝缘和吸收辐射热。与图 7.15(a) ~ 图 7.15(c) 中的图像对比这个模型。

中央（网络）控制系统

中央（网络）控制系统采用微处理器来监控、调整和规范建筑中多个区域或空间的照明。一些单元的设计旨在将照明与其他电气单元相结合，如机械、能源和安保系统。

电气单元包括电动窗上装置、漩涡喷头、吊顶风扇、厨房电器、洒水系统、车库门开关、安保系统、天窗、音响系统和视听设备。机械系统包括暖气、通风、空调和管道。

中央（网络）控制系统可以连接至开关、调光器、计时器、感应传感器、场景控制器和感光器。从灵活性和安全角度出发，中央（网络）控制系统应该总是带有手动选项，以操作灯具。

住在建筑内的中央（网络）控制系统已经变得十分复杂。一个人可以在下班开车路上通过电话遥控系统启动浴缸，放水至特定水量和水温，温热毛巾架，加热地板砖，拉上浴帘，播放音乐并调暗灯光。

通过预设的场景，在无人的房间

内调暗光照、关灯，控制自动窗上装置，并根据自然光照调整室内光照水平和温度，达到节约能源的目的。

激活中央（网络）控制器可以通过键盘、触摸屏、电脑、智能手机、iPad、智能手表和手持红外线遥控器。键盘按钮及面板可以采用不同的装饰样式，也可以为不同目的做定制刻字（见图 7.16）。可以指定高湿度和防水的控制器单元来抵御温、湿度和水带来的影响。

用于照明的电脑网络控制系统还会在未来不断得到完善。对于电子照明控制，目前的焦点在于数字式可寻址灯光接口（DALI）。DALI 是一种智能方式，使用低压电线的通信方式，允许信息分配至照明系统和灯具并发回报告。

DALI 控制独立的灯具、成组的灯具、感应传感器、调光器、感光器、计时器、场景、过渡以及其他联网系统。当灯源快要燃尽、流明输出低或者镇流器出现异常时，灯具会与 DALI 通信。

图 7.16 用于厨房的键盘，带有不同场景设定。（路创电子公司）

在优质照明环境中，控制器可以精确协调照明系统，发挥重要的作用。有效地使用照明控制器可以节约能源和资源，为用户带来便利，使用相同灯具实现不同照明效果，并为空间营造有助于实现空间目的的气氛。控制器也有助于增强安全与安保系统。

随着与控制器相关的技术不断发展，室内设计师也需保持同步的发展。在之前章节中介绍了照明系统中的其他元素，必须在此背景下考虑控制器的相关知识。它们对计算光照量十分重要，这也是下一章的主题。

有关 LEED 认证

如何将照明控制器应用于创建 LEED 认证建筑的检查清单，参见方框内容“可持续策略与 LEED”以及附录 IV。

章节概念→专业实践

这些项目基于大脑学习过程的规律——一项研究大脑运行和学习所形成的理论（参见“前言”）。这些项目可以独自完成，也可以进行分组讨论。

一分钟学习指南

1. 描述感应传感器与感光器之间的区别。
2. 中央（网络）控制系统的目的是什么？

可持续策略与LEED：控制器与LEED认证

你可以参考以下策略，结合本章内容，创建LEED认证建筑。

- 选用将光照指向所需的地方而不溢至其他区域或溢至室外的灯源和灯具，来减少光污染。
- 采用能够帮助消除室内光照溢至室外的控制器，来减少光污染。
- 选用高效的变压器和镇流器来最小化能源消耗和最优化能源表现。
- 使用串联配线来最小化能源消耗和最优化能源表现、节约资源。
- 选用能够监控空间占用、自然光、灯源维护、切负荷和日程调度的控制器，来最小化能源消耗和最优化能源表现。
- 使用能够优化采光、协调电气光源、控制直射阳光的控制器，来最小化能源消耗和最优化能源表现。
- 选用能够根据现场活动、天气状况、季节变化、装饰效果、室内氛围进行调节的控制器，来最小化能源消耗和最优化能源表现。
- 更换效能不佳和（或）效果不好的控制系统，来最小化和最优化能源表现和用户满意度。
- 为采光、占用和调度选用合适的控制器，来最小化能源消耗和最优化能源表现。
- 想要保护环境，替换含有PCB的镇流器；并且始终遵守EPA的处置要求。
- 使人们能够控制各自的光照和热舒适，来最大化生产力和用户对环境的满意度。
- 使用控制器进行采光、调光、调节直射阳光带来的热与眩光，来最大化生产力和用户对环境的满意度。
- 在建筑能源系统的初始及强化调试过程中，监控用于控制自然光的控制器及其他元素的安装、运行和校准，比如自动窗帘。
- 度量并明确控制器的能效、热舒适，以及用于探测光照水平和感应的传感器效果。
- 关注控制器领域的新式可持续发展，确保采用最高效和最节能的照明系统。

互联网探索

路创（Lutron）是一家生产照明控制器及其他产品的制造商。探索路创的网站（www.lutron.com），然后描述以下内容：新产品；“体验光照控制”的含义；“住宅与商业照明方案”的实例。

思维导图

思维导图是一种头脑风暴的技巧，它可以帮助你理解概念。创建思维导图时，需要画几个圆圈代表每一个概念，用线连接来表示不同概念间的关系。用最大的圆圈表示最重要的概念，用最粗的线条表示最牢固的关系。文字、图像、颜色或其他视觉手段都可以用来代表概念。发挥创造力！

画一个思维导图，包含本章中提到的主要电气光源（大圆圈），并用更小的圆圈、图像、颜色或其他视觉手段来代表以下概念：与控制器相关的运行特征、类型、主要优势和主要弊端。

闪回关联

学习知识的一个重要部分就是将新知识与之前学过的内容相联系。通过联系本章内容与之前章节的内容来练习这项技巧：列出餐厅在午餐和晚餐时所涉及的场景；决定用于每一个场景中的采光、灯具和灯源；明确场景中节约能源的方式。

一分钟学习指南

将你在“一分钟学习指南”中的回答汇编成一本“学习指南”。对比你的回答与本章中的内容。你的回答准确吗，有没有错过什么重要的信息？你觉得你是否需要重读某些内容？另外，利用“关键术语”列表来测试自己对于每个术语的掌握程度，然后再在本章内容或词汇表中查找相关释义。把难记的术语及其释义加进你的“学习指南”。相应地，完善你的回答，然后创建第七章“学习手册”。

章节小结

- 磁性变压器和电子变压器在系统中转换电压。
- 磁性镇流器与电子镇流器是与放电灯一起使用的控制器设备。它们启动灯源，并控制灯源运行时的电流。
- 照明控制器分为手动操作和自动操作两种类型，包含开关、调光器、计时器、感应传感器、场景控制器、感光器和中央（网络）控制器。
- 控制器可以在不需要灯源照明的时候关灯、调光、结合自然光照、监控灯源维护和切负荷，节约能源。
- 通常，使用控制器来节约能源可以节省费用。
- 控制器经过调节，可以为活动或空间营造所需的氛围。
- 关闭电器开关的作用是切断电流。调光器可以节约能源、增强环境的美感。
- 计时器通过设定开（关）灯时间来控制照明系统。
- 感应传感器是通过感应是否有人在房间来开关灯源的装置。
- 感光器是探测空间中的光照量，并将信号发送至电气光源开关的装置。
- 安装位置正确是感应传感器和感光器发挥作用的关键。
- 中央（网络）控制系统采用微处理器来监控、调整和规范建筑中多个区域或空间的照明。
- 将控制器相关的可持续原则与LEED认证建筑相结合，有许多策略可以采用。

关键术语

architectural dimming 建筑调光

centralized/networked control system 中央（网络）控制系统

closed-loop control 闭环控制器

color-tunable lighting 可调色照明

digital addressable lighting interface 数字式可寻址灯光接口（DALI）

dimmer 调光器

load shedding 切负荷

occupancy/vacancy sensor 感应传感器

open-loop control 开环控制器

passive infrared （PIR） sensor 被动式红外（PIR）传感器

photosensor 感光器

scene control 场景控制器

switch 开关

tandem wiring 串联配线

task tuning 任务协调

timer 计时器

ultrasonic sensor 超声波传感器

volt 伏特（V）

wallbox 暗线盒

第八章　光照量

目标

- 描述照明中使用的基本度量单位，并理解它们之间的关系。
- 理解光度数据，以及如何应用它们所提供的信息。
- 使用流明法确定一个室内空间的平均照度。
- 确定空间中一个点的照度水平。
- 理解光照的量与 LEED 认证要求之间的关系。

减少光照量、创建灵活的光照水平，对于可持续的室内环境来说至关重要（见图 8.1）。控制所使用的光照量可以减少能源和自然资源的消耗，降低将要置于填埋场的垃圾的量。室内设计师必须理解影响空间内照明量的因素，采用相应策略管理照明系统。

可惜的是，由于需要进行数学计算，读者通常不太喜欢这一章的内容。本章已做简化，以便提升内容的趣味性。例如，计算都是逐步描述，而示例则是用彩色标注以对应文字、表格和图片。根据不同颜色找到计算中所需的信息。另外，本章结尾列出了实际应用，可以帮助读者更好地进行演算。

全部的计算都是基础的数学运算（加、减、乘、除）。不过，想要理解其中数字代表的含义，以及如何获取这些数字，还需亲自手动计算。这部分内容可以提供背景知识，带你了解房间的哪些情况和照明系统的哪些特征可以经过改变，为需要光照的地方提供最佳光照水平，并避免由于使用过多灯具或使用了错误的灯具和灯源而造成能源浪费。

图 8.1 应该通过分析空间来确定适合的光照水平。这间机房不可能需要图中呈现的这么多灯具和光照量。（Luismmolina/iStock.）

度量单位

合适的照明量是设计出优质环境的关键因素。这需要室内设计师理解国际单位制与光度数据。

国际单位制

环境内光照量的测量，是基于辐射测量学和光度测量学。辐射测量学是测量电磁波形式的辐射能的科学方法。辐射能是通过空间转化的热能。

光度测量学是源自辐射测量学的科学，包括人类对照明源所作出的反应。度量单位的世界标准是国际单位制（SI）。度量的内容包括光度（I）、光通量（F）、照度（E）、辉度（L）和光出射度。

光度（I）与光通量（F）

在光度测量学中，光度是指一个光源的强度，度量单位是新烛光（cd）。SI 符号为 I。一新烛光代表光从光源发出，以球面度为立体角照射的光度（见图 8.2）。

原来，蜡烛是用于度量发光强度的，但是，由于蜡烛的种类众多，想要形成标准是不可能的，因此就有了国际通用的新烛光，许多其他度量单位也因此产生。烛光功率与新烛光被认为是可以互换的术语。

光通量是指从一个光源发出的照明总量，度量单位是流明（lm）。SI 符号为 F。灯源制造商为它们的产品提供这部分信息。如在第三章中提到的，一个灯源消耗每瓦电力所产生的光通量，决定了这个灯源的效能。

灯具效能比（LER）是指整个灯具系统发出的总光通量与其输入功率的比例（光视效能），涉及因素包括总灯源流明、镇流器因子和光度效率。

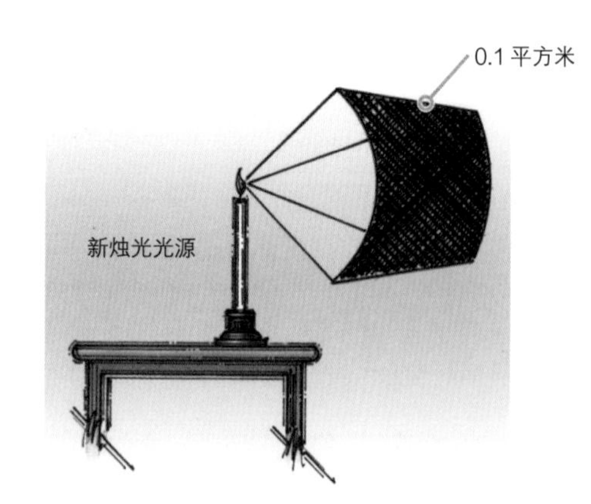

图 8.2 一新烛光代表光从光源发出，以球面度为主体角照射的光度。

照度（E）

照度（E）是用于度量光落在表面上的总量的单位。SI 符号为 E，公制和美国惯用制的度量单位分别为勒克斯（lx）和英尺烛光（fc）。

1 勒克斯的照度由 1 流明的光照照亮 1 平方米的区域产生。10 勒克斯约等于 1 英尺烛光。因此，在一个工作面上，推荐 400 勒克斯的照度，相当于 40 英尺烛光。

满月和正午阳光的英尺烛光水平分别为 0.01 英尺烛光和 10000 英尺烛光。在住宅、办公室和会议室中的许多工作区域采用 30 ~ 50 英尺烛光（300 ~ 500 勒克斯）。以下项目展示了由北美照明工程协会（IES）推荐的目标照度范围（2011）。

- 定向型的、相对大型的、物理的（较少认知性的）任务（0.5 ~ 60 勒克斯）。
- 常见的、社会互动型的、大型的和（或）高对比的任务（20 ~ 400 勒克斯）。
- 常见的、相对小型的、更具认知性的或快速运行的视觉任务（150 ~ 1500 勒克斯）。
- 小型的、认知性的视觉任务（500 ~ 4000 勒克斯）。
- 不常见的、极小的和（或）维持生命的认知性任务（1500 ~ 20000 勒克斯）。

在之前章节中提到的，确定光照水平时，需要考虑很多因素，包括灯源、灯具的设计、维护步骤、反射率，以及光源到任务的距离和角度。

辉度（L）与光出射度

辉度（L）用来度量光源的客观亮度。它表示光照经过表面反射或传递后，进入空间用户眼睛里的光照量，因此，照度和反射率会影响辉度。

辉度的度量单位是新烛光每平方米（cd/m^2），其 SI 符号为 L。

亮度用来指一个人在空间内对光照的感知，或者主观一点来说，这并不是一个可度量的内容。用辉度度量表面或材料的明显亮度，又取决于用户的位置及颜色、材质和室内建筑等因素。

光出射度是另一个与辉度相关的术语。这是用来度量光在一个表面或材料上反射或发射向所有方向的光照总量。光出射度的度量单位是流明每平方米（lm/m^2）。

光度数据

这一部分见图 8.3 和图 8.4 中的图片和光度数据。光度数据对于可持续设计尤为重要，因为它们为需要的地方提供合适的光照水平，并提供相

一分钟学习指南

1. 解释光度（I）和照度（E）之间的区别。
2. 描述辉度（L）和光出射度。

(a)

(b)

图 8.3 (a)注意结合图 8.4 中的光度表格相关的灯具装置示例。(b)注意结合图 8.4 中的光度表格相关的灯具的放大图像。(摄影：Prudential Lighting。插图：Fairchild Books)

关信息。

想要决定反射灯源和灯具的指向、排列和光度，室内设计师要参照光度配光曲线，由灯源和灯具制造商提供这部分信息（见图 8.4）。

室内设计师经常用“蝙蝠翼图”来指那些形状和蝙蝠翅膀相似的具体的曲线。那些曲线形成于蝙蝠翅膀形状的透镜。

在烛光功率分布的极坐标曲线上，零点或底点（直下），就是光源的位置。图上的同心圆代表以新烛光为单位的光度，射线代表光照分布的角度（见图 8.4，标签 B）。

光度数据表

图 8.4 展示了一件带有两枚荧光 T8 灯源的直接型灯具的光度数据表格，图像正上方是与灯具相关的小结数据（见图 8.4，标签 B）。

D（直接度）=100%（表示灯具是直接型灯具，有 100% 的光照指向下方）。

I（间接度）=0%（表示灯具没有间接光照）。

间距判据（SC）：沿边 1.1；跨边 1.3。

灯的光通量：2950 流明。

输入功率：59 瓦。

间距判据（SC）

间距判据（SC）是为光照水平要求一致的空间内指明灯具位置的度量。

灯具长边的 SC 被称为“平行边”或“沿边”（见图 8.4 中的 1.1，图例 B），灯具的短边则称作“垂直边”或者“跨边”（见图 8.4 中的 1.3，图例 B）。

度量直接型灯具的高度是从灯具的底部到地面之上 0.76 米的工作面（见图 8.5）。

间接型灯具的度量是从顶棚到工作面。偏离建议的间距判据位置可能导致一些区域的流明水平过高或者一些区域的流明水平过低。

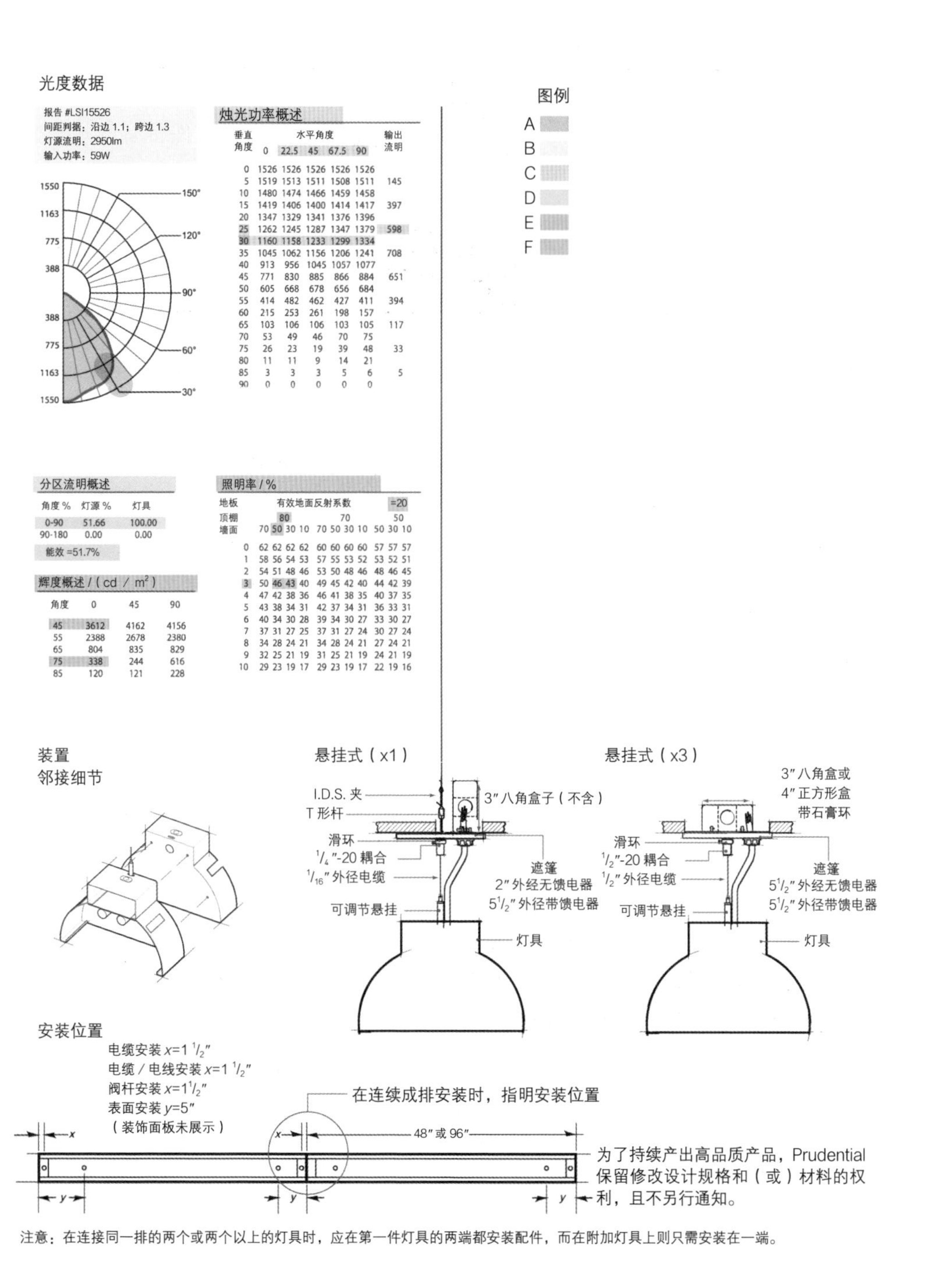

光度数据

报告 #LSI15526
间距判据：沿边 1.1；跨边 1.3
灯源流明：2950lm
输入功率：59W

烛光功率概述

垂直角度	水平角度 0	22.5	45	67.5	90	输出流明
0	1526	1526	1526	1526	1526	
5	1519	1513	1511	1508	1511	145
10	1480	1474	1466	1459	1458	
15	1419	1406	1400	1414	1417	397
20	1347	1329	1341	1376	1396	
25	1262	1245	1287	1347	1379	598
30	1160	1158	1233	1299	1334	
35	1045	1062	1156	1206	1241	708
40	913	956	1045	1057	1077	
45	771	830	885	866	884	651
50	605	668	678	656	684	
55	414	482	462	427	411	394
60	215	253	261	198	157	
65	103	106	106	103	105	117
70	53	49	46	70	75	
75	26	23	19	39	48	33
80	11	11	9	14	21	
85	3	3	3	5	6	5
90	0	0	0	0	0	

分区流明概述

角度 %	灯源 %	灯具
0-90	51.66	100.00
90-180	0.00	0.00

能效 =51.7%

辉度概述 / (cd / m^2)

角度	0	45	90
45	3612	4162	4156
55	2388	2678	2380
65	804	835	829
75	338	244	616
85	120	121	228

照明率 / %

地板	有效地面反射系数 =20										
顶棚	80				70				50		
墙面	70	50	30	10	70	50	30	10	50	30	10
0	62	62	62	62	60	60	60	60	57	57	57
1	58	56	54	53	57	55	53	52	53	52	51
2	54	51	48	46	53	50	48	46	48	46	45
3	50	46	43	40	49	45	42	40	44	42	39
4	47	42	38	36	46	41	38	35	40	37	35
5	43	38	34	31	42	37	34	31	36	33	31
6	40	34	30	28	39	34	30	27	33	30	27
7	37	31	27	25	37	31	27	24	30	27	24
8	34	28	24	21	34	28	24	21	27	24	21
9	32	25	21	19	31	25	21	19	24	21	19
10	29	23	19	17	29	23	19	17	22	19	16

注意：在连接同一排的两个或两个以上的灯具时，应在第一件灯具的两端都安装配件，而在附加灯具上则只需安装在一端。

图 8.4 一件带有抛物面百叶的线形直接型灯具的光度数据表。灯具图片如图 8.3 所示。（Fairchild Books）

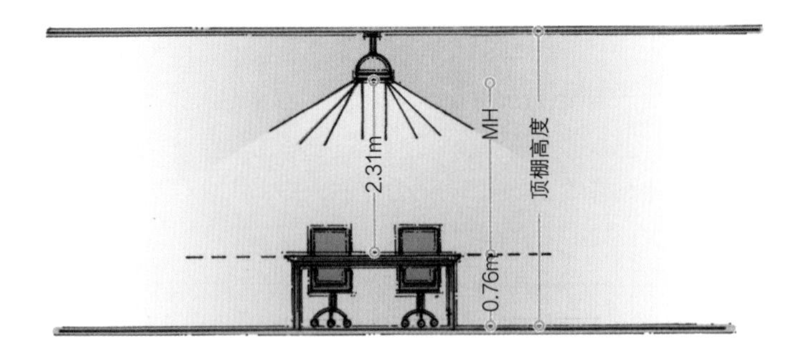

图 8.5 在计算照明的量时，度量直接型灯具的高度是从灯具的底部到距离地面 0.76m 的工作面（安装高度 = MH）。

可以利用反射光照。想要实现反射照明量的最大化，应该将灯具安装在墙面附近，但是不能太近以至于在墙面上造成光线过亮。通常，灯具与墙面之间的理想距离是灯具之间中心到中心距离的一半。

计算灯具之间中心到中心距离的公式为：

SC（间距判据）× 安装高度（MH，灯具底部到工作表面的距离）= 间隔距离（SI）

例：以下计算展示，灯具到工作表面的间隔距离是 2.28 米（约 7.5 英尺）。记住：1.1 和 1.3 是制造商的光度数据表中提供的数据，见图 8.4。

1.1（灯具的沿边长度）×2.28（MH）=2.5（SI），因此，沿着灯具的长边中心间距约为 2.5 米。

1.3（灯具的跨边长度）×2.28（MH）=3.0（SI），因此，沿着灯具的跨边中心间距为 3 米。

烛光功率分布

要读懂光度数据表上的烛光功率分布图，指定具体的视角度数，然后读取相关的新烛光数（见图 8.4，标签 A）。例如，对于直接型线性灯具（图 8.3b），在垂直 30° 发射的新烛光约为 1160（见图 8.4，图例 A）。

这个数字还可以在“烛光功率概述”表（见图 8.4，图例 C）中找到。同一行向右还有在水平 22.5°、45°、67.5° 和 90° 发射的新烛光数。

例如，在垂直 30°，水平 45° 发射的新烛光为 1233（见图 8.4，图例 C）。“烛光功率概述”表中的最后一栏，指出不同垂直角度的输出流明。例如，在垂直 25°，输出流明为 598（见图 8.4，图例 C）。

分区流明

“分区流明概述”表（见图 8.4，图例 D）展示了两个分区中的流明概览。由于灯具拥有直接光照分布，全部的光照都从分区内呈 0°～90° 的角度发出（此处是指向下照的分区）。

“分区流明概述”表还会显示灯具和灯源组合的效率，可知能效为51.7%（见图8.4，图例D）。

另外，表中还提供了“辉度概述（cd/m²）”数据（见图8.4，图例E）。对于这件灯具，位于较低垂直角度的辉度更高。例如：

- 垂直角度为45°时，辉度为3612；
- 垂直角度为75°时，辉度为338。

表中剩余的内容里，“照明率/(%)”（见图8.4，图例F）将在本章之后“计算”内容中的“流明法”中解释。如图8.4中所示，光照分布对称的灯具和反射型灯源通常只在图像的一边显示，因为两半都是完全一样的。需要注意间接型或直接型灯具在底点之上和之下的烛光功率分布曲线。

初始灯源流明与工作面上流明之比，如果灯具朝向顶棚的光照水平很高，为了避免造成过亮或眩光，可能需要将灯具固定在距离顶棚较远的位置。从上部和侧边发射光照的灯具，会带有垂直和水平光照角度的烛光功率分布曲线。

一分钟学习指南

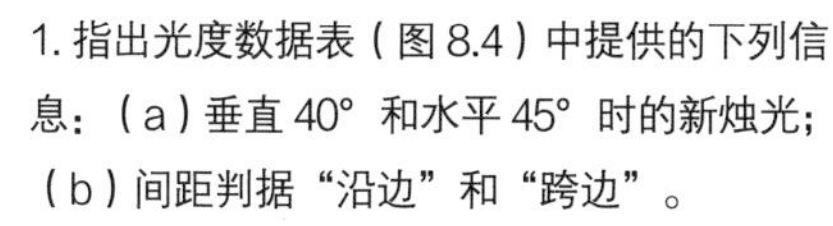

1. 指出光度数据表（图8.4）中提供的下列信息：（a）垂直40°和水平45°时的新烛光；（b）间距判据“沿边”和“跨边”。
2. 解释间距判据度量的目的。

计算

照度的计算可以手动完成，也可以使用照明软件包。在这部分我们将探讨两种方法。如本章开头提到的，想要了解工作平面上和空间内影响光照的量的变量，关键是理解如何进行计算。

想要确保实现优质照明环境，关键是要明白，通过计算得到的照度水平，在获得最终规格参数之前，仅仅是需要考虑的变量之一。明确最终照明设计方案时，必须综合考虑本书中讨论的全部判据及地点和用户的独特性。

流明法

这部分内容聚焦之前讨论到的光度表（见图8.4）中提供的“照明率/(%)”数据，以及图8.6、表8.1和表8.2。

这里讨论的流明法是一种简化的方法，用于明确房间中水平表面上的平均照度。这些数据可以用于照明设计过程的初始阶段，因为它们可以为实现空间中的一致光照分布提供估计的灯具数量。想要明确更精确的照度数据，参见IES（2011）发布的数据或先进的照明软件程序。

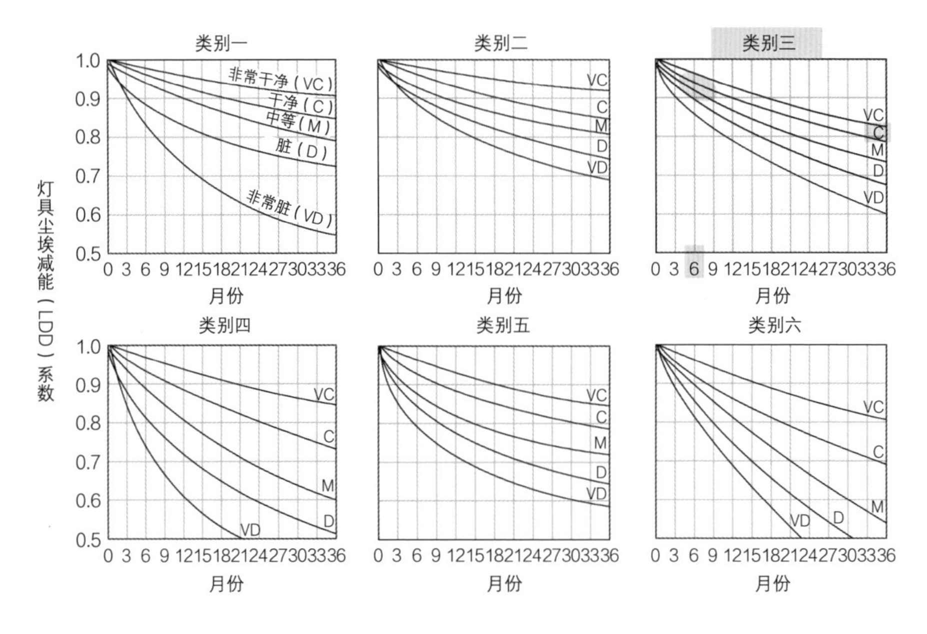

图 8.6 六种灯具类别（一至六）、五种尘埃级别的灯具尘埃减能系数（LDD）。

进行照度计算，需要明确以下几个元素：

- 房间的比例；
- 灯具和灯源；
- 工作面的位置；
- 工作面与灯具间的距离；
- 顶棚、墙面和地面的反射值。

计算还需要：

- 室空间比（RCR）；
- 灯具照明率（CU）；
- 光损耗系数（LLF）；
- 灯源流明衰减系数（LLD）；
- 灯具尘埃减能系数（LDD）。

室空间比和灯具照明率

室空间比是用于考虑空间特征及灯具与工作面之间的潜在距离的公式：

$$\frac{5 \times H \times (L+W)}{L \times W} = \mathrm{RCR}$$

H——房间的高度，或灯具与工作面之间的距离；

L——房间的长度；

W——房间的宽度。

室空间比（RCR）用于确定灯具照明率（CU）（见图 8.4，图例 F）。灯具照明率取决于被照明的空间及灯具的设计。灯具照明率是指特定灯具、特定灯源在特定任务表面和空间的位置，初始灯源流明与工作面上流明之比。灯具照明率百分比由灯具制造商提供（见图 8.4，图例 F）。

表 8.1 选定灯源的灯源流明衰减（LLD）系数

灯源	典型 LLD 系数
白炽灯	0.85
卤素灯	0.92
荧光灯 T8/730 T8/830	0.90 0.93
紧凑型荧光灯	0.85
金卤灯	0.73
陶瓷金卤灯	0.89
高压钠气灯	0.80

表 8.2 明确灯具维护类别的步骤

维护分类	顶部附件	底部附件
一	1. 无	1. 无
二	1. 无； 2. 透明，透过孔口有 15% 或更多向上光照； 3. 半透明，透过孔口有 15% 或更多向上光照； 4. 不透明，透过孔口有 15% 或更多向上光照	1. 无； 2. 百叶或挡板
三	1. 透明，透过孔口有少于 15% 的向上光照； 2. 半透明，透过孔口有少于 15% 的向上光照； 3. 不透明，透过孔口有少于 15% 的向上光照	1. 无； 2. 百叶或挡板
四	1. 透明，无孔口； 2. 半透明，无孔口； 3. 不透明，无孔口	1. 透明，无孔口； 2. 半透明，无孔口
五	1. 透明，无孔口； 2. 半透明，无孔口； 3. 不透明，无孔口	1. 透明，无孔口； 2. 半透明，无孔口
六	1. 无； 2. 透明，无孔口； 3. 半透明，无孔口； 4. 不透明，无孔口	5. 透明，无孔口； 6. 半透明，无孔口； 7. 不透明，无孔口

来源：再印自《IESNA 照明手册（第 9 版）》，pp. 9 ~ 20，使用已经获得北美照明工程学会批准。

“照明率／（%）”表格基于 20% 的地面空间反射率（见图 8.4，图例 F）。表格中的顶棚反射率百分比为 80%、70% 和 50%，墙面反射率百分比为 70%、50%、30% 和 10%。

光损耗系数（LLF）

光损耗系数是指由于光源类型、空间温度、时间、输入电压、镇流器、灯源位置、室内环境、燃料烧尽等造成的照度损失。由灰尘和灯源减能造成的流明损耗可达 25%。IES 已经明确了可恢复和不可恢复光损耗系数。可恢复光损耗系数包括房间表面灰尘减能、灯具流明衰减系数、灯源烧尽因子和灯具尘埃减能系数。不可恢复光损耗系数包括周围温度、输入电压、镇流器因子和灯具表面减能。

灯具流明衰减系数是指由于灯泡设计导致的流明损耗程度。表 8.1 中列出了选定灯源的灯具流明衰减系数。灯具尘埃减能系数度量灯具在堆积灰尘后的照度降低程度。灯具尘埃减能系数的重要考量是灯具的设计、空间的氛围以及清洁灯源的频率。由 IES 作出的表 8.2 和图 8.6 展示了不同灯具在不同时间和灰尘条件下的维护类别。这部分信息可以为确定灯具尘埃减能系数提供参照。根据 IES 定义，这些维护类别包括“非常干净”（VC）、“干净”（C）、“中等”（M）、“脏”（D）和“非常脏”（VD）。

安装在裸露的灯具中的灯源，在有大量灰尘的环境里，比如木工工作室，就需要高频清洁，避免大量光损耗。

为了明确房间内水平表面的平均照度，光损耗系数可以通过以下简化的方法计算获得：

$$\text{LLD} \times \text{LDD} = \text{LLF}$$

分区空间计算

流明法是一个用于确定平均照度的简单方法，也被称作分区空间计算（见表 8.1）。这种方法只能提供空间内的平均照度，不能将光照水平的变化作为计入因素。

注意，当光损耗系数和灯具照明率被计入时，照度水平会降低。这会反映空间内的灯具特征、室内建筑和环境因素。不考虑这两个因素，初始安装时的光照水平应该在 75 英尺烛光左右，且不考虑安装寿命之内空间里会发生的情况。这部分提示有助于说明将影响照度的所有系统性元素考虑在内的重要性。

逐点法

基本的逐点法可以决定一个焦点的光照水平。这种方法运用平方反比定律和余弦定律，也被称作“朗伯定律”。平方反比定律只用于聚光灯。

一分钟学习指南 

1. 流明法的作用是什么？
2. 描述 LLF、LLD 和 LDD 之间的区别。

表 8.1 计算工作面上的平均被维护照度

一间教室拥有以下数据(见图8.4、图8.6及表8.1、表8.2)：

- 一个30英尺(9.14米)×30英尺(9.14米)的空间，带有10英尺(3.05米)高的顶棚;
- 工作面: 2.5英尺(0.76米)(AFF);
- 灯具与工作面之间距离：5.5英尺(1.68米)；
- 空间干净;
- 灯源每年清洁两次;
- 12件表面安装型灯具(见图8.4)，每件灯源带有两个F32T8灯源(采
- 用SC确定灯具的大概数量)；

  一个F32T8的LLD为0.93(见表8.1
- 黄色内容)；

  LDD—维护类别三(见表8.2黄色
- 高光内容)；

  基于类别三，LDD约为0.92，空间干净，灯源每年清洁两次(见图
- 8.6高光内容)；

  顶棚反射率为80%，墙面反射率为50%，地面反射率为20%;

用于确定工作表面上的平均被维护照明，基本公式为:

$$\frac{\text{灯源数量}^{A}\times\text{初始灯源流明}^{B}\times LLF^{C}\times CU^{D}}{\text{面积}}=\text{被维护照度}$$

将之前列出的教室数据依次运用(参见上述角标)。

A. 2(每件灯具的灯源数量)×12(灯具数量)＝24。

B. F32T8为2800(信息来自灯源制造商产品目录)。

C. 计算光损耗系数:

0.93(LLD)×0.92(LDD)=0.86(LLF)

其中，0.93(见表8.1高光内容)；0.92(见表8.2高光内容和图8.6高光内容)

$$\frac{5\times7.5\times(30+30)}{30\times30}=3\ (RCR)$$

式中:

5——公式中的已知值;

7.5——灯具与工作面之间的距离；

30——房间长度;

30——房间宽度。

第2步：参照制造商提供的光度数据表，定位灯具照明率(见图8.4，图例F)。灯具照明率大约为0.46，已知室空间比为3，空间数据:

顶棚反射率(pcc)为80%;

墙面反射率(pw)为50%;

地面反射率为20%;

计算工作面上的平均被维护照度:

$$\frac{24(\text{灯源})\times2800(\text{初始灯源流明})\times0.86(LLF)\times0.46(CU)}{30\times30(\text{房间尺寸})}$$

=29.5 fc

平方反比定律公式为：

$$I/d^2=E$$

E——照度（fc）；

I——灯源的发光强度（cd）（灯源制造商提供，参见灯源的烛光功率分布表）（见图 8.7）；

d——光源与平面之间的距离。

平方反比定律是基于平面上的照度水平随着平面远离光源而降低的原则。根据公式，平面上照度降低的量等于平面与光源之间距离的平方。因此，距离平面 0.6 米的光源照度是距离 0.3 米的照度的 1/4（见图 8.8）。

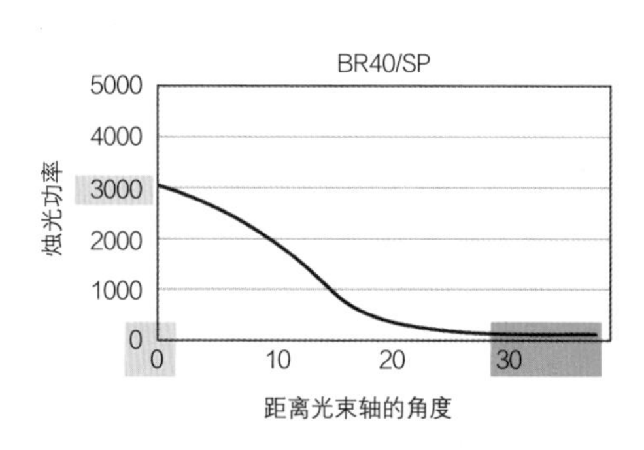

图 8.7 反射灯 BR40/SP 的烛光功率分布图（高光部分为“逐点法”部分用到的例子。）

平方反比定律公式可以用于确定位于平面正上方的光源里的一点的照度（见图 8.9）。例如：

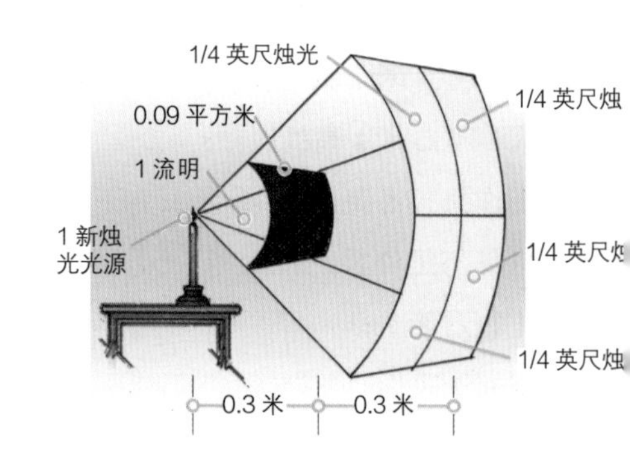

图 8.8 平方反比定律的展示，平面上的照度水平随着平面远离光源而降低。

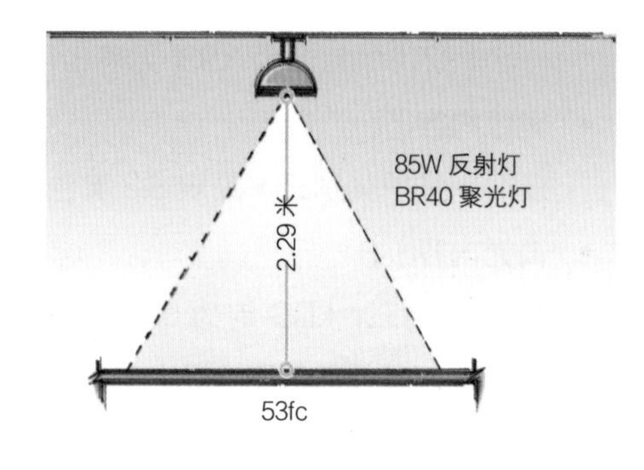

图 8.9 位于表面正上方的光源。

灯源：85 瓦反射型 BR40 聚光灯。

位置：表面正上方，距离灯源 2.29 米（为 7.5 英尺）。

新烛光（cd）：3000（参见图 8.7）。

计算：3000（cd）/7.5^2（灯源与表面之间的距离）=53fc（E）。

余弦定律的公式为

$I/d^2 \times \cos\theta = E$

其中 θ 是指从灯具落到一点上的光线与垂直于落点平面的线之间所成的角度。余弦定律证明，表面上的照度会随着入射光的余弦角度变化。余弦和正弦分别适用于水平和垂直表面，其图形可以用计算器得出。

为特定位置确定照度是非常复杂的过程，因为空间中的区域不同，而且影响照明的各因素之间相互依存。因此，室内设计师和工程师通常会采用照明软件来进行演算。

以下两个典型的例子，便于大家从概念上理解，决定特定位置的照度时，需要考虑的重要因素。

水平表面上的照度

余弦公式（$I/d^2 \times \cos\theta = E$）可以用于计算灯具或被照亮的点与表面成角度时水平表面上的照度（见图 8.10(a)）。例如：

灯源：85 瓦反射型 BR40 聚光灯

位置：瞄准与水平表面呈 30° 角的位置，距离灯源 2.29 米。

新烛光（cd）：200（见图 8.7）

计算：

[200（cd）/7.5^2（光源与平面之间的距离）] ×0.866（$\cos\theta$）=3 fc（E）

垂直表面上的照度

用于确定垂直表面上照度的相应公式为：$I/d^2 \times \sin\theta = E$（见图 8.10(b)）。例如：

灯源：85 瓦反射型 BR40 聚光灯

位置：瞄准与垂直表面呈 30° 角的位置，距离灯源 2.29 米

新烛光（cd）：200（见图 8.7）

计算：

200（cd）/7.5^2（光源与平面之间的距离）×0.5 （sin θ）=2 fc（E）

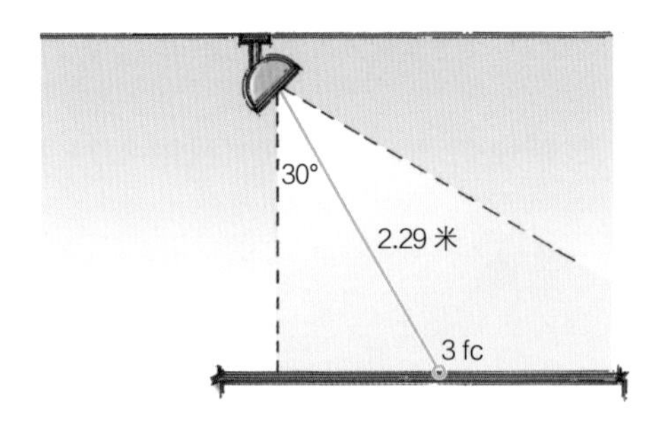

图 8.10(a) 置于与水平表面呈角度的光源。

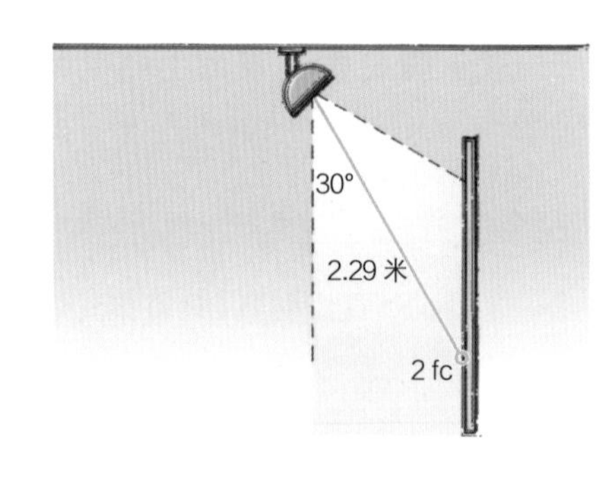

图 8.10(b) 置于与垂直表面呈角度的光源。

实践中的照度度量

室内设计师会为新建建筑和改建现有空间计算照明水平。对于现有空间，室内设计师经常将光照仪带到现场，并由此获得现有照度水平（见图 8.11(a)）。这种仪器可以指出空间内任何区域的照度水平以及平面的反射值。

想要明确指定位置的照度水平，室内设计师将光照仪置于特定的位置并读取结果。通常，室内设计师会希望得到房间内用于周围照明和任务照明的照度水平。

想要获得周围照度，室内设计师要制作一张表格，读取表格内每个交叉区域的数值，然后取平均值。

任务照明的英尺烛光（勒克斯）读数可以通过将光照仪置于各个工作表面来获取。为了确定一个表面的反射率估值，室内设计师会将光照仪置于离表面大约 10 厘米的位置，并记录照度水平（见图 8.11(b)）。

照明软件包

照明软件包分为使用自然光源和电气光源时的基础与高级的照度计算。基本程序（包括 AutoCAD 扩展），可以预测表面的亮度及垂直和水平表面上的光照分布模式。高级程序可以计算形状独特的房间内的照度，包括斜的顶棚（见图 8.12）。

用于计算采光的潜在影响的软件，因为其与自然状况相关的可变性尤其

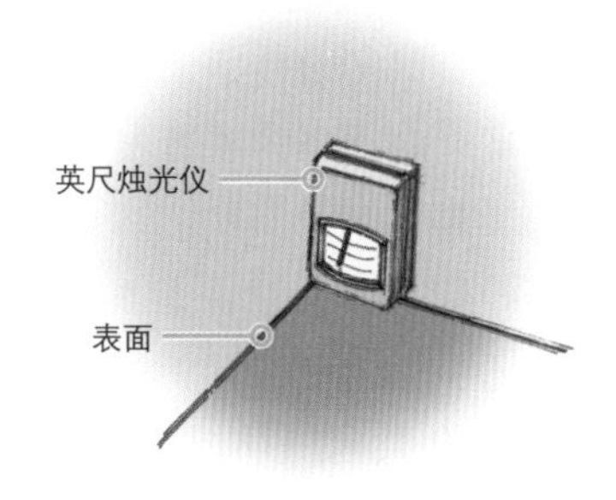

图 8.11(a) 在实地，室内设计师可以使用光照仪来确定光照水平。

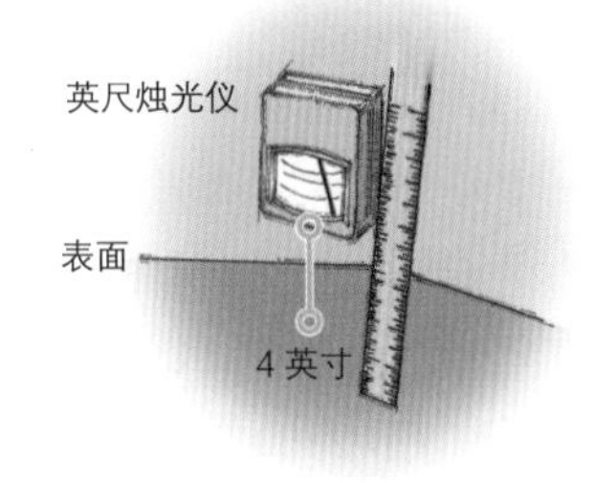

图 8.11(b) 室内设计师可以通过将光照仪置于距离平面大约 4 英寸的地方来记录照度（勒克斯）水平，确定平面的反射率。

实用。这样的计算通常是在一个特定位置使用几种不同的因素计算，例如自然光照情况（如晴朗和阴天）、时节（如冬、春、秋、夏）及时间（如上午 8 点、正午 12 点和下午 4 点）。

用于计算采光的软件包有 Sensor Placement+Optimization Tool（SPOT™）和 SkyCalc™。SPOT™ 2015 可以辅助设计师量化空间内现有的或规划的电气照明和年度采光特征

图 8.12 先进的照明程序可以计算多种不同配置的房间内的照度。（Graeme Watt [2000] g.watt,btconnect.com）

（www.daylight inginnovations.com/spot-home）。程序可以基于年度表现和能源节约，帮助识别空间内的最佳感光位置（SPOT™，2015）。

SkyCalc™（2015）可以帮助设计师节约在照明和 HVAC（暖气、通风和空调）方面使用的能源，不过该软件受限于天窗（http://energydesignresources.com/resources/software-tools/skycalc.aspx）。

一分钟学习指南

1. 举例如何使用逐点法。
2. 解释设计时如何使用照明软件包。

从更大的角度来看，美国能源部（DOE）（2015）拥有的一件免费工具——商用照明解决方案，可以帮助设计师根据指定的能源法案（http://energy.gov）来估计新型照明系统能节约的能源。这个项目还可以用于现有商用室内空间照明系统的规划升级。

本章探索了与确定室内空间照明量的相关内容。在IES与其他国际组织提供的推荐内容范围内，涵盖了许多与环境、空间用户相关的因素。

正如本书的第一部分内容提及的，照明量是设计优质照明环境必须要考虑的因素之一。第二部分会介绍设计师如何在职业实践中应用第一章至第八章中的内容。

有关LEED认证

如何将光照量化应用于创建LEED认证建筑的检查清单，见方框内容“可持续策略与LEED”以及附录IV。

章节概念→专业实践

这些项目基于大脑学习过程的规律——一项研究大脑如何运行和学习所形成的理论（见“前言”）。这些项目可以独自完成，也可以进行分组讨论。

实践应用——流明法

作为一个照明设计师，你现在被安排来确定一间图书馆中自习室的工作面上的平均被维护照度。这个空间的特征如下。

- 尺寸：60英尺（18.29米）×60英尺（18.29米），带有12英尺（3.66米）高顶棚。
- 工作面：2.5英尺（0.76米）（AFF）。
- 灯具与工作面之间的距离：5.5英尺（1.68米）。
- 空间内反射率：顶棚70%，墙面50%，地面20%。
- 空间干净，灯源每年清洁三次。
- 24件表面安装型灯具（见图8.4），每件灯具使用两个F32T8灯源。
- 初始灯源流明：2800。
  LLD见表8.1。
- LDD见图8.6维护类别三。

使用以下公式来确定图书馆内工作面上的平均被维护照度（见方框8.1）：

$$\frac{\text{灯源数量}\times\text{初始灯源流明}\times\text{LLF}\times\text{CU}}{\text{面积}}=\text{被维护照度}$$

实践应用——为艺术品确定照度

现在你的客户需要你为酒店大堂墙面上的一件艺术品提供照明。整个装置需要五件灯具。每件灯具带有一个 85 瓦反射型 BR40 聚光灯（见图 8.7）。灯具瞄准 30° 角，位于距离艺术品 2.93 米的位置。通过用于垂直表面的余弦定理来确定特定位置的照度：

$$I/d^2 \times \sin\theta = E$$

互联网探索——Sky Chart

软件包可以帮助设计师制定优质照明。探索 SkyCalc 可以帮助设计师优化采光，访问他们的网站（http://energydesignre sources.com/resources/software-tools/skycalc.aspx），查看《天窗采光指南》（The Skylighting Guidelines）。

写一份小结，涵盖以下方面：

- 有关天窗和其他建筑元素相结合的推荐建议。
- 推荐的天窗间距。
- 潜在的能源和成本降低。

一分钟学习指南 

将你在“一分钟学习指南”中的回答汇编成一本“学习指南”。对比你的回答与本章中的内容。你的回答准确吗，有没有错过什么重要的信息？你觉得你是否需要重读某些部分的内容？另外，利用“关键术语”列表来测试自己对于每个术语的掌握，然后再在本章内容或词汇表中查找相关释义。把难记的术语及其释义添加进你的“学习指南”。相应地，完善你的回答，然后创建第八章“学习手册”。

可持续策略与 LEED

你可以参考以下策略，将本章内容投入使用，创建 LEED 认证建筑：

- 采用能够避免光照溢至室外的灯具布局策略，来减少光污染。
- 选用对于任务最合适的烛光功率分布的灯具，来最小化能源消耗和最优化能源表现。
- 选用灯具效能比（LER）高效的灯具，来最小化能源消耗和最优化能源表现。
- 利用灯具制造商提供的光度表中有价值的信息，比如烛光功率分布、辉度概述、照明率等，来最小化能源消耗和最优化能源表现。
- 利用灯具制造商提供的光度表中的信息，确定需要使用的灯具数量及它们的位置，来最小化能源消耗和最优化能源表现。这些信息可以帮助设计师避免在空间内使用过多或过少的灯具，同时为任务营造最佳照明，来增强用户满意度。
- 通过进行照度计算，包括流明法和逐点法，来最小化能源消耗和最优化能源表现。
- 这些信息可以避免设计师在空间内使用过多或过少的灯具，同时通过为任务营造最佳照明，来增强用户满意度。
- 通过为具体的点指定合适的灯源、功率和光学品质，来最小化能源消耗和最优化能源表现。
- 为空间指定正确数量的灯具，避免在未来造成施工浪费。
- 为照明系统的全部元素使用优质的室内环境专用低辐射涂漆，来最大化照明，指定带有高反射率（85%）的涂漆颜色。
- 在建筑能源系统的基础或强化调试过程中，监控照明系统的安装、运行和校准，包括空间内不同位置的照度水平。
- 度量并明确所采用照度水平的能效。
- 关注照明系统方面的新式可持续发展，确保采用最高效和最节能的照明系统。

章节小结

- 基于辐射测量学和光度测量学，测量一个环境内的光照量。
- 度量照明的基本类别包括光度、光通量、照度、辉度和光出射度。
- 想要确定反射型灯源和灯具的方向、模式和光度，室内设计师要参照光度数据报告，比如由灯源和灯具制造商提供的数据。
- 流明法是一种用于确定平均照度的简单方法，也被称作分区空间计算。基础的逐点法用于确定一个焦点的照度水平。
- 将与光照量化相关的可持续原则与 LEED 认证建筑相结合，有许多策略可以采用。

关键术语

candlepower distribution curve 烛光功率分布曲线

lamp lumen depreciation 灯源流明衰减（LLD）

light loss factor 光损耗系数（LLF）

luminaire dirt depreciation 灯具尘埃减能（LDD）

luminaire efficacy ratio 灯具效能比（LER）

luminance 辉度（*L*）

luminance exitance 光出射度

luminous flux 光通量（F）

luminous intensity 光度（*I*）

nadir 底点

photometry 光度测量学

radiometry 辐射测量学

room-cavity ratio 室空间比（RCR）

spacing criterion 间距判据（SC）

steradian 球面度

zonal cavity calculation 分区空间计算

第二部分　照明设计过程与应用

第一部分介绍了设计优质照明环境时所需的基础知识。第二部分将讲述如何将这些照明概念和元素与住宅设计和商用室内设计相结合。这部分内容还关注设计过程中的每一个与创建 LEED 认证建筑设计相关的步骤。第十一章和第十二章是小结，采用白金级 LEED 认证的住宅与商用建筑中成功的照明设计案例。

（摄影：EyeEM/Getty Images）

第九章　照明设计过程：从项目规划到设计发展

目标

- 描述与规划照明项目相关的活动，以及它们与 NCIDQ 考试之间的联系。
- 明确在程序规划阶段需要收集、在之后开发照明判据的过程中能够应用的信息。
- 理解应该通过研究、采访、调查和观察室内的终端用户来收集与照明相关的重要信息。
- 理解在原理设计阶段，如何分析和综合项目数据。
- 描述专家研讨会，包括能够帮助概念化照明设计的绘制草图的技术。
- 明确设计开发阶段的目的。
- 将设计开发阶段的相关理解应用于照明项目。
- 理解设计过程的初始阶段与 LEED 认证之间的关系。

照明设计由建筑师、室内设计师和照明设计师共同完成。通常，照明设计师为建筑师或室内设计师规划照明设计。第九章和第十章的主要目的是在第一章至第八章的内容范围内，解释照明的设计过程。之前章节探索了优质照明环境的相关概念和元素，包括照明系统的组成部分、采光、照明的指向性效果、能源考量、与照明相关的环境因素及人为因素。

从专业角度来说，应该注意，第一章至第十章里的信息是与 NCIDQ 考试内容范围（见表 9.1）相联系的。最值得注意的是实习科目考试包含“照明设计习题”与“系统整合习题”，二者都需要首先理解照明会如何与设计方案中的其他元素相冲突，比如管道和结构系统。

照明设计过程

照明设计过程可以分为以下七个阶段：项目规划、程序规划、原理设计、设计开发、合同文件、合同管理及评估（见图 9.1）。第九章关注前四个阶段，而第十章考察照明设计过

（摄影：SPI Lighting照明公司，2016）

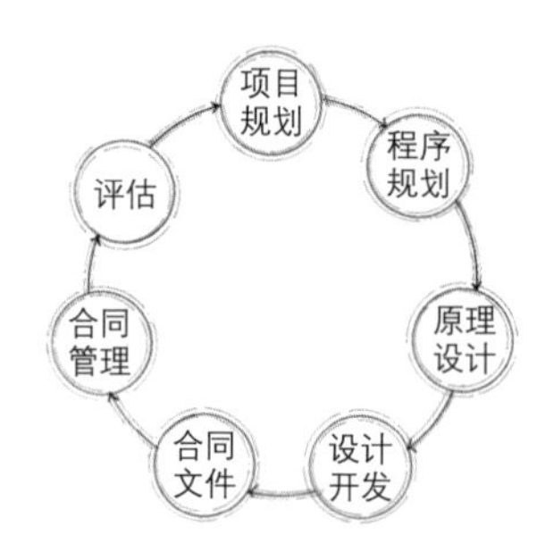

图 9.1 照明设计过程分为七个阶段。在这个循环过程中，评估阶段会为改善当前和未来项目提供有用的信息。

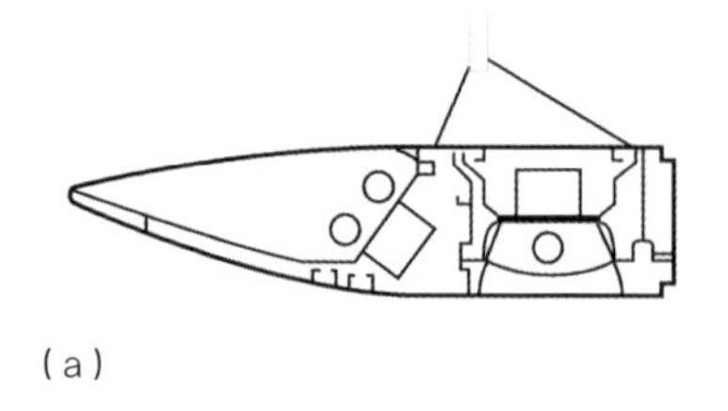

(a)

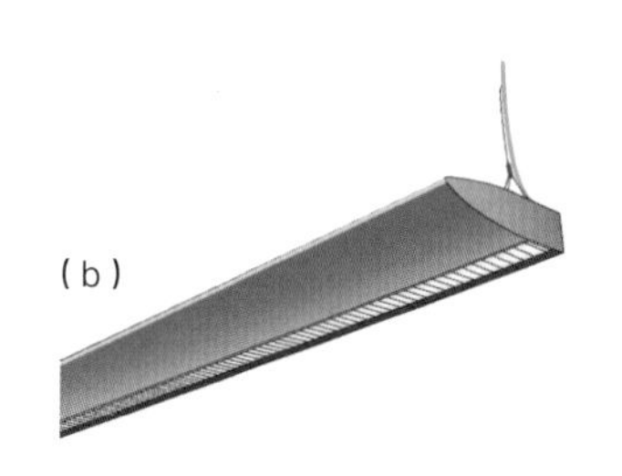

(b)

图 9.2 灯具（图 (b)）的原理图（图 (a)）示例，描绘光照的直接和间接分布。（图片来自 Selux 照明公司）

程的最后三个阶段。注意这些设计阶段在 NCIDQ 考试内容范围内曾多处出现（见表 9.1）。

设计过程概览

设计过程始于对项目的整体规划，然后进展到程序规划阶段，这就需要为完成项目目标获取关键的数据与信息。

程序规划阶段收集的数据是开发原理设计的关键判据。原理设计是一个概念性阶段，与项目相关的客户、专业团队一道，探索照明环境的诸多原理。原理图包括气泡图、照明分布图及任务照明关系草图（见图 9.2）。

成功完成原理设计后，设计开发阶段将详细解释、扩充细节。在照明设计过程中的这个阶段，具体的照明方法、照明系统和布局都将展现给客户，以供讨论和评估。

在得到客户的认可后，已注册从业人员（如建筑师、工程师），进入合同文件阶段，开始完成工程图纸、规格参数、截面图、布线图和采购订单。合同管理阶段是项目的实施阶段。

评估阶段在人们开始使用空间或建筑之后开展。这个阶段通常被称作“使用状况评价”（POE），旨在确定用户对照明设计的满意度。这个阶段收集的数据将被用于完善设计问题。

如图 9.1 的指向性箭头所示，评估阶段收集的信息还可以被用于完善未来客户的设计方案。持续改进的过程会带来较完善的优质照明环境。

客户参与和认可

与住宅和商用室内相关的许多不同的人都可以雇用室内设计师或照明设计师，他们包括业主、建筑师、工程师和承包商。

表 9.1 有关美国国家室内设计师资格委员会室内设计师资格认证（NCIDQ）考试

内容范围 – 室内设计专业考试 *

1. 分析与整合程序信息的能力与技巧
2. 应用规范要求、法律、标准、规定、可访问性与可持续性的能力与技巧
3. 将建筑系统与施工相结合的能力与技巧
4. 选用、指定、使用和保护家具、装置、设备、室内装潢、材料和照明的能力与技巧
5. 开发和使用工程图纸、计划表和规范的能力与技巧
6. 室内设计文件与合同管理方面的能力与技巧
7. 项目协调步骤和与设计专业人员相关的角色方面的能力与技巧
8. 运用职业道德和商业实践的能力与技巧

NCIDQ 2014 实习科目考试 **（与照明相关的范围）

习题
照明设计（1 小时）
使用给出的布线图，为工作区域设计照明和开关解决方案；完成照明调度；计算能源使用。此题用于商用或住宅室内。

习题
系统整合（1 小时）
评估给出的方案，找出并描述八项与照明、机械、电气、管道和结构系统相冲突的地方，并提供推荐解决这些冲突的方案。此题用于商用室内。

* 来源：室内设计师资格委员会（NCIDQ）股份有限公司（2012）《室内设计基础考试内容范围》. 华盛顿特区：NCIDQ.
** 来源：室内设计师资格委员会（NCIDQ）股份有限公司（2014）《室内设计实习科目考试练习习题资料》. 华盛顿特区：NCIDQ.

照明设计过程成功的一项重要元素就是，在结束每个阶段之后，进展到下一阶段之前，获得客户的认可。这个认可的过程是确保客户完全认同照明的设计、成本和调度的关键。

如果室内设计师或照明设计师在取得客户认可之前就进展到后续阶段，可能会浪费宝贵的时间和资源。另外，客户如果不同意采用一些服务，不愿意为此付费，缺乏沟通，则会严重影响合作关系。

不满意的客户不会再采用设计师

的设计，还可能给潜在客户带去负面评价。这会造成严重的问题，因为室内设计领域的大部分业务都是通过回头客介绍、建立在口碑之上的。

项目规划

规划的首要目的是为项目建立一份简介资料，并明确实现项目目标所需的资源。室内设计师或照明设计师应该在整个项目的规划阶段就参与进来，开发出尽可能完善的照明方案。在与客户和其他专业人员的沟通中，室内设计师或照明设计师设计出照明方案，实现项目目标、填充时间表。

项目目标

明确的目标为项目描画轮廓，也可作为整个规划过程的基础。大部分照明项目会设定与用户、任务、可持续性、室内元素、空间几何、科技、照明方法、规定、时间表、预算和维护相关的目标。此外，客户可能会追求 LEED 认证。

项目的简介应该包括设计师对于所有者、终端用户和房产元素的需求的基本理解。了解工作范围有助于确定执行项目所需的时间和资源。这是室内设计师或照明设计师在规划阶段需要获取的关键信息，因为客户可能会有不合理的预期，并涉及施工所需时间、设计的可行性或照明系统的成本问题。

图 9.3 考虑到规划的目的，伯克力实验室采用 Radiance 软件为位于曼哈顿的《纽约时报》总部大楼创建了建筑模型（图片中间位置高楼）。在所在的城市建筑背景下创建建筑模型，使得研究人员可以了解太阳的轨迹与其他建筑会如何影响采光。（图片来自劳伦斯伯克力国家实验室）

项目参数

室内设计师或照明设计师必须了解房产的位置，以及项目是否涉及已有建筑、新建施工或投机施工（见图 9.3）。

为已有结构开发照明设计可能涉及装置的微调、改装，或为涉及大量改造的项目创建全新的照明方案。

对于新建施工，规划阶段会大幅影响照明方案。理想状态下，照明方案应该与建筑理念一致。这个阶段的规划可以为设计师提供一个机会，完美结合自然光照，营造能够增强室内形象的设计。

随着施工的开展，实现不同照明可能性的范围随之缩小。当墙面、顶棚和地面经过装饰后，很难再安装结构和可移式灯具，而且安装会产生高昂的费用。施工项目要求照明方案能够满足不同人群的需求。

早期现场访问

在规划过程的早期，室内设计师、照明设计师应该与客户一道调查现场。这是一个绝佳的机会，让设计师与客户讨论现存照明问题、所受限制和初步想法。与客户商讨后，应该可以确定是否要将灯具更换、移除，或是将原有灯具留在空间内，重装或再利用。

初始访问还应该包括记录的建筑细节，房间的初始测量数据，现有灯具、控制器和电气插座的位置。设计师应该对室内拍照，记录采光和室内表面的反射率特征。

在与客户商讨的过程中，团队成员应该创建一个整体的方案，包含活动列表、负责人、时间表、所需资源、预估成本和付款日期。项目日程包括不同活动的时间表，这包括一些重要的起止日期。

程序规划

程序规划阶段包括采访、考察和评估照明系统、采光和研究项目（见图 9.4）。

收集数据

项目规划阶段收集整理的资料可以提供基础信息，用于确定设计优质照明环境所需的数据类型（见图 9.5）。

一分钟学习指南

1. 描述照明设计过程。
2. 你会如何使客户参与到设计过程中?

在程序规划阶段，需收集以下信息：有关终端用户、空间的物理特征，适用的规范、条例、法规，以及 LEED 的认证要求。

获取有关终端用户和室内的信息的有效方法包括采访、调查和实地考察。另外，还应该开展并记录与照明有关的相关文献和现有研究。这些研

图 9.4 设计《纽约时代周刊》新总部大楼时，程序规划阶段包括收集采光模拟的数据。传感器网络被用于收集基于这些模拟实验的数据。（Attila Uysal，SBLD Studio 股份有限公司）

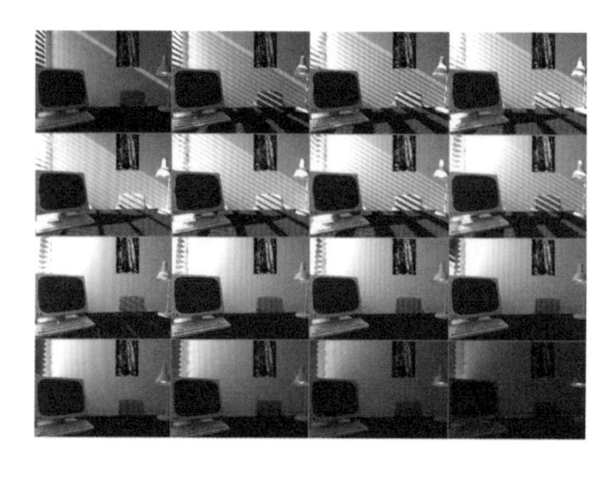

图 9.5 计算机模拟出采光如何影响空间。注意光照与阴影随着太阳在一天中的移动，在墙面和工作表面上产生的变化。这些信息对于规划合适的阳光和电气光源控制器来说非常重要。（劳伦斯伯克力国家实验室）

究的结果可以提供绝佳的意见，还可以用于补充在这一阶段收集到的具体项目的数据。

提出问题与多重方法

应该采访客户，并在任何可行的时候，采访空间的终端用户，比如雇员、客户，甚至是访客。采访的目的是收集足够的信息，用于概括照明环境。

采访和调查可以提供优质信息，帮助设计师了解人们对照明设计的认知。不过，人们很难详细描述出他们在空间内的工作或生活。观察人们在空间内的活动有助于补充这种情况下缺乏的内容（见第 199 页“实地考察”）。

上文中提及的方法可以得到有关人类行为的绝佳见解。采用多种方法有助于检查通过不同方法得出的数据，从而证实结果。

例如，在采访中，客户可能会指出聚光灯有助于将客户吸引到一个特定的位置。但是，通过对商店内的客户的观察，也可能发现客户几乎不怎么欣赏被着重强调的商品。互相冲突的数据需要通过与客户开展讨论，甚至通过更深入的观察，才能解决问题。

采访和调查问题

有效的采访和调查需要经过研究和准备。初次现场访问和从客户的初期采访中得到的信息，为之后提出更具体的问题奠定基础。

问题可以通过结构化或半结构化的形式写出。结构化形式是指一系列问题，不能再提出跟进问题。半结构化形式包括一系列问题，使得提问者可以提出附加问题，来澄清目的或者获取更多的信息。采访和调查的问题应该总是包含对目前情况的评价和对未来预期的需求。表 9.2 提供了对住宅或商用客户进行采访或调查时可能提出的问题示例。

问题可以分为以下方面：终端用户的特征，包括生理和心理方面；活动评价；对照明的感知；预期未来变化。

表 9.2 住宅 / 商用客户调查问卷与示例回复

姓名： 商用客户

年龄： 55

健康问题（例如阿尔茨海默病、社交恐惧症、认知处理障碍、听力障碍）

视觉缺陷	有	无
白内障		X
青光眼		X
糖尿病性视网膜病变		X
看清对比有障碍	X	
视敏度有障碍	X	
探测运动有障碍		X
感知深度有障碍	X	
视野范围缩小		X
色盲		X
眩光问题		X
闪烁光问题		X

人体测量数据（在范围内提供测量）

座位至视平线距离（毫米） 29

地面至视平线距离（毫米） 49

手臂触及距离（毫米） 26

活动评估

房间类型	房间内位置	活动	特殊照明需求	用户(群)	使用日期	使用时间	使用时长	科技产品	家具	灯具 / 自然光照
办公室	窗边	阅读	VDT 屏幕	市场营销	周一至周五	6：00—23：00	2 班	电脑 / 智能手机 / 平板电脑	办公桌 / 椅子	窗户位于东面墙面，悬挂式灯具
会议室	桌面	讨论 / 演示	做笔记	市场营销 / 访客	周一至周五	6：00—20：00	约 2 小时的会议	电脑 / 智能手机 / 平板电脑	会议桌 / 椅子	窗户

照明感知 **房间：**会议室	**有**	**无**	**细节**
恰当的光照水平	X		
恰当的活动氛围	X		
有效采光	X		
恰当的能源节约措施		X	晴天时临近窗户的灯开着
恰当的环境保护措施	X		
为艺术品或特别收藏作出恰当的重点照明		X	艺术品上的阴影
任务上的光照分布问题	X		坐在会议桌中间位置时光照不足
灯具或自然光造成的眩光问题	X		坐在会议桌两端时灯光隐蔽
阴影问题	X		在会议桌上写字时，可见手的阴影
任务面的反射问题		X	
闪烁问题		X	
颜色精度问题		X	
在看清物体方面存在问题	X		白板
在看清人物方面存在问题	X		难以看见坐在窗前位置的人的脸
触及控制器存在问题		X	
操作控制器存在问题	X		难以规范调光水平
灯源发热问题		X	
电气插座问题	X		电源插座数量不足
房间大小尺寸问题		X	
安全问题	X		电线接入电源插座会穿过房间
安保问题		X	
附加评论			

预期未来变化

1. 个人在建筑内的生活和工作变化：计划减少 10% 的雇员。
2. 房间数量变化：减少 10 间私人办公室，增加 4 处协作空间。
3. 活动变化：增加协作与休闲空间。
4. 预期重建空间：一楼。
5. 家具变化：减少书桌数量，增加休息室座位。
6. 室内元素（地面铺装、墙面涂料、顶棚、窗上装置）变化：更明亮的颜色、可再利用的木地板、区域地毯。

调查或采访问题应该随时修改，以适应每个客户的独特需求和特点。在为国际化客户设计照明时，这一点尤为重要，因为不同的文化和生活经历会影响人们对照明环境的感知。因此，理解终端用户对于照明的感知，对于能否规划出满足他们需求的环境是很重要的。

商用问题

理解对照明环境的不同感知，对于商用空间和住宅空间同样重要。人群特征资料将有助于明确终端用户的特征。

想要确定人们对照明的感知，针对商用客户的采访问题应该为特定类别的终端用户专门设计。例如，在为餐厅设计照明时，对餐厅所有者（们）、迎宾员、服务员、维护人员、新客户和回头客应该设计不同的问题。每种人群都在餐厅从事不同的活动，因此，他们对照明环境的满意度、预期和感知都会不同，应该将他们的需求考虑到设计中。

表 9.3 可用作向导，提供了为商用空间开发调查问卷的问题示例。这些话题包括商务相关信息、房产数据、终端用户特征、活动评价和照明感知。

实地考察

正如之前提到的，采访和调查应该能得出有关感知照明环境的基本信息。不过，理想的情况还是将调查和采访的结果与实地考察相结合。

考察住宅会很尴尬，所以也很少见。另外，对住宅的考察未必能提供充足信息，而与住宅客户保持私人联系却使得室内设计师或照明设计师可以更自然地获取必要的信息。

另一方面，商用室内空间的布置通常允许室内设计师或照明设计师开展有关人类行为的实地考察，因此，在任何可行的时候都可以对将要被重新装修的空间展开考察。

对于新建建筑，应该考察类似于拟定项目的场地。例如，在新建建筑的学校项目创建设计时，可以考察研究许多其他学校。

实地考察的首要目的是观察人们在特定照明环境中的行为。表 9.4 提供了向导，可以用于开展实地考察。正如本章中涵盖的所有其他向导一样，这份文件应该随时修改，以用于具体的场地、照明系统和终端用户。

开展考察

考察应该在同一天中的不同时间段、一周中的不同日期及一年中的不同季节展开。例如，通过对零售店中人的行为进行考察，可以发现在周一上午、周六下午及圣诞节期间人们的不同活动。想要尽可能地了解照明与行为之间的互相影响，应该在与项目最密切相关的时间段考察场地。

考察访问的频率取决于希望获取结果的连续性；一个场地应该经过足

表 9.3 商用客户调查问卷与示例回复

项目： XYZ 餐厅

位置： 丹佛，科罗拉多州

姓名： XYZ

角色（所有者、雇员、客户）： 所有者

业务相关数据	
业务 / 组织目的：	餐厅
业务 / 组织的使命 / 宗旨 / 目标：	创建富有想象力的菜单，反映当地特产
业务 / 组织的形象：	简约、朴素
盈利和 ROI（投资回报）贡献元素：	获奖、口碑赞誉
能源与环境节约政策和实践：	LEED 白金级
目前与产业相关的关键问题：	当地水果和蔬菜
目前影响业务 / 组织的社会活动：	健康的生活习惯与城镇生活
人员方面的预期改变：	无
活动方面的预期改变：	春 / 夏 / 秋季室外座位区域
雇员的人员构成：	3 位厨师（1 女 2 男），均为 50 多岁
房产数据	
地理位置：	丹佛市区（靠近金融街区）
所有建筑或租用建筑：	租用
空间需求方面的预期改变：	室外座位区
预期重建：	酒吧区域
预期家具改变：	为酒吧设置新座位
室内元素方面的预期改变（地面铺装、墙面涂料、顶棚、窗上装置）：	新增窗上装置

够次数的考察，以便观察者针对具体行为得出相当准确的结论。

例如，在餐厅内观察行为时，如果你注意到有人绊倒在入口处的一节台阶上，在后续的考察中，如果你发现很多人都在台阶上绊倒，则需要将此记录为一个重要的问题，可能需要通过增加楼梯边缘的照明来解决这一问题。不过，如果经过多次调查，只有一人被绊倒，之后通过采访雇员了解到她们从未发现其他人在这个台阶上出现问题，那么可能就不需要在入口处安装新增照明。

提醒一下，必须根据《美国残疾人法（ADA）》和《国际建筑规范（IBC）》中的规定设置坡道。

表 9.4 商用考察与示例回复

项目： XYZ 餐厅

位置： 丹佛，科罗拉多州

空间： 餐厅

考察日期： 11 月 2 日，星期六

考察起始时间： 下午 5:00

考察结束时间： 晚上 9:00

描述空间内的人（人数、雇员、客户、大致年龄、特殊需求）	约 50 名主顾，5 名雇员（服务员和一位迎宾员）顾客年龄在 25 ~ 50 岁，一名主顾使用轮椅
描述空间内的活动	点餐、用餐、去洗手间、清理餐桌
描述照明在开展活动时的作用	穿过餐厅、阅读菜单、记录点餐、欣赏艺术品、清洁餐桌所需照明
描述照明不合理可能导致的不自然运动（例如，遮挡眼部、行动犹豫）	位于餐厅中央的顾客必须前倾靠近灯具来阅读菜单
描述任何由于照明不合理造成终端用户对环境作出的修改或调整	顾客移动座椅以靠近灯具
描述任何与照明和标准化设计原则相关的问题	无
指出受欢迎区域	靠近窗户、远离过道
指出闲置区域	靠近厨房的餐桌

物理评价

程序规划包含评价照明系统及可能影响照明品质的室内物理特征。这包括现场考察，创建有关灯具、灯源、控制器、电气插座、采光、建筑特征、房间规格、家具、颜色和材料饰面的详细目录。

在室内通过照相来辅助照明设计过程中的原理设计和设计开发阶段，也很重要。

草图

除了照相，可以绘制平面图、立面图、顶棚反向图（RCP），可能还有光照分布模式的草图。顶棚反向图是展示灯具和顶棚上的其他元素，就

像是在地面上的镜子中能看到的画面。

可以快速绘制草图，有个大致的尺寸就足够了。设计开发阶段会记录室内的精确尺寸。在一些项目中，可能会提前获得平面图和顶棚反向图。

如图9.6所示，有关一个房间的各个草图都应包含室内元素的尺寸和大致的位置，这些元素包括灯具、电气插座、控制器、暖通设备、扬声器、洒水器、烟雾警报器、应急灯具、标志、窗户、天窗、重要的建筑细节、结构元素、橱柜、壁橱和门。

图9.6中的草绘平面图展示了房间的大致形状。另外，记录房间的整体尺寸时，还要记录窗户、电气插座、开关排列、墙面安装型灯具、橱柜和门的大致位置。

立面图的草图应该包括窗户、建筑元素、灯具、开关和电气插座所在位置的垂直尺寸（见图9.7）。

顶棚反向图草图展示立柱、暖通设备、灯具、顶棚瓷砖以及其他位于顶棚上的元素的位置（见图9.8）。

规范研究和项目判据

程序规划阶段是研究现有的当地、国家规范和条例的绝佳时间。与历史建筑相关的具体规范和条例也必须在这些项目中被指明。

另外，设计师应该调查现有文献，确定最高效的照明系统和实践，检查有关具体专业的现有实践和政策，比如教育。

想要明确采用了最先进科技的照明产品的情况，设计师需要联系制造商代表，开展全面的产品文献查阅。

针对照明设计过程中，在程序规划阶段收集的信息做彻底的分析，可以为项目的照明判据奠定基础。通常，照明判据应该关注健康、安全、舒适度和保护环境。

客户和终端用户的需求和优先条件及环境的特征，决定了具体的照明判据。需要考虑的内容包括适应空间的目的、照明方法、结构限制、预算、时间表及生理和心理因素。应该与参与项目的其他团队成员一起探讨，开发出照明判据。

原理设计

原理设计阶段包括分析程序规划阶段获得的结果，然后开发出照明方案的初始设计概念。

处理数据

程序规划阶段收集的数据包括有关客户、终端用户、空间的物理特征和适用规范、法规和条例的信息。应

一分钟学习指南

1. 采访过程中，需要收集哪些与照明相关的重要信息?
2. 描述考察在创建照明设计方案中起什么作用。

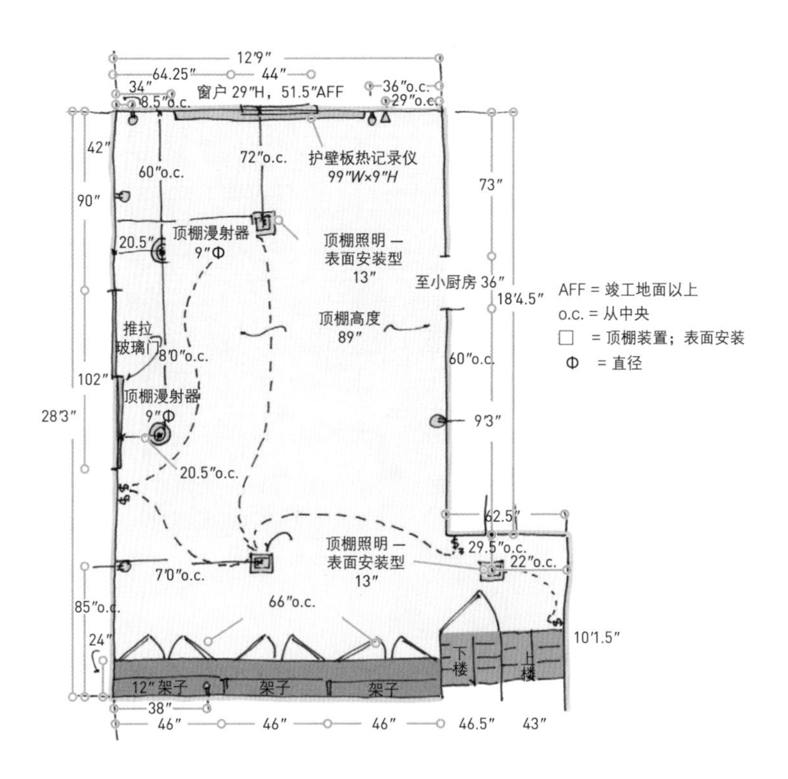

图 9.6 一间房间的平面粗略草图。草图的初级目标应该是涵盖室内元素的尺寸和大概位置。

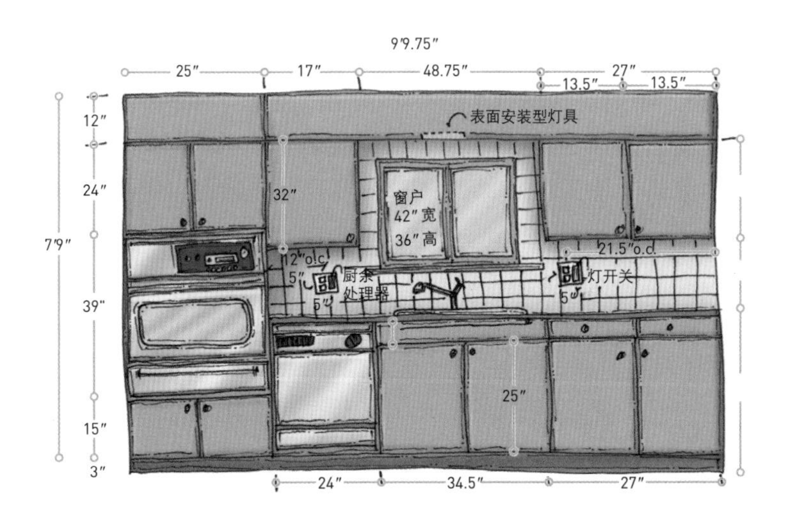

图 9.7 一间房间的立面粗略草图。

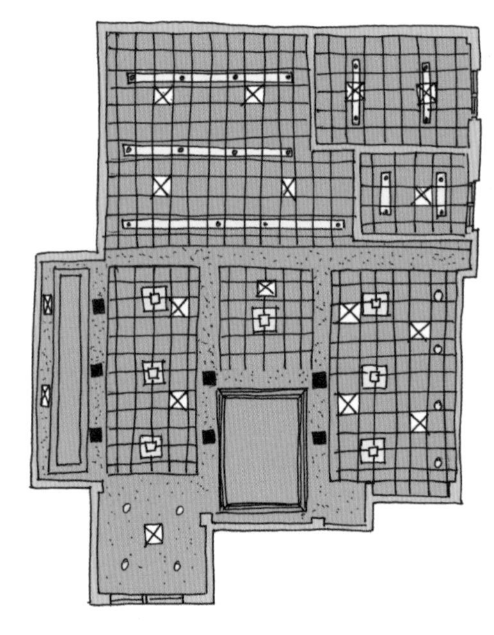

图 9.8 一间房间的顶棚反向图（RCP）粗略草图。

该为每一类别撰写概要，反映与项目密切相关的信息。甄别重要信息需要对数据做彻底的分析、整合和评估。

通过采访、调查和实际考察收集数据，并经过下列步骤进行小结：①通过多次阅读材料内容，对数据进行彻底的分析；②对研究结果进行详尽的阐述；③创建一个带有优先顺序排列的照明要求；④确定潜在问题。分析的结果应该通过手写或者速写的形式记录。

数据分析与综合

必须通过明确、反复出现的主题或模式，来分析多次采访和调查的反馈。例如，被采访的 50 个人中，只有两个人会指出在走廊里需要更高光照水平。这样的低反馈率表明，现有光照水平可能是合适的，不过那两个被采访者可能对亮度与常人有不同的感知，因此，可能建议照明设计方案中就不会涵盖采纳新的走廊照明的提议。相反，如果大部分参与访问或调查的人指出走廊的照明问题，则应该对这个问题提出解决方案。

实地考察的结果应该综合全部的访问与观察。分析多次考察结果的过程，应该与分析数次采访和调查的方式相同，仅明确那些规律性地出现的问题和项目。

空间内终端用户的反馈概要应该阐述有关人群、活动和照明欠佳导致的不自然运动和对环境作出的修改或调整。

要做出有关人们如何使用空间的小结，应该关注照明在开展活动、受欢迎区域、未占用区域的作用，以及遵循可持续设计与通用设计的原则。大部分问题都与建筑内的具体位置有关，可以通过手绘速写表达出来。

数据小结

照明评价手册中列出不同的数据类别，包括整体照明问题、灯具（灯源）、照明系统控制器以及安全（安保）能源问题，这些可以通过书面报告和草图来小结。这样的小结区别于照明和室内的库存报告结果。

库存报告是客观的照明元素目录。相反，评价过程是一种主观检查照明方案的办法。因此，评价分析应关注问题、限制、优点及对照明环境的感知。

数据小结应该包含对电力充足度、接入的复杂性以及结构限制的分析。除了书面小结，还可以通过绘制草图，使用有创意的符号方案来描绘和强调照明方案的优势与不足。

专家研讨会

分析的结果可以作为原理设计阶段的概念化过程的基础。在这个阶段，室内设计师或照明设计师与其他相关的专业人员一道，参加全面的头脑风暴讨论——专家研讨会。

可持续性的设计提议使得专家研讨会更加普遍，因为这个过程是一种跨专业的、协作的活动。这个过程需要将头脑风暴与即时反馈循环相结合。专家研讨会采取集中会议的形式，通常会持续开展好几天。

头脑风暴方法也分很多种，每一个专业人员团队都可以采用偏好的方法。想要实现有效的小结结果，有几个重要的环节，包括允许每个人参与，对所有想法表示初步接受，探索所有可以解决问题的可能性。

专题探究

专家研讨会的有效性还取决于专题探究的表达是否清晰，团队的全部成员是否都可以清晰理解。从根本上来说，专题探究就是专家研讨会期间有待探究的问题。举个例子："在ABC 建筑的三楼，在为员工工作提供任务照明时，存在哪些问题？"

专题探究要简明扼要，使参与者都能理解，否则做与项目无关的头脑风暴，是浪费时间的。这也会影响人们的积极性，可能以后就不愿意再参与研讨了。

探索解决方案

专家研讨会可以充满创意。研讨会应该包括书面点评与草图，探索所有可能解决照明问题的方案。例如，在为现有照明系统探索可行的选项时，团队可能会考虑，灯具是否应该改造、更换、翻新、重装、重新连接、重新配置或回收。

改善灯源的方法包括提高输出效率、延长寿命、增强色彩、升级镇流器、更换灯源或改善光学属性。老旧的灯源应该被回收。采光、嵌入式、表面安装式、导轨系统或悬挂式都是对可行的照明方法探索。

讨论应该关注能够强调照明判据的选项。例如，项目的照明判据也许可以确保在晚餐时段为餐厅营造浪漫的氛围。对这个判据做头脑风暴，可以探索具体采用哪种照明方法、哪件灯源、哪个灯具、哪种水平的照明，可以为带有具体属性的餐厅营造出浪漫的感觉。

草图方案

在专家研讨会中，绘制草图的技术多种多样（见组图 9.9）。在研讨会中，经常要重新画图，所以应该保存每一版的草图，然后用干净的新图纸记录经过考量后的每个新概念。带有家具摆放的平面图的初期图纸可以作为规划照明的基础参考。

在为照明选项做头脑风暴时，诸多方面的意见随之产生，如改善采光、电气照明、控制器、家居布置、建筑元素之间的关系。专业人员团队同时为所有影响照明的元素做考虑，可能会设计出最终方案，并带来优质的照明环境。

为照明做头脑风暴的一个有效方式就是采用覆盖在空间平面图和立面图图纸上的描图纸。覆盖层可以让团队成员看见照明与室内建筑、家具、窗户、门洞的特点相结合。

专家研讨会期间开发出的草图应该与程序规划的结果分析阶段创建的原理图进行比较。例如，图 9.10 展示了一幅速写的平面图，通过符号方案标出安全、能源、眩光、采光和阴影方面的问题。在这一图例中，重要的是要确保概念原理涉及与安全、能源、眩光、采光和阴影相关的项目。

在任何可行的时候，应该为与终端用户和室内相关的预期变化创建相应的草图。预期拓展的区域的草图则应该采用单独的覆盖层（见图 9.11）。一系列覆盖层可以展示预设场景布置下的照明变化。有关建筑细节的草图和定制设计灯具的原理图也应该在概念化过程中创建。

多种选择

在专家研讨会期间，团队通常会制订几种照明方案，以便展现给客户，供其选择。原理设计阶段是明确客户喜欢哪一个照明设计的最佳时期，因为这个阶段，所有内容可以被轻松地修改。

当项目进行到原理设计和设计开

一分钟学习指南

1. 解释如何为程序规划阶段收集的数据作分析。
2. 描述如何开展专家研讨会。

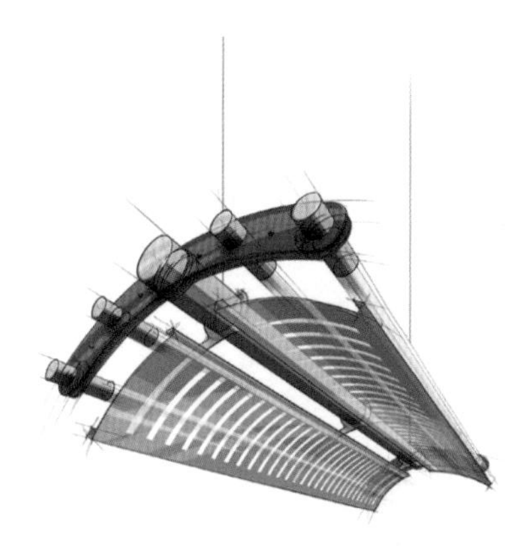

图 9.9(a) 灯具的草图。可以在专家研讨会期间讨论装置的设计和所做的改变。（SPI Lighting 照明公司，2016）

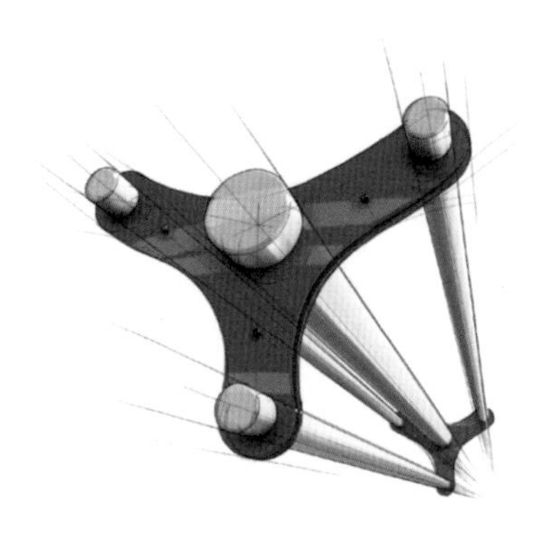

图 9.9(b) 可以在专家研讨会期间探讨的灯具的另一草图示例。（SPI Lighting 照明公司，2016）

图 9.9(c) 一幅在空间内安装的灯具的草图，使设计师的概念可视化。（SPI Lighting 照明公司，2016）

图 9.9(d) 为另外一些空间绘制的灯具草图，为灯具的设计及其最佳应用提供更好的理解。（SPI Lighting 照明公司，2016）

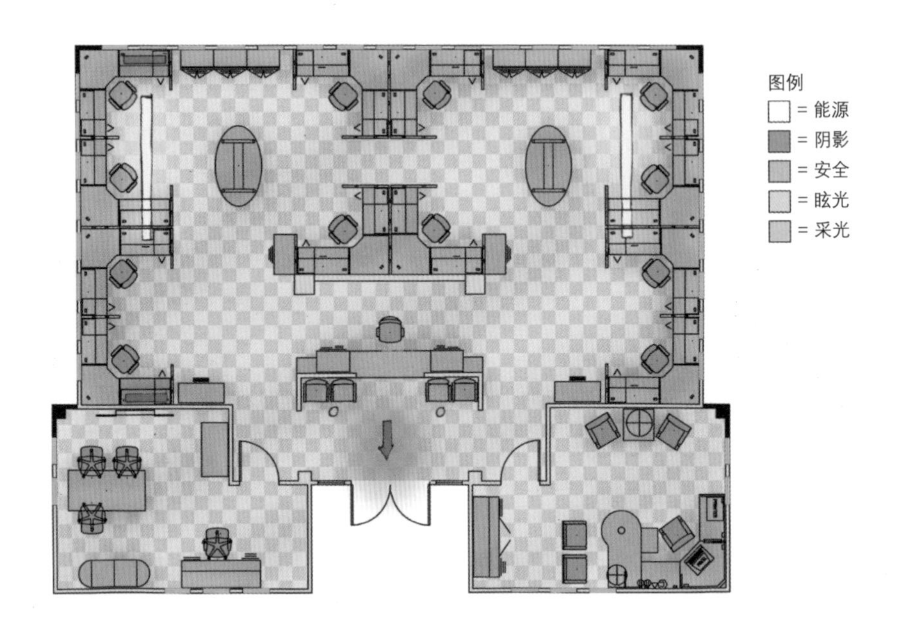

图 9.10 一幅平面图的覆盖层草图，展示使用符号方案来指出安全、能源、眩光、采光和阴影方面的问题。

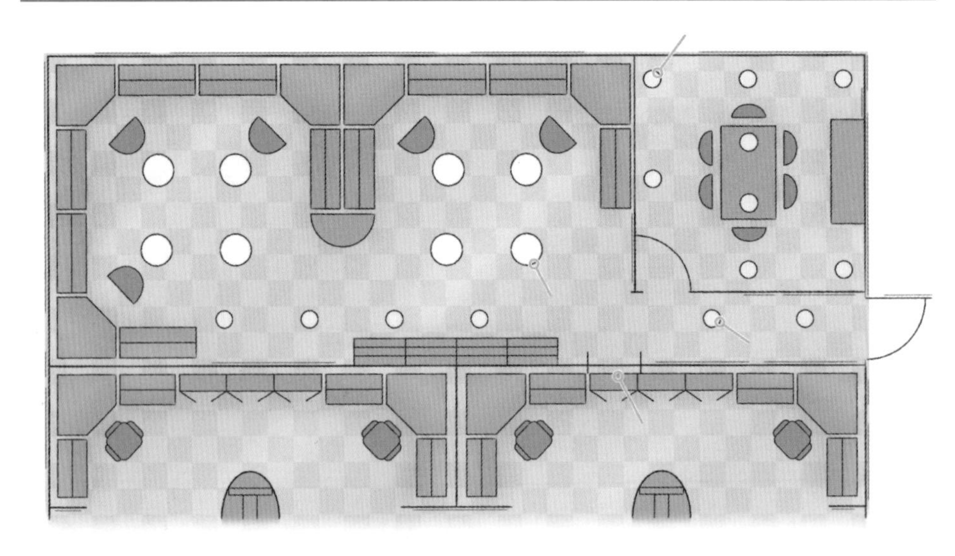

图 9.11 一幅平面图的覆盖层草图，展示预期拓展的区域和潜在的照明需求。

发阶段，再做出改变就会产生高昂的设计费，甚至完全不可行。向客户展现的不同选项可能是不同的方向，比如采用不同的照明方式、不同风格的灯具、不同价位以及采用不同时间表的方法。

设计开发

设计开发阶段为构想创意创造条件。设计开发阶段的目的是解决概念照明设计方案的细节，生成演示媒体和规格参数，获得客户的认可。

概览

设计开发阶段在客户认可原理设计阶段展示的概念之后。这一阶段的任务对于项目的成功至关重要，因为阶段成果将用于与客户、承包商、制造商和供应商建立合同协议。因此，对与照明系统相关的细节进行透彻思考和调研是很重要的。

室内设计师和照明设计师还应该确保客户完全理解和认可了照明设计、照明对环境产生的预期影响以及正确的操作和维护实践。

筛查项目细节需要对每一个房间的照明系统进行彻底的检查。需要考虑的变量包括灯源、灯具、控制器、采光、电源、安装步骤和维护方式。

项目细节

从制造商、供应商和零售商那里收集信息的完整方法包括获取照明系统的准确价格，价格包括装备结构型单元或定制设计灯具的材料费和人工费用。

应该首先确定那些需要指定照明参数的具体灯源，因为光源的特征决定所产生的照明效果。

例如，如果项目需要特定的光束扩展或者能源节约，就必须选用特定的灯源来满足项目的照明判据。选过灯源后，才能进行调研并指定适用于这种灯源的灯具和控制器。

演示媒体

整个项目的详述与更新可以作为基础，用于开发演示媒体和制定照明设计的要求。设计团队应该决定最合适的演示图纸和规格参数。

常见的图纸包括一张带有照明覆盖层的平面图、一张顶棚反向图、立面图、照明细节图、透视图和三向投影视图。这些图纸可以是手绘，也可以是使用 CAD 或 BIM 软件设计出来的。

照明软件程序可以展示虚拟的室内渲染图，并且可以在照明系统或室内属性上轻松做出快速调整（见图9.12）。

例如，室内设计师和照明设计师可以为项目做出一个虚拟的房间，房间带有精确的尺寸、建筑细节、表面颜色、材质、采光和建议的照明系统。软件还会展示，在空间特征决定的参数内，照明系统会对室内产生怎样的影响。

向客户展示虚拟的照明设计时，可以通过即时改变照明方法、灯源、灯具、安装点或室内特征，探索多种解决方案。这种工具可以提供极大的帮助。另外，通过较快地连续看到多种选项，帮助客户决定哪一种是最适合项目的设计。

图 9.12 Radiance 软件创建的一个室内模拟图。注意软件能够展示光照和阴影的强度变化和指向性路径。（Graeme Watt [1999] g.watt,btconnect.com.）

规格参数

图纸必须与规格参数中提供的细节保持一致。例如，照明方案图上的灯具必须与规格参数中描述的尺寸一致。灯具的数量和类别也必须保持一致。图纸上的标记有助于解释照明系统的复杂参数细节。

弄清规格参数的细节，包括调研可能帮助制定和安装特殊照明系统时需要的专业知识。专家可能没有时间到项目所在的位置，这就需要花高额的费用从其他地方聘请专业人员。通常在采用新型科技时会遇到这个问题。

向客户演示技术信息需要一本手册，比如一本工作或项目笔记本，可以将材料以专业的方式编排在一起。工作笔记本应该在演示过程中给客户，其中可以包含一系列文档：

- 概念陈述、图纸及照明规格参数；
- 制造商的布线图、定制设计灯具的图纸及饰面样品；
- 详细的预算估计、修订后的咨询费用及竞标建议费用；
- 维护指导、调试建议及计划时间表。

基于客户的反映，可能还需要对照明设计做出修改。在客户完全同意照明设计后，方可开启合同文件阶段。

经过客户认可后，设计师为照明规格参数提出建议，并将信息提交至已注册的专业人员处，以供检查和最终决定。已注册的专业人员，比如建筑师和工程师，通过绘制工程图纸，确定规格参数、截面图、布线图和采购订单，开启合同文件阶段。

有关 LEED 认证

如何在设计过程中的每一步应用与 LEED 认证相关的任务检查清单，从项目规划到设计开发，见表 9.5。

章节概念→专业实践

这些项目基于大脑学习过程的规律——一项研究大脑如何运行和学习所形成的理论（见前言）。这些项目可以独自完成，也可以进行分组讨论。

思维导图

思维导图是一种头脑风暴的技巧，它可以帮助你理解概念。创建思维导图时，可以画几个圆圈代表每一个概念，用线连接表示不同概念间的关系。用最大的圆圈表示最重要的概念，用最粗的线条表示最牢固的关系。文字、图像、颜色或其他视觉手段都可以用来代表概念。发挥创造力！

回顾与认证 LEED 项目相关的四个主要步骤：注册、应用过程、回顾、认证。创建一个思维导图，包含 LEED 认证步骤（最大的圆圈内）及它们的要求（在小一些的圆圈内，通过图像、颜色或其他视觉装置呈现）。

一分钟学习指南

1. 描述设计开发阶段的任务。
2. 你认为哪一种用于展示照明设计的演示形式更有效，为什么？

有关 NCIDQ 考试

仔细检查图 9.8 中的顶棚反向图草图，并对以下问题做出回复。

- 指出每种灯具的类型及数量。
- 指出通常不会再改变或重置的内容。
- 指出你建议重置的灯具。
- 对于空间的使用目的及空间的用户来说，目前的照明看上去是否有效，为什么？
- 指出你会如何在空间内增加周围照明、任务照明和重点照明。

互联网探索——专家研讨会

连接国家专业研讨所（NCI）的网站（http://charretteinstitute.org），查看 NCI 的在线研讨会，列于“存档（Archives）”内。选择两场研讨会来观看，并对每一场会议作出书面小结，其中包含示例，解释在线研讨会中讨论的主题如何被用于照明项目。

表 9.5 LEED 相关任务——项目规划至设计开发

设计过程	LEED 相关任务
项目规划	● 选址应该包括检查采光概率与挑战。尽早通过绿色建筑认证委员会（GBCI @ www.gbci.org）注册项目，并支付注册费用。 ● 确定项目团队申请的 LEED 认证（白金级、金级、银级、认证级）。 ● 通过 LEED-Online 在线程序完成 LEED 文档提交。为所需的文档提交步骤开始搜集信息、进行演算。 ● 确定调试权限
程序规划	● 通过 LEED-Online 在线程序完成 LEED 文档提交过程。确定所有人的项目要求。 ● 为所需的文档提交步骤搜集信息、进行演算。 ● 搜集采光信息、用户特征、活动内容，了解灯具、灯源、控制器、玻璃、窗户和用于控制阳光的产品的制造商。 ● 确定照明产品是在本地生产，并且是采用可回收材料和（或）快速可再生材料制成。 ● 获取参照标准，例如 ASHRAE/IESNA 标准 90.1、IES 手册、能源之星（ENERGY STAR）。 ● 通过使用逐空间法或全建筑照明功率裕量来确定照明功率密度的方法。 ● 明确使用自然光照的区域，以及与照明系统相关的建筑再利用（墙面、顶棚系统等）。 ● 明确将可回收灯具和其他与照明系统相关的产品（墙面、顶棚系统等）重定向的方法。 ● 明确可以再利用的灯具和照明系统，决定翻新的必要性。 ● 明确低辐射油漆和涂料。 ● 明确能够使人控制照明和温度的产品
原理设计	● 通过 LEED-Online 在线程序完成 LEED 文档提交过程。 ● 为所需的文档提交步骤搜集信息、进行演算。 ● 查看所有人的项目要求，探索不同的选项。 ● 探索不同的方法，从站姿和坐姿的位置获得景观的最大采光值。 ● 在设计得分点中探索创新的想法
设计开发	● 通过 LEED-Online 在线程序完成 LEED 文档提交过程。为所需的文档提交步骤搜集信息、进行演算。 ● 制定采光和照明系统的初始方案。 ● 各团队提交初步查看材料。最终查看为可选项。 ● 开发并实施调试方案，包括照明和采光的控制器

来源：USGBC (2013).《室内设计与施工 LEED 参考手册》. 华盛顿特区：美国绿色建筑委员会 .

一分钟学习指南 

将你在“一分钟学习指南”中的回答汇编成一本“学习指南”。对比你的回答与本章中的内容。你的回答准确吗，有没有错过什么重要的信息？你觉得你是否需要重读某些部分的内容？另外，利用“关键术语”列表来测试自己对于每个术语的掌握程度，然后再在本章内容或词汇表中查找相关释义。把难记的术语及其释义加进你的“学习指南”。相应地，完善你的回答，然后创建第九章“学习手册”。

章节小结

- 规划的首要目标是为项目建立一份简介资料，并明确实现项目目标所需的资源。
- 程序规划阶段包括搜集信息，有关终端用户、空间的物理特征，以及适用的规范、条例、法规。
- 获取有关终端用户和室内的信息的有效方法包括采访、调查和实地考察。
- 程序规划包括访问项目场地，并创建有关灯具、灯源、控制器、电气插座、采光、建筑特征、房间配置、家具、颜色和材料饰面的详细目录。
- 原理设计阶段包括分析在程序规划阶段获得的结果，然后为照明方案创建初始设计概念。
- 专家研讨会应该包括书面点评与草图，探索所有可能解决照明问题的方案。
- 设计开发阶段的目的是解决概念照明设计方案的细节，生成演示媒体和规格参数，获得客户的认可。
- 向客户演示技术信息需要一本手册，比如一本工作或项目笔记本。

关键术语

charrette 专家研讨会

postoccupancy evaluation 使用状况评价（POE）

reflected ceiling plan 顶棚反向图（RCP）

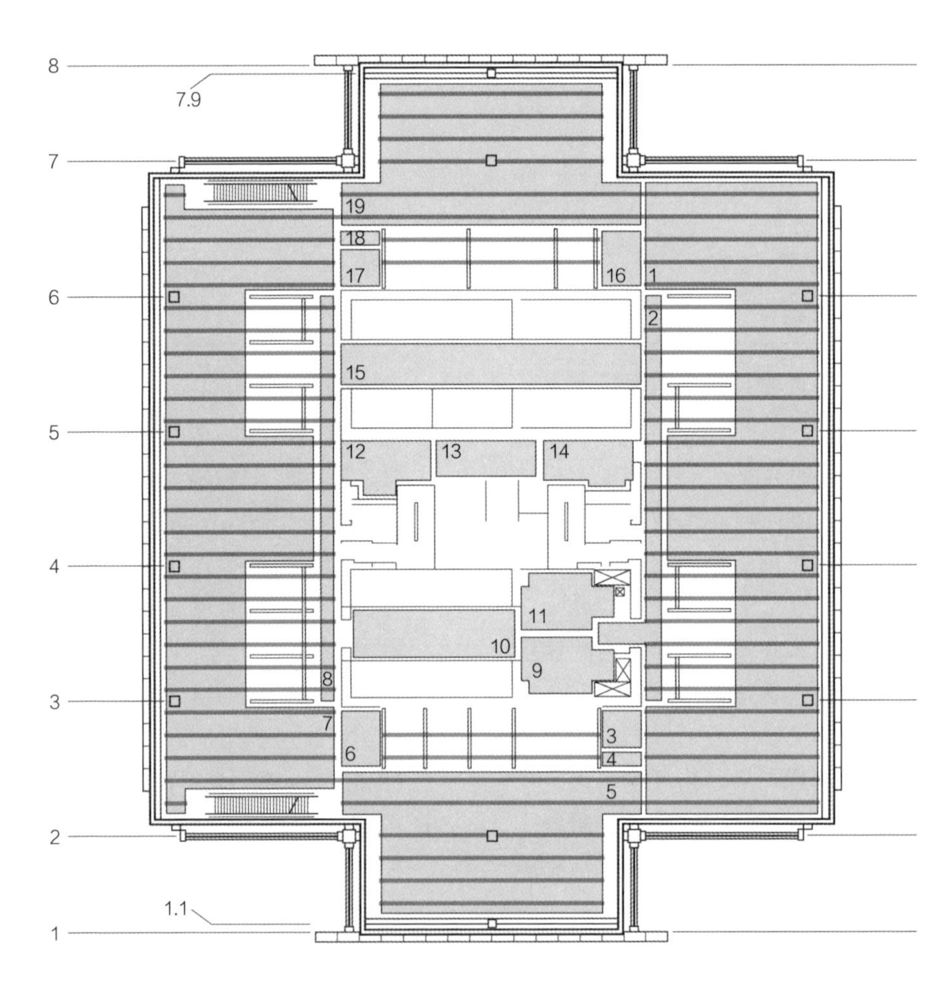

8
7.9
7
6
5
4
3
2
1.1
1
19
18
17
16
1
2
15
12
13
14
11
10
9
8
7
6
3
4
5

第十章 照明设计过程：从合同文件到使用状况评价

目标

- 明确用于展示照明设计的工程图纸。
- 描述照明工程图纸和规格参数中应该包含的细节。
- 描述常用于照明设计的合同。
- 明确与照明项目的合同管理相关的任务。
- 理解使用状况评价的目的，以及如何在照明设计中应用这个过程。
- 理解设计过程最后阶段与 LEED 认证之间的关系。

照明设计过程的最后阶段包括开发合同文件、合同管理和评估。这些阶段可能会让人产生压力，但也让人振奋，因为经过这些阶段后项目就完成了。如第九章中回顾的内容，这些设计阶段及本书中的其他内容都与 NCIDQ 考试的内容范围有关（见表 9.1）。

由于这些阶段不涉及创新过程，设计师往往对这些工作没什么热情。不过，中级阶段对于照明设计的成功是至关重要的，由于这些工作也是客户会记住的最后的项目经历，形成一个积极的最后印象也是关键。因此，必须分配足够的时间来开发准确的文档，实现一致的沟通，认真地监督、把控并有效地解决问题。

合同文件

室内设计师或照明设计师应与客户、供应商、承包商和零售商签订具有法律约束力的合同（其中包含与项目有关的多个条目）。合同文件包含工程图纸和书面规格参数。

记住，建筑设计、工程设计与室内设计公司会有偏好的图纸、规格参数和合同格式。另外，每个公司可能会有员工专门负责特定文件，比如规格参数或采购订单。因此，本章中的内容旨在对照明设计过程最后阶段中涉及的步骤和合同要求做出指导。

工程图纸

工程图纸或施工图纸是照明系统的图示，用于补充说明规格参数，也就是照明系统的书面参数说明（见图10.1）。工程图纸与书面规格参数是预订产品，安装布线，确定灯具、电源插座和控制器位置的基础。

不同于设计开发阶段做出的演示插图，工程图纸具有法律效能。因此，工程图纸必须经过精确测量，要详细绘制，并且展示出符合当地法规的设计方案。对原始规格参数做出改变可能会产生高昂的费用或造成延期，并且会在施工和安装过程中造成问题。

照明设计的工程图纸需要与机械、管道和结构系统协调创建。法律规定已注册专业人员，例如建筑师和工程师，必须在工程图纸和规格参数上盖章，以确认这些内容符合标准。因此，室内设计师或照明设计师所绘的图纸必须交由已注册专业人员来检查和进一步开发。

为了保持照明设计的初衷，室内设计师或照明设计师应该先要求审核工程图纸，再提交图纸至当地的建筑部门，参与合同收尾、金融机构或竞标过程。

平面图与调度

常用的工程图纸有照明平面图、电器平面图及顶棚反向图（RCP）。图纸还会包括立面图、透视图和明细图。照明平面图指出照明元素及它们在空间中的位置；而电气平面图指出电气单元及它们在空间内的位置。照明和电气平面图则是明确照明和电气单元在空间中位置的图纸。有关照明系统的具体细节会在照明调度和一般注意事项中列出。

复杂的结构需要做出单独的照明平面图和电气平面图。不过，用于住宅和小型商业建筑的图纸通常只用一张平面图，一并展示照明和电气要求。

图纸的制作格式包括尺寸规格，应该与其他相关项目专业人员协调后确定。图纸可以印在网格纸上，或者在任务笔记本中展示。

通过CAD软件生成的照明平面图通常由图层开发，使得设计师可以检验照明与其他项目元素之间的关系。例如，可以一起查看照明平面图与暖通系统，确保空间元素没有重叠。

对电气平面图和家居布置作出评价，有助于确保可移式灯具在电源接触范围内。交叉引用任何工程图纸上的细节都必须记入规格参数中。

图纸惯例

工程图纸上的符号图例是描述设计中灯具、布线规格、开关系统和电源类型的关键，通过符号和缩写来描

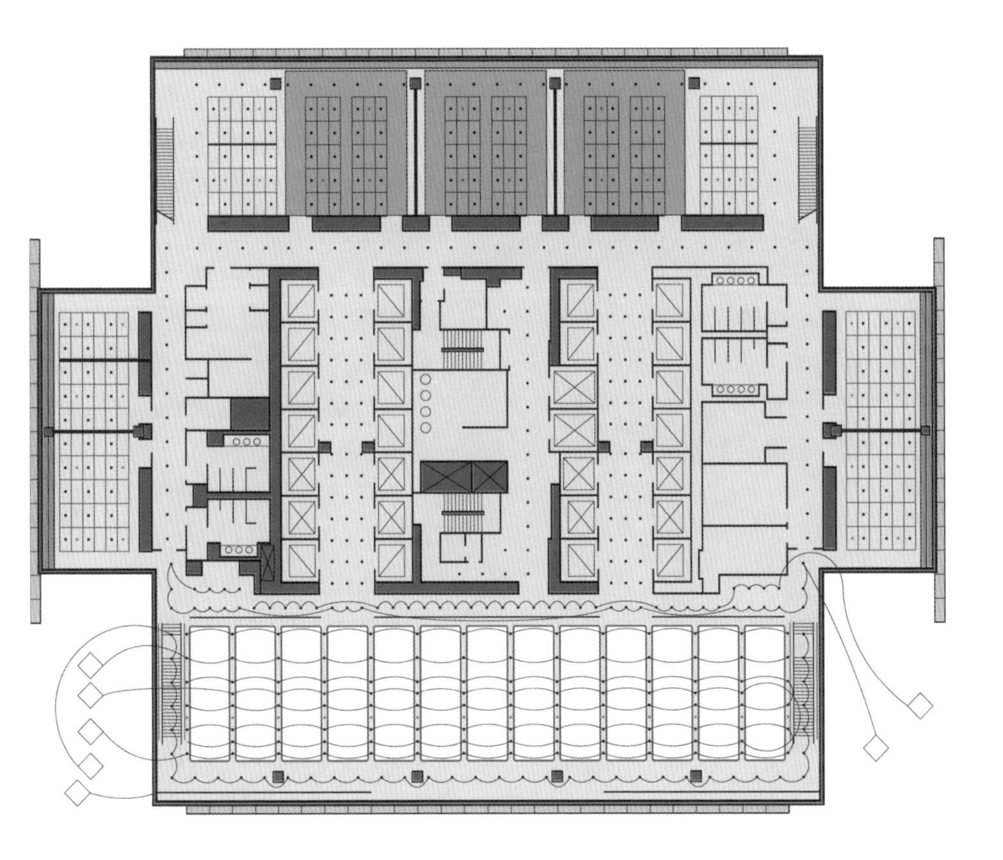

图 10.1 《纽约时代周刊》大楼第十五层楼的照明平面图，大楼由 SBLD 工作室设计，位于纽约市曼哈顿。

述复杂的细节（见图 10.2）。为了在建筑行业推广标准化作业，美国建筑师学会（AIA）的一个特别工作组开发出一系列通用符号和缩写，用于建筑的工程图纸。

这些符号也被用在照明设计的工程图纸上，例如转门效果和机械系统。如图 10.3 所示，照明平面图包含灯具、开关和控制回路的位置。

另外，一些特定的符号是专用于电气平面图的，包括方便出线口、开关出线口、附属单元、一般出线口、数据引线、语音（数据）引线及开关布置。

单孔电源插座出线口
双孔电源插座出线口
四孔电源插座出线口
带有接地故障断路器（GFI）的双孔电源插座出线口
专用电路出线口
220 伏专用电路出线口
电话出线口
数据引线
语音（数据）引线
安保读卡器
壁钟出线口
地面双孔电源插座出线口
地面四孔电源插座出线口
地面电话出线口
地面数据引线
地面语音（数据）引线
地面专用电路出线口
电线杆

图 10.2(a) 电气图例。（NCIDQ）

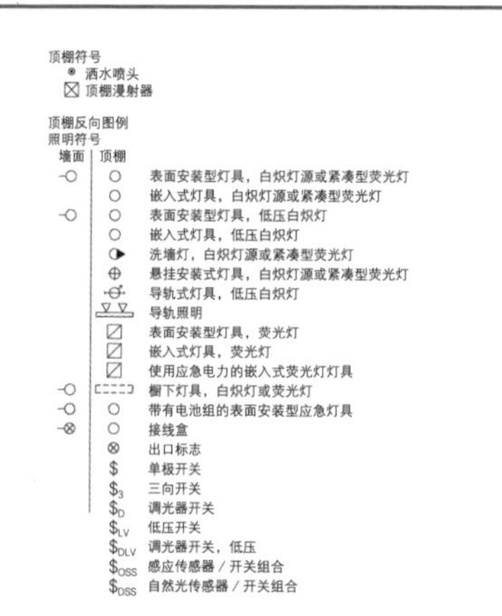

图 10.2(b) 顶棚符号与顶棚反向图例。（NCIDQ）

灯具应该按比例绘制，并在图纸上用相似的形状来代表灯具。复杂的图纸可能没有足够空间展示按比例绘制的灯具。在这种情况下，可以采用字母与下标来明确特定的灯具，用一个圆圈或六边形围绕字母来表示。再在图例中列出代表灯具的符号和相应的简短描述。

尺寸线和笔记可以用于明确灯具的准确尺寸和位置。度量始于灯具的中心（O.C.），止于固定的建筑元素，比如室外墙面的表面、窗间立柱或者一个分区的中央。在同一个房间内，通过度量建筑元素与每个灯具的中心的距离可以获得多个灯具的间隔。

平面图还可以包含位于垂直平面上或悬挂于顶棚的灯具的安装高度。位于垂直表面上的灯具，比如墙面或立柱上，其安装高度是从完工地面（AFF）至灯具中心（O.C.）的距离。悬挂式灯具的距离是从 AFF 至灯具底部的距离。

开关布置通过适用的开关符号和控制回路来展示。如图 10.3 所示，控制回路始于开关，止于被开关控制的灯具。照明平面图上的控制回路是曲线，而在电气平面图上则用直线代表走线分布。

家具考量

在任何可行的时候，都应该在照明平面图内说明家居布置，在照明平面图上使用覆盖层、图层或者

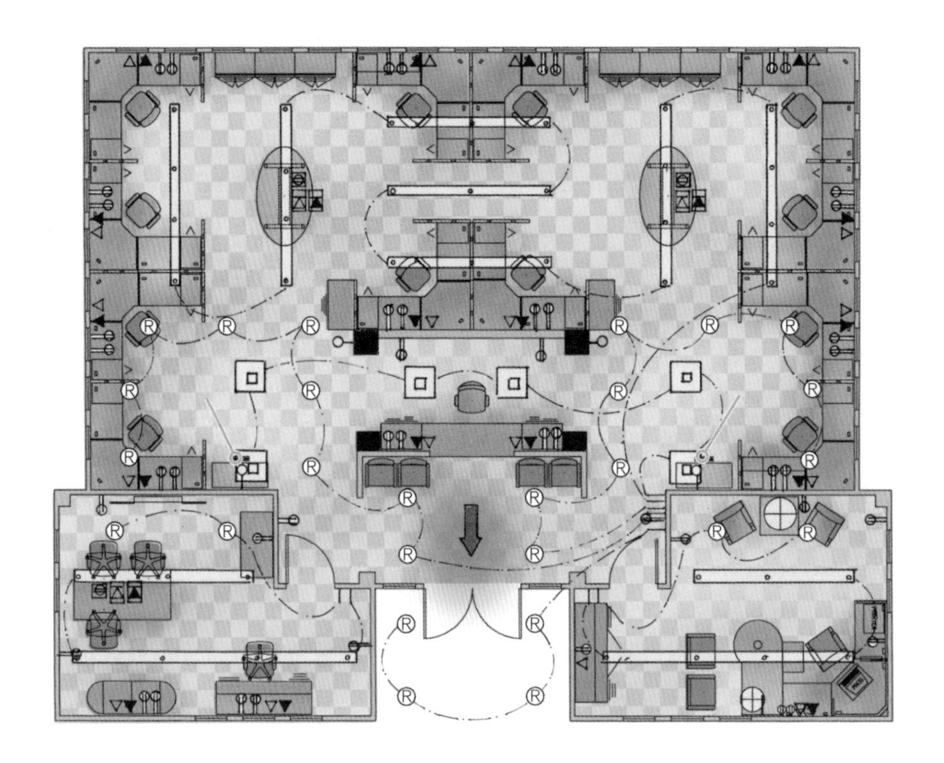

图 10.3 指出灯具、开关和控制回路位置的照明平面图（见图 10.2(a) 与图 10.2(b)）。

单纯定位家具。将家具的位置与照明平面图相结合可以有助于确保灯具已经为特定任务或为完成预期使用目的被置于精确的位置。

明确灯具的准确位置必须考虑不同尺寸的家具、房间内物件的数量及空间的布置方式。例如，为了确保枝形吊灯位于餐桌的正上方，最好先在平面图上摆放好全部的家具后再决定灯具的位置。家具的尺寸和位置也会影响用于特定目的的灯具位置，比如用于突出艺术品的灯具。

电气平面图

电气平面图可能非常复杂和专业。如同所有其他的工程图纸一样，这些文件必须得到已注册专业人员的认可。通常，室内设计师或照明设计师只会被要求描述照明设计，在这之后由工程师决定功率要求。

一分钟学习指南

1. 明确图 10.3 中灯具的类型。
2. 描述电气平面图与照明平面图的区别。

电气平面明细图展示从电气设备操作面板到建筑中的全部设备的布线，其中就包括照明系统。在电气平面图中，与照明系统相关的元素包括灯具、开关、电源插座、接线盒和辅助单元(见图 10.4）。

如上文中提到的，小型商用建筑和住宅建筑通常会带有一个单独的平面图（照明或电气平面图），结合电气和照明的规格参数。这样的平面图包含灯具、开关、电源插座、辅助单元、接线盒和控制回路的位置（见图 10.5）。

室内设计师或照明设计师除了推荐适合的照明系统，还应该对开关、传感器和电源插座的位置提出建议。这些元素的位置会显著影响人们在空间内活动的舒适度。

如第五章中讨论到的，开关与电源插座应该置于能够反映通用设计原则的位置，而且符合人们在空间中活动的规律。开关应该置于门锁边，以及其他房间或空间内方便使用的不同位置。

电源插座

电源插座应该从不同位置都方便使用。因为在施工阶段安装插座很便宜，应该通过功率需求决定插座的数量，而不是采用标准化布局。

应该安装足够的插座以满足全部可移式灯具的供电，而不需要延长电线、插座适配器，或者将灯具的电线拉出很远的位置。

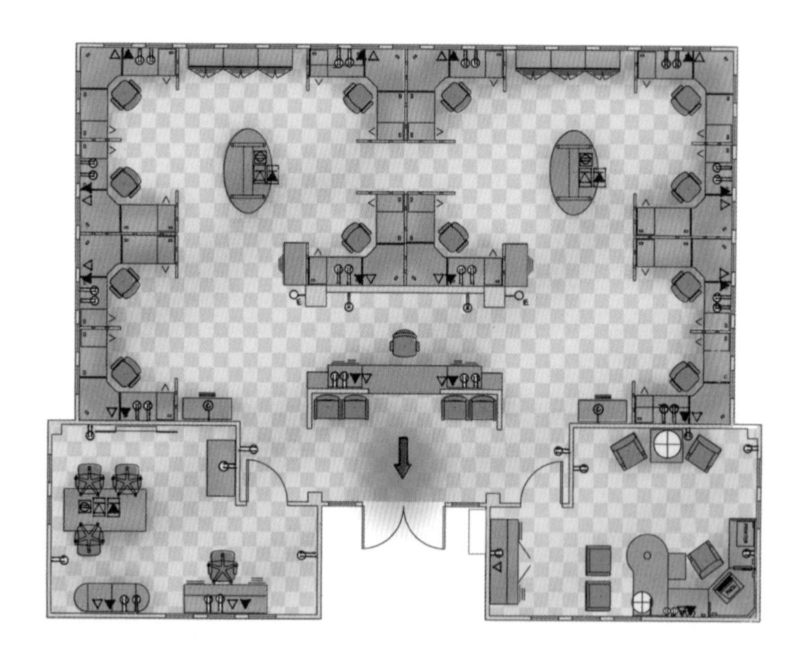

图 10.4 包含电源插座、接线器、附属单元、家具和电话（数据）出线口位置的电气平面图（见图 10.2(a) 与图 10.2(b)）。

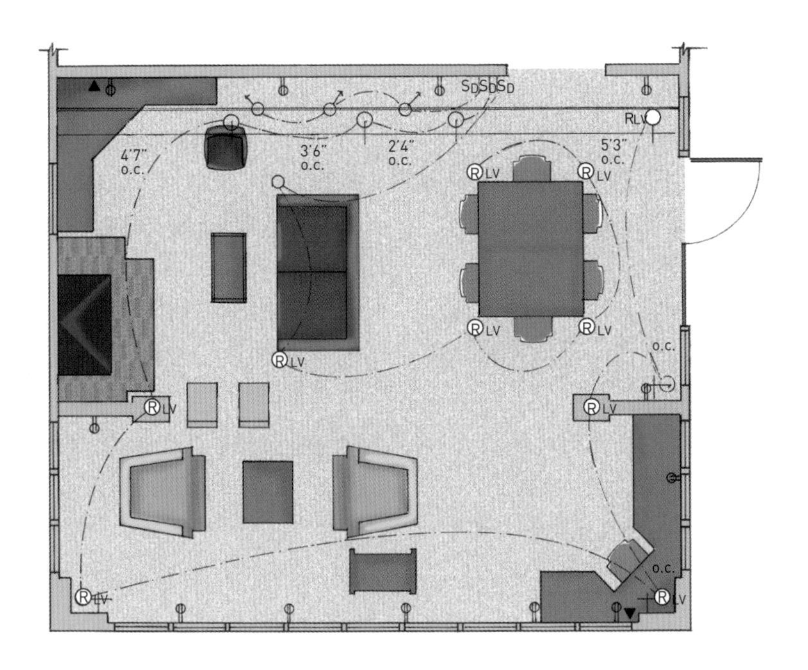

图 10.5 包含灯具、开关、电源插座、控制回路和家具位置的起居室照明（电气）平面图（见图 10.2（a）与图 10.2（b））。

电源插座的位置还应取决于垂直平面的配置和家具摆放的位置。例如，电源的位置应该与壁炉、内置橱柜或艺术品的位置相协调。

通常，电源插座不应该在墙面的中间，因为电源插座接上电源的电线后会成为一个视觉焦点。另外，如果有大件的家具，比如餐厅里的断层式橱柜或书架，被置于插座前面，那么插座就无法发挥作用。

因此，电源插座的位置还应该考虑到家具的摆放位置。在那些家具位置与墙面有一定距离的房间里，设置插座的位置是个极大的挑战。对于这个问题，常见的解决方案是采用地面电源插座。在电气平面图上，从插座延伸出来到固定位置的建筑元素的尺寸线，就是表示地面电源插座的位置。

因为电源插座和开关是室内的元素，它们也应该与环境的风格、颜色和装潢相配。开关和插座的规格参数信息应该包含能够增强设计理念的产品推荐。

顶棚反向图（RCP）

顶棚反向图（RCP）通常包含在工程图纸内。这个平面图就是人们在平铺在地面上的镜子中能看到的画面。它展示顶棚的设计，包括灯具、建筑元素、传感器及任何暖通设备的位置。

顶棚反向图有助于分析水平表面的功能部分和美学部分。

从功能上来说，顶棚反向图可以帮助决定灯具的位置是否能适应房间内人的活动，而且不会干扰到其他顶棚面上的结构元素。

从美学角度而言，顶棚的呈现会影响室内空间的设计，尤其是在顶棚高的空间内。另外，顶棚反向图可以帮助室内设计师视觉化室内布置在突出元素和设计原则方面的效果。

顶棚反向图的设计图纸包括灯具、开关、控制回路、顶棚瓷砖、传感器以及其他与顶棚相交的元素的位置（见图 10.6）。这些元素可能包含分区、加热风管、漫射器、裸露的横梁、立柱、扬声器、天窗、檐板、凹槽、挑檐、喷淋头、应急灯、出口标志和其他标志。

顶棚的材料和顶棚高度的改变也应在平面图上注明。一些平面图会包含具体的灯具细节，比如灯源瞄准方向、感应控制区域、自然光调光区域（见图 10.7(a) 和图 10.7(b)）。

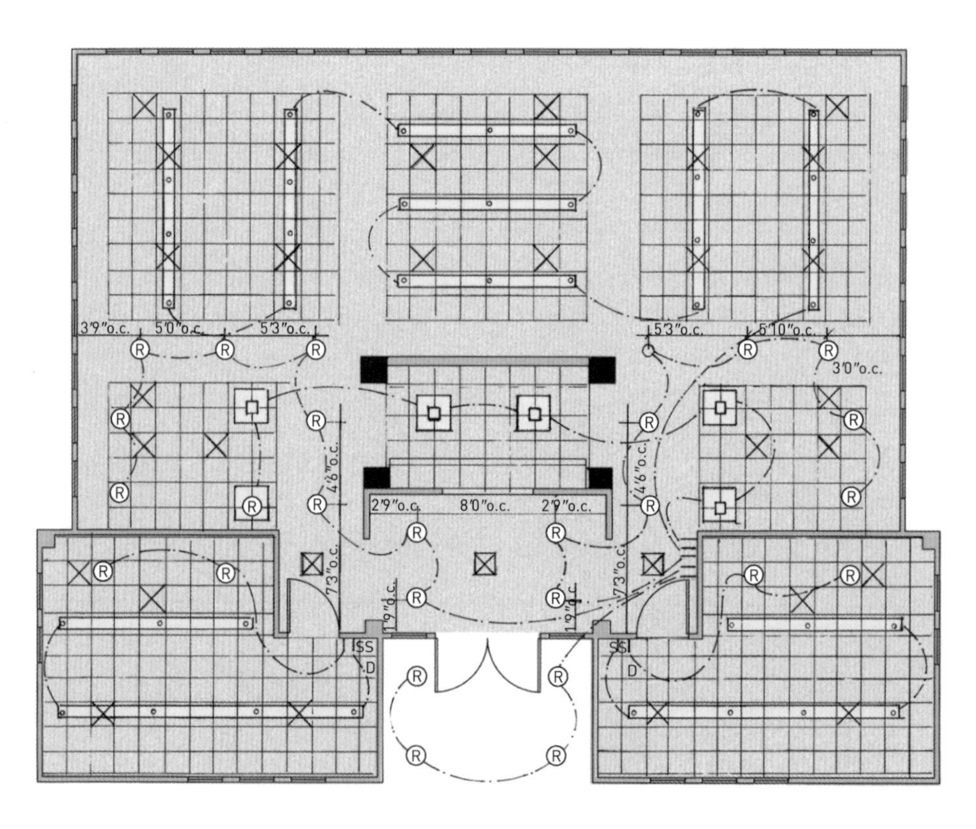

图 10.6 包含灯具、开关、控制回路、顶棚瓷砖以及与顶棚相交的其他元素的位置的顶棚反向图（见图 10.2（a）和图 10.2（b））。

灯具的位置应该标出尺寸，采用照明平面图中使用的方法。不过，如果灯具位于一片顶棚瓷砖的中央，就不一定要画尺寸线了。顶棚瓷砖的布置应该突出顶棚的形状和尺寸。如果需要的话，可将局部瓷砖置于沿着房间周界的位置。

立面图与明细图

立面图测量所提供的视图包括灯具的布置，以及其他会影响墙面视觉构图的元素（如家具、物品、窗户或建筑特征）。立面图尤其适合展示墙面安装型灯具、传感器、光架、窗帘箱、凹槽或挑檐。

组合式照明系统（如书柜、挑檐或橱柜），其工程图纸需要详细说明。明细工程图纸必须向加工厂商和安装者表达出精确的信息。

与比例图一样，明细图指出组合型系统中包含的全部元素的准确尺寸和位置，这些元素包括灯源、灯座、镇流器、变压器、结构元素、回风槽、挡板、反射器、玻璃、通道、电缆、支架、接线、投影仪和机械支撑（见图 10.8）。明细图上的标注包括尺寸、材料规格、饰面、涂漆颜色和施工方法。

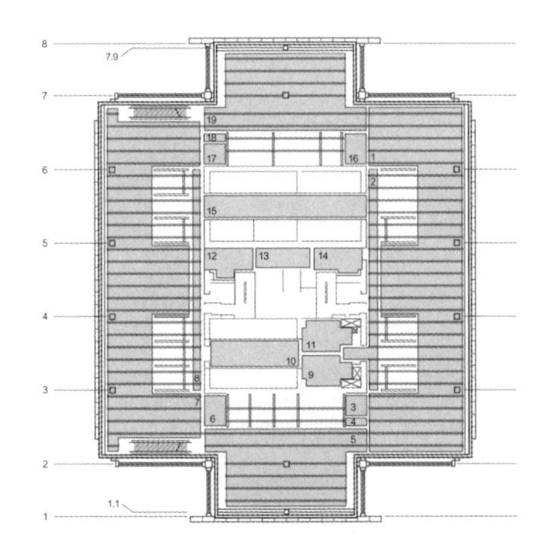

图 10.7(a) 位于纽约市曼哈顿，由 SBLD 工作室设计的纽约时代周刊大楼，第十九层楼的感应控制平面图。这张平面图中有 19 个分区。

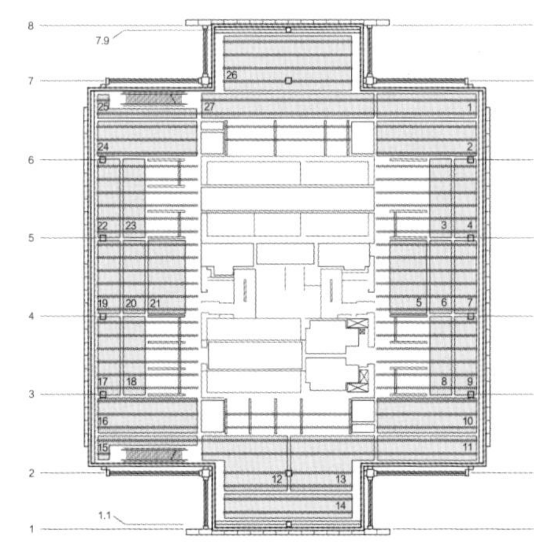

图 10.7(b) 位于纽约市曼哈顿，由 SBLD 工作室设计的纽约时代周刊大楼，第十九层楼的自然光调光平面图。这张平面图中有 27 个分区。

规格参数

书面照明规格参数用于补充工程图纸,也是重要的合同文件内容。通常,规格参数中提供的信息是优先于工程图纸中交叉引用的细节的，因此，规格参数必须精确、全面,而且采用清晰、简明的方式书写。

照明规格参数可以包含在家具、装潢和设备（FF&E）文件中。为了帮助开发细节上精确的规格参数，国际照明设计师协会（IALD）出版了一本名为《规格参数完整性指南》（*Guidelines for Specification Integrity*，2009）的手册。其中的主题包括：

- 优质规格参数的基础元素；
- 设计、施工文件、投标与施工阶段中的行为；
- 特殊项目类型，包含国际项目的附加考量（IALD，2009）。

另一个书写照明规格参数的资源是 MasterFormat。在这个规格参数格式中，照明被分为电气分支内的一个细分部分。

合同管理

合同用于开启项目的施工阶段。室内设计师或照明设计师为不同的个人和企业准备合同,合同应包括客户、制造商、供应商、加工商、零售商、独立承包商和手艺人的相关信息。

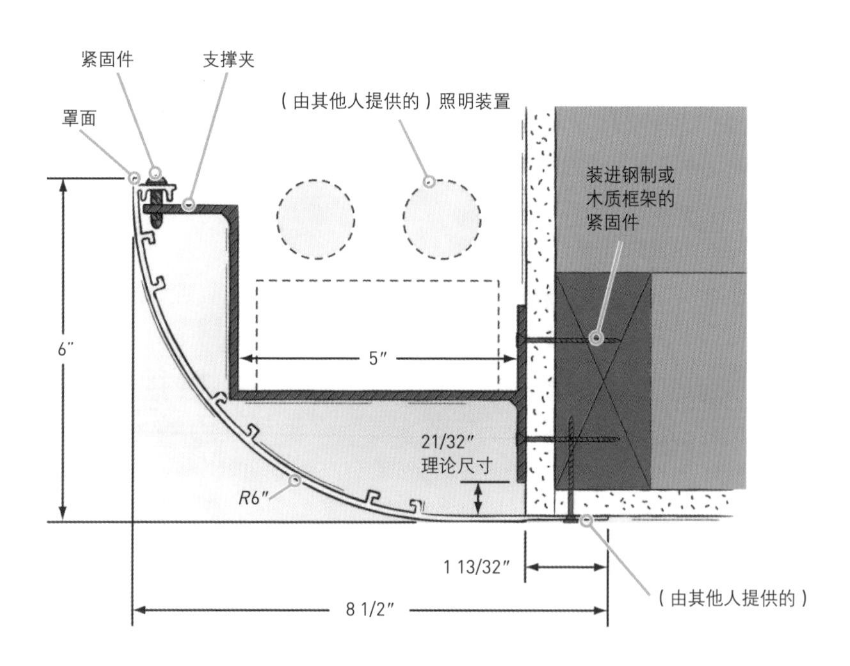

图 10.8 向加工商和安装者表达出精确信息的明细工程图。

合同与实施

合同可以定制，也可由不同专业组织提供。室内（照明）设计师使用的任何合同都应该经过律师的检查和认可。

设计师在一个项目上投标、请求服务或采购产品时，通常将协议书作为室内（照明）设计师与另一方之间的契约。协议书还可以明确设计费用、单位定价、送货费用、运输说明、时间表以及其他条款或适用条件。

施工阶段

室内（照明）设计师可能会涉及与施工阶段相关的几项活动，包括检查文件、采购产品、项目管理、监控成本、实地监督和调试。

施工阶段是照明设计过程中的一个关键阶段，因为这阶段完成的工作会影响设计的质量和完整性，因此，室内（照明）设计师应积极地参与到这个阶段中。

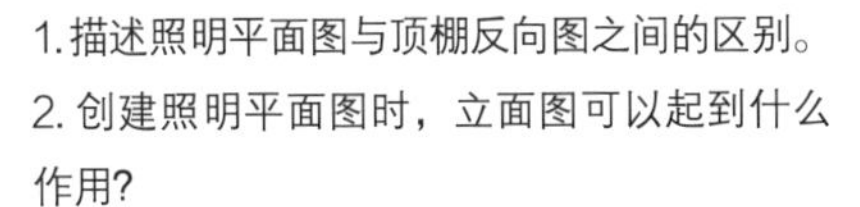

一分钟学习指南

1. 描述照明平面图与顶棚反向图之间的区别。
2. 创建照明平面图时，立面图可以起到什么作用?

施工的结果应该反映设计理念、工程图纸和规格参数。

通常，监控施工项目需要着重关注服务和管理。将品质时间用于施工管理，可以向客户展现设计师的高度专业和承诺。这些留给客人的积极印象也会增强客户忠诚度。

施工后

照明系统得到理想的完工和调试之后，室内（照明）设计师可以协助调度入住和现场监督。入住时有设计师在场，会有助于确保家具、艺术品和其他物件不会干扰传感器，而且传感器被置于正确的位置，用于具体的任务或实现理想的照明效果。

入住完成后，设计师应该向客户交付一系列文件，包括产品保修、操作建议、维护手册、调试报告以及对未来变化作出的建议。

操作建议应该包括与使用照明系统相关的全部信息，比如为控制器编程、调节灯具和传感器以适应不同的用户、自动窗帘、最大功率，以及用于瞄准和聚焦的说明。

维护手册应该包括灯源更换建议、替换说明、重新调试政策，以及用于清洗透镜、饰面和灯具的方法。维护手册中提供的大部分说明都应该直接来自制造商的产品文件。

建议为具体灯具创建相应的灯源标签系统，以避免在为灯具更换灯源时使用不匹配的灯源。

对未来变化做出的建议应该包括为适应任务或室内环境的变化而对照明系统做出的调整，比如分区的改变、员工数量的增长，或者零售环境内展示内容的改变。

使用状况评价

使用状况评价（POE）的目的：

- 评价照明设计的有效性；
- 在任何可行的时候做出修改；
- 获取信息以用于改善未来项目。

住户入住后的回访对设计师来说是一个很好的机会。设计师可以通过回访了解新的终端用户是否熟悉照明系统的正确操作，以及灯具、控制器和感应器是否经过了精确的调试。

设计师应该在用户入住后不同时间多次展开回访。例如，设计师可以在用户入住后的第三个月、第九个月进行回访，然后再过至少一年之后，前往实地进行考察。两年后的跟进可以体现设计师对设计完整性的承诺。这样的回访也会带来新的工作，因为新工作可能围绕系统的升级或更新照明系统展开。

使用状况评价的首要关注点应该是决定照明设计实现项目目标的效果。通过对在照明设计过程的程序规划阶段收集的信息进行再次检查，可以作为使用状况评价的一个有效起点。

一分钟学习指南

1. 指出室内（照明）设计师在项目的施工阶段可能要做的三个任务。
2. 指出三个维护手册中应该包含的与照明相关的重要内容。

方法

用在调查和采访中的问题可以作为基础，确定用户对照明设计的满意度水平。使用状况评价可以包括与客户和终端用户的非正式讨论，或者也可以含有大量数据分析的正式过程。

实地考察也可以有助于评估人们与照明系统互动的效果。应该投入特别的关注，以确保自然光采集系统是正常工作的，而且人们满意光照水平、周围温度及系统控制任务照明的能力。

很多因素都可以确定合适的方法，包括终端用户的数量、项目的复杂性及照明设计的独特性。在确定合适的方法时，应该采用来自客户和其他与项目相关的专业人员的意见。

有关适用于终端用户和环境运行条件的评价方法，客户可以提供宝贵的见解。室内（照明）设计成为整个项目的组成部分，另外的专业人员（如建筑师或承包商）则可以开启使用状况评价程序。

想要确定整个项目的满意度水平，调查问卷通常使用综合的问题，如“你对照明的品质有多满意？”这个问题做出的回答，可以为整体满意度提供相关信息，但是它不能指出照明设计中的哪些元素是最令人满意的，或者是否存在照明问题。

在任何可行的时候，写下调查问卷或采访指南上的项目，采用的方法应该能够引出有关照明设计中不同部分或方面的特定信息和细节。

在使用状况评价阶段获得的结果可以为后续项目提供信息，从这个角度来说，照明设计过程是周期循环的。将这些信息与照明系统中的科技相结合，对于在未来设计出优质的照明环境来说，就是无价之宝。

有关 LEED 认证

如何在设计过程中的每一步应用与 LEED 认证相关的任务检查清单，从合同文件到评价，见表 10.1。

章节概念→专业实践

这些项目基于大脑学习过程的规律——一项研究大脑如何运行和学习所形成的理论（见“前言”）。这些项目可以独自完成，也可以进行分组讨论。

一分钟学习指南

1. 如何通过使用状况评价来评价照明的有效性?
2. 设计师可以如何利用使用状况评价的结果来改善未来的照明项目?

互联网探索

照明分析师股份有限公司（LAI）的建立，旨在通过使用微型电脑软件来预测建筑中的照明效果。访问公司网站（www.agi32.com），探索“画册（Gallery）”中提供的图像。通过回复以下内容来评价图像：

- 描述或草绘出软件如何渲染光照的分布；
- 描述或草绘出软件如何渲染自然光照；
- 描述或草绘出软件如何渲染阴影。

视觉还原

描绘图 10.5 中的图纸。指出起居室中的照明，并确定灯具是如何分布照明的。

一分钟学习指南

将你在“一分钟学习指南”中的回答汇编成一本“学习指南”。对比你的回答与本章中的内容。你的回答准确吗? 有没有错过什么重要的信息? 你觉得你是否需要重读某些部分的内容? 另外，利用“关键术语”列表来测试自己对于每个术语的掌握，然后再在本章内容或词汇表中查找相关释义。把难记的术语及其释义添加进你的“学习指南”。相应地，完善你的回答，然后创建第十章“学习手册”。

表 10.1 LEED 相关任务——从合同文件到使用状况评价

设计过程	LEED 相关任务
合同文件	● 通过 LEED-Online 在线程序完成 LEED 文档提交过程。 ● 为所需的文档提交步骤收集信息、进行演算。 ● 与照明、电气系统和控制器相关的施工文件。 ● 调试要求，包括照明和采光控制器，与施工文件相结合。 ● 在施工中期文件之前调试设计回顾。
合同管理	● 通过 LEED-Online 在线程序完成 LEED 文档提交过程。 ● 为所需的文档提交步骤收集信息、进行演算。 ● 检查承包商提供的有关已调试能源系统的文件，包括照明和采光控制器。 ● 为照明系统和控制器安装计量装置。 ● 确认已调试系统的安装与运行，包括照明和采光控制器。 ● 为已调试系统创建手册，包括照明和采光控制器。 ● 确认培训完成，并创建调试报告，包括照明和采光控制器。 ● 在施工完成后，提交全部试图得分的项目以供检查。
评价	● 通过 LEED-Online 在线程序完成 LEED 文档提交过程。 ● 为所需的文档提交步骤收集信息、进行演算。 ● 在投入使用和基本竣工后的 8 ~ 10 个月内，检查操作、监控已调试系统，包括照明和采光控制器。

来源：USGBC (2013).《室内设计与施工 LEED 参考手册》. 华盛顿特区：美国绿色建筑委员会 .

在地面平面图上用黄色的图案画出光照在空间内的效果（见图 10.3）。这些图案应该体现光照的分布与强度。

闪回关联

吸收知识的一个重要部分就是与之前学过的内容相连接。

通过连接本章内容与第九章中的内容来练习这项技巧：

- 为整个照明设计过程的各个阶段做一份小结；
- 描述整个照明设计过程中的各个阶段与 LEED 认证的联系；

章节小结

- 工程图纸或施工图纸是照明系统的图示，用于补充说明规格参数。工程图纸与书面规格参数是预订产品、安装布线、确定灯具、电源插座和控制器位置的基础。
- 常用的工程图纸有照明平面图、电器平面图、照明（电器）平面图及顶棚反向图。图纸还会包括立面图、透视图和明细图。
- 照明平面图指出灯具、开关和控制回路的位置。
- 顶棚反向图包含灯具、建筑元素和暖通设备的位置。
- 合同用于启动项目的施工阶段。
- 施工阶段的实地监督和安装必须在遵守当地法律与规定的前提下开展。
- 使用状况评价（POE）的目的是评价照明设计的有效性、在任何可行的时候做出修改，以及获取信息以用于改善未来项目。

关键术语

specifications 规格参数

第十一章 住宅应用

目标

- 运用之前章节涵盖的内容，来理解住宅的照明设计实践。
- 明确并应用为过渡性空间提供照明的重要判据。
- 明确并应用为多功能区域中活动提供照明的重要判据。
- 明确并应用为专用空间内的活动提供照明的重要判据。
- 理解住宅照明与 LEED 认证之间的关系。

（摄影：Gary Friedman / Getty Images）

住宅包含各种各样的结构，遍布全球，在城市、郊区、小镇甚至水上。住宅的建造运用各种风格，尺寸范围极其广泛，而且各种配置也令人惊叹。

把不同的家具、地面铺装、墙面涂料、颜色、材料、设备和装饰考虑进去后，复杂性也随之增加，这些因素对于每个住宅空间都是独特的。如此数目庞大、种类繁多的元素为室内设计师带来了令人兴奋的挑战，尤其是在为每个独特的客户和他们住宅的特征定制照明系统的时候（见图 11.1）。

优质住宅照明环境

实现优质照明需要采用一种方法，将空间的用户及其活动，与环境的特别元素相结合，这些元素包括朝向、颜色、纹理、材料、家具、配饰及空间的几何形状。照明的设计还必须适用于客户的预算、偏好的风格、生活方式，还有住宅的安装限制。

无缝集成

设计出优质的住宅照明环境很复杂，但是它们与其他室内元素之间的集成看上去应该是无缝的。如此全盘的方法涉及之前章节的内容，包括可

图 11.1 住宅为富有创意的灯具提供了机会。这件灯具由照明设计师 Ingo Maurer 设计，其中富有创意的设计显而易见。（摄影：Stefania D' Alessandro/Getty Images）

持续性、采光、分层照明、照明分区、颜色、照明的指向性效果及照明系统。

住宅照明的设计师还应该考虑能源节约、可持续实践、安全，以及与生理和心理相关的人为因素。

分层照明

分层照明对于住宅中的全部房间都很重要，包括卫生间。住宅房间通常只有一层照明，比如卫生间镜面上的任务照明（见图 11.2）。

分层照明的花费不一定高昂，分层照明可以通过可移式灯具来实现，真正的挑战是要记得为每一个房间规划分层照明。

另外，分层照明可以通过在需要高水平光照的区域采用高水平照明，而在空间中的其他区域采用低水平照明的方法来节约能源。

照明选项

在确定照明技术和照明系统的时候，应该为每一个房间考虑所有的选项。人们经常理所应当地认为，某种类型的灯具总是适用于住宅内某个具体的房间或任务。

例如，厨房中比较热门的灯具是在顶棚的中央采用表面安装型荧光灯具。门口区域通常是挂在链条上的玻璃或铜质悬挂式灯具。

当然，在一些房间内，采用这些灯具就很完美，但是默认它们在任何地点都是适用的，那就错了。优质的住宅照明环境是根据客户的独特需求、生活方式及每个房间的全部元素，做出专门的设计。

图 11.2 卫生间通常仅有一个光源，但这对空间来说是不足的。（摄影：Marta Iwanek/ Getty Images）

过渡性空间

住宅内的过渡性空间包括入口通道、门厅、走廊和楼梯。通常，“入口通道”和“门厅”这两个词是可以互换使用的。不过，对于这部分内容来说，入口通道或入口是指住宅前部入口处紧连着的户外空间，而门厅是指室内的区域。

入口通道

通常，入口通道的照明包含一个或两个紧邻着前门位置的灯具。出于安全目的设置光照，就应该足够了；不过，这个位置的照明还应该为住宅的整体设计理念奠定基调，因为这是人们走进住宅时产生的第一印象（见图 11.3）。

一些客户可能会要求在入口部分营造非常庄严的、正式的感觉，另外一些客户可能想要营造随意的、非正式的气氛。灯具的设计、光照水平的调整和某些元素的突出强调，都有助于营造想要的气氛。

灯具

用于入口通道的灯具应该反映家庭的建筑风格，而且灯具的尺寸应该与门和入口通道及家庭整体的尺寸呈合适的比例（见图 11.4）。

设计师选用室外灯具时，必须分析住宅的整个立面。有时，一个临近门口的灯具对于周围元素来说会显得过小。常见的状况是，在住宅上始终

图 11.3 入口照明可以为住宅的整体设计理念奠定基调，并提供出于安全目的的光照。（摄影：Greg Hursley）

图 11.4 入口通道的灯具增强了这座褐色砂石建筑的哥特式建筑风格。（摄影：UIG 通过 Getty Images）

采用相同的入口光照，不论入口处是一扇单面门还是一组双开门。但如果想要达到优良的比例，采用双面门的住宅需要更大的入口灯具。

门厅

入口和门厅是从室外到室内的重要过渡区域，因此，入口和门厅的照明区域必须适应白天的自然光照和夜晚的光照。

想要在白天实现顺利的过渡，门厅应该带有自然光照，辅有电气照明，为由于阴天或窗户太小而无法获得足够的自然光照的空间作补充。

图 11.5 应该为进入和离开住宅设置过渡性的照明。进入这个住宅的人在从前门走进相连房间的时候，能体验逐步的照明改变。（摄影：Shelley Metcalf）

对于晚间时段，景观内的照明可以帮助人们在从室外到室内、从黑暗的环境到达较为明亮的环境的过程中，缓解光照水平的差异带来的不适。

另外，应该为客人离开住宅或者从一个明亮的场景走进较为黑暗的环境等情况，规划适宜的光照水平。从明亮的环境走向黑暗的环境，眼睛需要更长的时间来适应。过渡性照明方案应该同时适用于这两种变化（见图 11.5）。

走廊

走廊和楼梯也是住宅中的过渡性区域。人们很少会用专门的时间来分析这些区域中的元素，比如建筑细节或墙面上的艺术品。此外，由于人们穿过走廊或楼梯时，主要的兴趣是在他们正走向的房间，所以路程中的室内元素通常会分散他们的注意力。

大部分人都是以站姿走过走廊或者上下楼梯。最短时间、最小移动和站立姿势的组合形成了独特的照明挑战，想要实现优质的照明环境就必须克服这个挑战（见图 11.6）。

照明挑战

照明走廊的挑战包括以下方面：

- 分层照明技巧；
- 将注意力吸引到垂直表面上可能存在的有趣的元素上；
- 打断较长走廊的表观长度；避免形成黑暗区域；
- 在就寝时间营造安全的通道；
- 提供方便的开关布置。

图 11.6 用玻璃地面营造有趣的走廊是一种富有创意的方法，而天窗则为下面的地面提供自然光照。（摄影：Timothy Hursley）

在走廊中通常没有分层照明，因为人们感觉走廊中唯一需要的照明就是任务照明。应该规划出可以使人安全步行穿过走廊的照明，但也需要考虑周围照明和重点照明。包括重点照明在内的照明的变化，可以避免走廊形成黑暗区域。对于分层照明来说，所有的垂直面和水平面都要考虑到，包括顶棚上的结构型灯具、门上方的横梁和室内的窗户。走廊很少会有自然光照，所以横梁和室内窗户，也就是那些连接走廊的墙面上的开口，可以在白天为走廊提供良好的照明（见图 11.7）。

安全与便捷

连接卧室和卫生间的走廊需要在就寝时间营造安全环境的照明。为了帮助眼睛适应，这个时间段的照明应该是低水平的。光照水平和灯具的位置应该取决于住宅用户的视力。

控制器在安全和便捷的照明中发挥重要作用。灯具的开关应该在走廊中的多个位置都可触及，包括空间的尽头及紧邻卧室和卫生间的位置。想要确保在合适的位置提供足够的照明，可以为走廊配备感应传感器或感光器。

图 11.7 分区内固定的玻璃镶嵌板为邻近空间带来自然光照。（摄影：Chuck Choi）

楼梯

人的移动与高度的变化相结合，会对垂直环流造成安全问题。楼梯采用的照明方法，应该能让人清晰地分辨楼梯踢板和踏板。

安全考量

踏板伸出的边缘应该是可视的。这可以通过多种方式实现，包括将灯具置于楼梯的上部和下部，照亮每一阶台阶。

通常，为了避免人在下楼梯时看见明亮的光源而造成眩光，位于楼梯底部的照明应该略暗于位于顶部的灯具。

照亮台阶可以通过沿着墙面或位于踏板内的嵌入式光源、沿着踏板边缘的低电压的带状系统，或是在栏杆内集成光照（见图 11.8）。

重点照明

重点照明应该突出位于连接楼梯的墙面上的有趣的元素，比如建筑模型或艺术品。

通常，楼梯是住宅中一处美丽的视觉焦点，重点照明在其中应该突出设计中最引人入胜的元素。剪影照明可以作为有效的技巧，突出典雅的楼梯。

在多重空间内开展的活动

优质的照明环境可以提高人们在住宅内的起居舒适度和工作效率。这就要求照明能够适用于特定客户和特定场所。如第九章提到的，需要展开彻底的评估，来决定住宅中什么人在什么地方开展什么活动。

图 11.8 嵌入式灯具照明楼梯上的台阶。（摄影：Greg Hursley）

在确认照明方法的时候，应该对客人和住在住宅内的主人做出区分。对于那些不熟悉室内设置的人来说，尤其是过夜的客人，可能需要采用特殊的照明技巧。

任务特定型照明

想要设计出客户特定和场所特定的任务型照明方案，需要对与开展某项特定的任务相关的所有可变因素做出评估。这包括分析任务、用户特征、反射率、照明源、灯具性能数据和家具的尺寸。特殊人群的需求也必须包含在考虑因素内。

人体测量数据

对于在视觉上要求较高或者需要特别精确度的任务而言，需要非常精确的照明。设计师必须要收集住宅用户的视觉能力和人体测量数据的有关信息。

人体的详细测量数据，可以用于决定灯具、开关和电源插座的位置。例如，用于阅读的位置是否合适，一部分取决于从座位到人眼的垂直距离。测量用户实际数据或参照人体测量数据表可以确定躯干和头部的数据。

一分钟学习指南

1. 指出用于入口通道的三个关键的照明考量。
2. 画一张草图，描绘用于楼梯的有效照明。

本章中的后续部分将介绍用于特别任务的重要判据，包括合适的尺寸要素。可以将这部分信息用于照明设计以满足处在环境中的用户的具体需求。

阅读

人们在住宅中的诸多位置中阅读，不过，应该为经常进行阅读活动的区域规划有效的照明（见图 11.9）。用于阅读的有效照明需要适当地结合个人与照明的层次、任务照明源及家具的规格尺寸。

根据用于阅读的光照强度，照明的层次应该在不同的光照水平中做出适当的平衡。因为用于阅读的照明通常处于较高的光照水平，为整个房间

图 11.9 位于佐治亚州萨凡纳的 Green-Meldrim House 中的一处角落，自然光为阅读提供绝佳的照明。（摄影：Annie Griffiths Belt/Getty Images）

内的其他照明设置适当的光照，可以避免强烈对比，以及由此导致的眼睛疲劳。

任务照明源应该指向阅读材料设置，而且应该分布合适的光照水平（见图 11.10）。灯源应该隐藏起来，不被阅读者看到。

带有半透明灯罩的白色或米白色灯具可以提供有效照明，因为它们可以在任务上实现直接和间接照明。

而不透明或深色的灯罩则会限制任务上的照明量和光照分布。

有效测量

在椅子旁边的桌上设置可移式灯具可以为阅读提供有效照明，但需要通过一定的测量来决定。这包括用户视平线与地面之间的垂直距离、灯具的尺寸及家具的规格。

理想的情况是，使灯罩底部与阅读者的眼睛处于同一水平，因此，从地面到阅读者视平线的总距离必须等于从地面到灯罩底部的距离（见图 11.11）。

照明系统中，在任何元素中发生改变都会影响照明的有效性。例如，图 11.11 中展示的情况就是为座位到人眼距离为 80 厘米的成年女性设计的。如果是儿童坐在椅子上，照明就不再有效，因为儿童的视平线更低，能够看到裸露的灯源。成年人如果使用高度更低的椅子或者更高的桌子，也会导致相同的结果。

写作

还应该为写作规划有效的任务照明（见图 11.12）。人们可能在住宅中的不同房间写作，但是大部分写作都是在水平桌面上完成的。

安装在桌面上的灯具到人体的距离大约为 30 厘米，距离纸张或键盘的左侧或右侧大约 38 厘米（见图 11.13）。

想要避免在任务照明区域形成阴影，灯具应该置于惯用右手的人的左侧、惯用左手的人的右侧。

灯罩底部应该与写作者的视平线位于同一水平。之前提到的其他与阅读相关的判据也可应用于写作任务。

图 11.10 靠近床的任务照明源应该指向阅读材料。（摄影：《华盛顿邮报》/Getty Images）

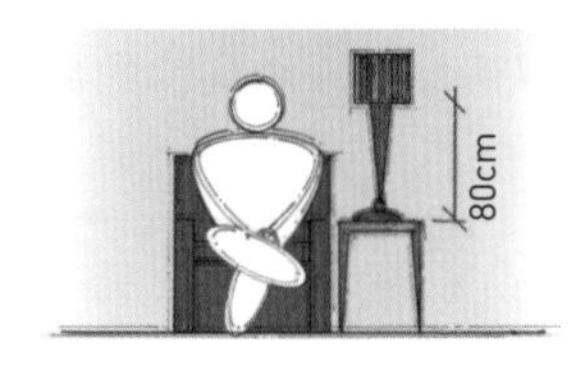

图 11.11 确定适合用于阅读的灯具位置，需要对人、家具和灯具做测量。理想状态下，用于阅读目的，从地面到阅读者视平线的总距离要等于从地面到灯罩底部的距离。

图 11.12 应该为写作和阅读规划有效的任务照明。用户应该能够调整灯具的位置和照明的水平。（Artur Debat / Moment Editorial / Getty Images）

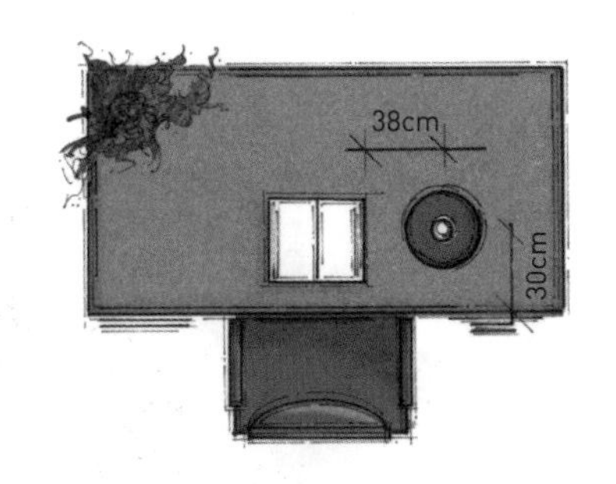

图 11.13 位于书桌上用于写作的灯具平面图。为了避免在任务上造成阴影，灯具应该置于惯用右手的人的左侧、惯用左手的人的右侧。灯罩的底部应该与用户的视平线在同一水平。

电脑

通常，用于写作的桌面也会用于操作电脑。可是，两个任务的照明要求并不相同，因为写作是在水平表面完成，而电脑的工作则是在垂直面上进行。

解决这个问题的办法就是采用多种灯具、技巧和控制器。为带有电脑的工作表面提供照明的有效方法是，将漫射型灯具置于用户上方的前面或侧边（见图 11.14）。

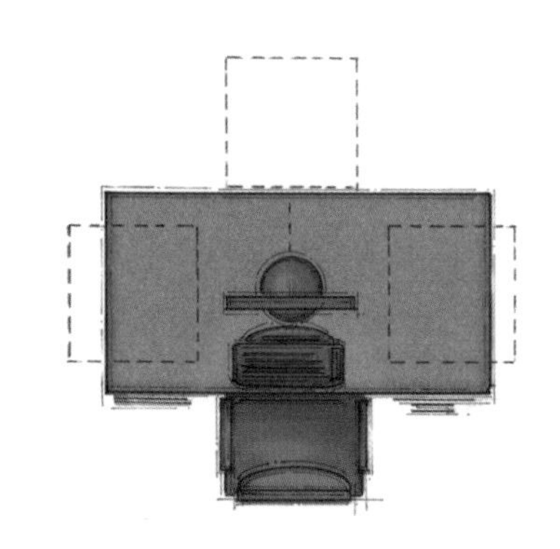

图 11.14 用于操作电脑的灯具的建议位置平面视图。

观看电视（家庭影院）

人们不应该在黑暗中看电视屏幕。电视屏幕会发射出高水平的照明，与黑暗的周围环境形成强烈对比。

房间内的全部区域都应该有照明，包括电视机的后面、屏幕的旁边及观看者的周围（见图 11.15）。在白天，应该使用使房间变暗的装置以免在屏幕上形成眩光。

图 11.15(a) 在带有电视机的房间里，全部区域都应该设置照明，包括电视机屏幕的旁边区域。（摄影：Marc Gerritsen）

图 11.15(b) 采用场景控制来改变环境，从观看电视（图 11.15(a)）到充满自然光照的随意场景。（摄影：Marc Gerritsen）

随着越来越多的住宅创建媒体室或家庭影院，必须采用有效的分层照明技巧来适应这些独特的照明要求。

业余生活

必须还要为业主的爱好和其他活动在住宅中规划相应的任务照明，这可能与个人的职业相关。这些任务包括绘画、缝纫、弹钢琴、打牌或玩游戏及其他活动。

对于这些活动，规划的照明必须避免对用户的眼睛造成眩光，并且防止光照在任务上造成阴影。周围环境应该一直有照明，在不同光照水平之间营造舒适的过渡。

交谈

正式与非正式的交谈会在住宅内的各个地方发生；不过，在经常发生交谈的房间内，应该设计出鼓励和增强交谈活动的照明（见图 11.16）。基于客户的生活方式，首要的交谈区域应该是起居室、厨房、餐厅或卧室。

通常，有助于交谈的照明是令人放松的，可以增强人们的面部特征。设计师常在低处采用柔和、间接的照明调节光照水平，可以通过表面上反射的、经过柔和面料漫射或是来自两者结合的光照在任务区域。

避免在人脸前掠射或对准眼睛的直接照明。还要避免在人后设置明亮的光源，因为剪影效果会使人无法看清坐在对面的人的脸。

在专属空间开展的活动

设计照明能适应在特定空间内进行的不同任务，比如厨房、餐厅、卧室和卫生间。这些空间也需要采用适用于特定客户和特定场合的照明设计。

厨房

食材准备和清理要求特殊的照明

图 11.16 用于交谈的令人愉悦的照明方案。想要在夜晚欣赏城市的天际，需要消除灯具在窗户上造成的眩光。想要减少眩光，这些嵌入式灯具可以帮助实现完整的光学截断。（摄影：Laurie Black/Getty Images）

考量，若照明不足可能存在烧伤和割伤的危险。需要考虑的区域包括案台、炉灶和水槽。

可以为厨房中完成的特定任务采用一系列不同的照明技巧（见图11.17、图11.18）。这些任务的水平操作属性要求照明从工作面的正上方发出。

灯具及位置必须经过精心规划，以避免在任务上形成眩光和阴影。灯源应该选用高演色性指数（CRI）评级的，以使用户看清食物真实的色彩。

一分钟学习指南

1. 人体测量数据对优质的照明环境有什么用处?
2. 描述书桌上的有效任务照明应该置于哪里。

分层照明策略

分层照明在厨房中十分重要，因为对于重要的任务需要采用较高强度的直接照明，而周围照明则可以帮助调节较亮区域和较暗区域之间的对比。

图 11.17 玻璃（墙面）系统和天窗是在厨房中实现有效任务照明的绝佳方法。（摄影：View Pictures / Getty Images）

重点照明可以提供带有视觉兴趣的工作环境，尤其是在厨房这样聚集人群的地方。带有一系列选项的控制器可以为在厨房中开展的不同活动和任务做调节。

案台

案台（包括厨房岛台）上的照明，可以通过在壁橱下安装灯具，或是在挑檐或顶棚内安装一些装置来实现（见图 11.19）。

位于壁橱下面的灯具可以置于橱柜前面或后面的边缘处。如果料理台或防溅墙采用了闪亮或有光泽的饰面，那么采用这个方法可能会带来眩光问题。

图 11.18（a） 一系列创造性的方式都可以将自然光照融入厨房。侧边照明可以提供一致的照明，有助于消除任务上的眩光和阴影。（摄影：Julia Heine/ McInturff Architects）

图 11.18（b） 通过带角度的漆成白色的表面来增强侧部照明。电气光源在晚上提供照明。（摄影：Julia Heine/ McInturff Architects）

图 11.19 安装在壁橱下面的灯具可以为案台提供任务照明。橱柜内部的装置用于重点照明，顶棚内的内嵌式方形装置可以提供整体照明。（照片来自 Tech Lighting）

安装在挑檐或顶棚内的灯具可以采用内嵌式或是表面安装式。安装的位置必须经过仔细规划，避免光线照在头顶从而在任务区域形成阴影，以及为橱柜门留出足够的空间。

炉灶和水槽

将灯具置于炉灶或水槽之上是有效的照明方式（见图 11.20）。应该总是考虑光源的位置以便消除眩光，避免人们在工作时产生阴影。

尤其是在炉灶上完成任务时，眩光会带来很多麻烦，因为炉灶的平面通常是由高反射率的材料制成的。

从工作者左边和右边发出的光照可以帮助消除任务上的阴影。这种交叉照明技术很有效，因为每一个光源都是直接的，而且可以瞬间填满照明。

为了便于清洁烹饪产生的油渍，位于炉灶周围的灯具应该采用密封覆盖物和易于清洗的表面。

厨柜

用于橱柜照明的方法很多，在橱柜的结构性元素内隐藏光源也有很多技巧。如图 11.20 所示，在橱柜门边缘之后的封闭光条可以有效强调柜架上的物体。其他技巧如在顶棚或挑檐内设置内嵌式照明的玻璃橱柜门（见图 11.18(b)）。

在任何可行的时候，都应该照亮食物准备区的橱柜的内部，这对于角落和底部橱柜尤其重要。光源应该置

图 11.20 悬挂在厨房内岛台上方的任务照明。注意用于强调橱柜内柜架上物体的重点照明。（摄影：John Greim/Getty Images）

于可以照亮橱柜内尽可能多的物体的位置，包括那些位于后面的物体。

餐厅

用餐区域照明可以采用不同的技巧和不同类型的灯具。通常，悬挂式灯具被置于餐桌上方，这是一种有效的方式，你还可以考虑其他的方法。另外，用一件灯具照亮整个房间肯定是不可取的（见图 11.21）。

灯具的位置

在餐厅，应该为用餐任务选用合适的灯具，但灯具不一定非要置于餐桌正中央的上方。

例如，在餐桌的四角设置照明可以实现卓越的任务照明，这种照明方式可以为坐在桌边的人提供柔和光照，尤其是在餐桌经过移动或更换成更大的桌子之后。

应该为餐厅仔细规划灯具的位置和大小。对于悬挂式灯具，灯具的大小应该适合于餐桌和房间的尺寸。餐厅的灯具如果对于餐桌和房间的大小来说显得太小或太大（见图 11.22）则是不合适的。合适的灯具大小应该遵循黄金分割原则。

为了避免有人在站起来时头碰到悬挂式灯具，灯具在桌面上的投影位置应该位于距离餐桌边缘大约 15.24 厘米（6 英寸）的位置。另外，要确保这些灯具在施工完成后降低至合适的位置。工人在施工时会升高悬挂式灯具，以免对灯具造成损伤，而在施工完成后又经常忘记将灯具放低至应有的位置。

图 11.21 采用分层照明设计的餐厅。（图片版权归 Acuity 品牌照明公司（Acuity Brands Lighting，Inc）所有。使用已经授权。）

图 11.22 这个餐厅内的悬挂式灯具相对房间和餐桌的尺寸而言太小了。而且，灯具的底部距离餐桌表面太远了。（摄影：DEA / A. DAGLI ORTI）

悬挂式灯具不应干扰墙面上的艺术品或窗外的美景，对于这些情况，餐桌和顶棚之间的空间就应该没有障碍物。这可以通过使用隐藏式光源来实现。

卧室

用于睡觉的房间的照明需要一些特别的考量因素（见组图 11.23）。房间使用者的年龄是应考虑的重要因素。

安全与人为因素

照明和电源插座对儿童和老年人来说都必须是安全的。可移式灯具上的电线在房间内的任何位置都应该无法触及，以避免人被绊倒，设计师还应该避免使用容易倾倒的灯具。所有的电源插座都应该用保护性密封贴盖起来。

为了促进眼睛的生长，婴儿在一天当中的所有时刻都应该获得一定水平的照明。随着儿童长大，应该规划照明以适应儿童的变化。例如，在地板上玩积木所需的照明就和在书桌上学习或用电脑所需的照明不同。在项目的初始阶段就应该考虑儿童空间在未来的照明需求。

图 11.23(a) 卧室的采光可以经过设计，在房间内营造出有意思的效果。注意在这间马来西亚的卧室中，门上的窗户都是采用与窗户相同的样式。（摄影：UIG 通过 Getty Images）

图 11.23(b) 在卧室采光的另一富有创意的方法。通风窗的窗户可以提供自然光照，保护隐私。（摄影：Douglas Hill / Corbis）

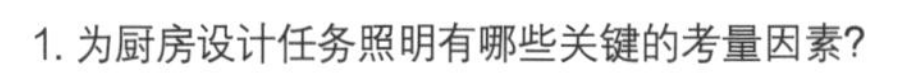

一分钟学习指南

1. 为厨房设计任务照明有哪些关键的考量因素?
2. 如何为餐厅设计分层照明?

晚间时段

晚间时段人在房间中移动，各年龄段的人都需要充足的灯光。位于低水平位置的照明在晚上保持常亮，或是通过感应传感器或感光器激活的照明，可以为夜晚提供充足的照明。

处于同一空间的人通常会在早上的不同时间醒来。特别的照明系统可以为先起床的人提供照明，同时为还在睡觉的人保持一个相对黑暗的环境。

衣柜

在过去几年中建造的一些住宅没有为衣柜配备照明。衣柜内的照明除了可以使人们看见他们正在处理或寻找的东西以外，还可以避免物体坠落造成事故（见图 11.24）。

裸露的白炽灯是以前常见的衣柜照明源，应该避免被使用，因为其亮度会造成失能性眩光，而且灯源会带来火灾隐患。在狭窄的空间内，要为光源周围保留足够的间隙。

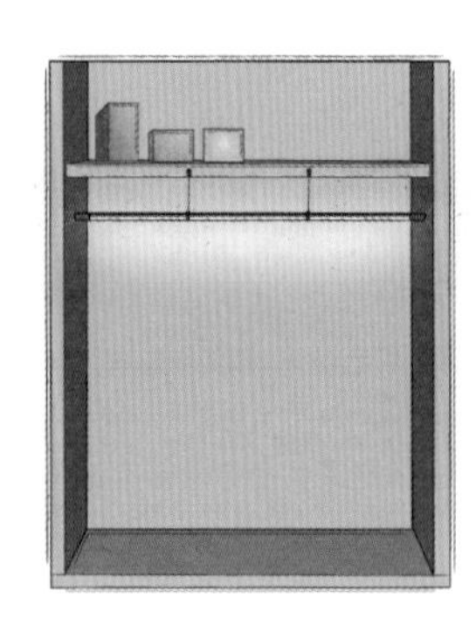

图 11.24 使用具有照明效果的晾衣杆是在衣柜内照亮衣物的绝佳途径。（Q2A）

想要有效地照亮置于柜架上和挂在晾衣杆上的物品，可以将光源置于物体对面墙上的较高位置。另外，位于低处的补充性照明应该被用于照亮在衣柜底层的物体。

卫生间

由于许多事故都是在卫生间内发生的，此处的照明设计应该为着重考虑照明环境的安全性。水流和光滑表面同时出现会发生危险，为避免发生危险，需要为卫生间设置最优质的照明，这些地方包括台阶、浴缸、淋浴以及任何可能存在静水的地方（见图 11.25）。为扶手提供照明也是非常有效的方法。

淋浴间内的灯具必须是经过评级、适用于潮湿位置的灯具，而且应该被置于最小化阴影和消除眩光的地方，这项原则不仅适用于淋浴间，也适用于整个卫生间。应该由业主处于坐姿或站姿来确定可能形成的眩光。

梳妆

有效的照明是梳妆区域的关键。用于化妆和剃须的照明有特殊的要求（见图 11.26）。一些重要的判据包括精确的显色属性、看见细节的清晰度，以及一致的光照分布。用于面部梳妆的灯源应该具有 100 的演色性指数。灯源的理想色温会随着用户的肤色有所不同，通常，西方文化青睐暖色光源，而东方文化则青睐冷色光源。

图 11.25(a) 顶棚内的嵌入式光照可以为淋浴间提供优质照明。（摄影：View Pictures / Getty Images）

图 11.25(b) 邻近淋浴的地面通常是湿滑的区域。指向这个区域的照明装置可以提醒人们正走向容易滑倒的表面。(卫生间由英国 Design Republic 有限公司设计；图像版权 @ 2009 归 Max Spenser-Morris 所有)

图 11.26(a) 在镜子两边的自然光照可以为化妆和剃须提供绝佳的照明。（摄影：Ricardo DeAratanha / Getty Images）

图 11.26(b) 位于镜子两边的照明装置是便于化妆和剃须的重要因素。（华盛顿邮报 / Getty Images）

想要清楚地看见面部细节，应该采用漫射型照明，将灯具置于脸部附近的位置，而且必须消除在面部形成的各种阴影。灯源特征和用于灯具的漫射器类型之间的相互作用会影响照明的质量。例如，用于面部梳妆的有效组合是乳白板和荧光灯。

想要确定最佳的照明效果，需要测试不同的灯源和漫射器。理想状态下，灯具应该从上边和侧边围绕面部，但是最少灯具也应该被置于面部的左右两边。灯源或灯罩的中央应该位于与脸颊水平的位置。全身镜应该带有安装在其上方的灯具。

优质的住宅照明应该是适合于用户、活动和环境的组合的方案（见图11.27）。预设的照明方案经常被用于住宅空间而没有考虑到特定场景的具体特征。室内设计师制定的照明方案在考虑客户需求的前提下也应结合本书之前章节提到的相关问题。

图 11.27 为卫生间提供自然光照的一种独特、对比鲜明的方法。（摄影：Gary Friedman / Getty Images）

LEED 白金级住宅内的优质照明

案例研究：该案例提供了一个住宅项目的示例，这个项目运用了节能照明和其他可持续性特征。这个LEED 白金级住宅是由著名的加利福尼亚州建筑师雷卡皮设计的可持续的模块化住宅。

章节概念→专业实践

这些项目基于大脑学习过程的规律——一项研究大脑如何运行和学习所形成的理论（见“前言”）。这些项目可以独自完成，也可以进行分组讨论。

一分钟学习指南

1. 应该如何为衣柜设计照明?
2. 描述为卫生间设计照明时需要考虑的关键安全因素。

案例研究：家庭住宅

设计问题陈述

设计一栋现代住宅，不仅要使住宅具有吸引力，而且还要适宜居住和维护，同时对环境不造成任何负面影响。

项目背景

建造者：LivingHomes。

建筑师：雷卡皮。

位置：加利福尼亚州。

房间：4 间卧室，3 间浴室，“生态屋顶（LivingRoof）”。

尺寸：230 平方米（2480 平方英尺）。

照明设计策略

- 控制朝向实现最大化的采光。
- 位于生态屋顶（LivingRoof）上的光伏系统满足 75% 的住宅能源需求，并提供阴凉处。
- 开放式的双层地面规划。
- 地板至顶棚之间设置有一英寸厚的低辐射中空玻璃，可以实现高反射率。

© Grant Mudford

下照灯和桌面灯具采用 LED 灯而非白炽灯。

主浴室和次浴室带有天窗，上方采用荧光照明。

室外格子架和甲板帮助控制日照。

卧室室内采用防紫外线窗帘系统。

编织型下拉窗帘可以保护隐私，同时保留室外的景色。

惠普电脑管理住宅的照明、气候、安保和娱乐系统。

白金级 LEED 认证

LEED 认证有 108 项可得分的点，这座 LivingHomes 的建筑获得了 91 分，包括户主意识（1 分）、创新和设计过程（1.5 分）。这座住宅预计每年可以节约大约 7471 千瓦时的电量。

© Grant Mudford

© Grant Mudford

电影即灵感

电影是帮助设计师理解照明在住宅空间内效果的绝佳资源。挑选一部突出住宅的电影，比如《西北偏北》（*North by Northwest*）中凡丹的住宅、《钢铁侠》（*Iron Man*）中托尼·史塔克的住宅、《金钱陷阱》（*The Money Pit*）中汤姆·汉克斯所演的角色的住宅，或是《单身男子》（*A Single Man*）中乔治·费尔科纳的住宅。观察其中照明如何影响电影里的人物、物体、空间和情绪。就这些影响写一份小结，包含照明是如何被用于强调和突出建筑风格的。

思维导图

思维导图是一种头脑风暴的技巧，它可以帮助你理解概念。创建思维导图时，可以画几个圆圈代表每一个概念，用线连接表示不同概念间的关系。用最大的圆圈表示最重要的概念，用最粗的线条表示最牢固的关系。文字、图像、颜色或其他视觉手段都可以用来代表概念。发挥创造力！

做一份思维导图，包含本章中论及的主要房间和活动(用最大的圆圈)，然后用小一些的圆圈、图像、颜色或其他视觉装置来表示以下概念：用于空间或活动的关键照明考量，以及用于每个空间的分层照明技巧，包括采光技巧。

增强观察技能

仔细检查图11.15(a)和图11.15(b)中的室内环境，并回答以下内容：

- 指出每个空间内光源的目的。
- 描述你对图11.15(a)和图11.15(b)中照明的印象。
- 你认为，对于在每个空间内进行的任务而言，照明是否有效？解释你的回答。

一分钟学习指南

将你在“一分钟学习指南”中的回答汇编成一本“学习指南”。对比你的回答与本章中的内容。你的回答准确吗，有没有错过什么重要的信息？你觉得你是否需要重读某些部分的内容？另外，利用“关键术语”列表来测试自己对于每个术语的掌握程度，然后再在本章内容或词汇表中查找相关释义。把难记的术语及其释义加进你的“学习指南”。相应地，完善你的回答，然后创建第十一章“学习手册”。

章节小结

- 为住宅设计照明需要考虑分层照明、能源节约、可持续实践、安全，以及与生理、心理相关的人为因素。
- 入口通道和门厅是从户外到室内的重要过渡性区域，因此，这些区域的光照水平必须适用于自然光照和晚间时段。
- 走廊的照明考量包括分层照明、在就寝时段营造安全的通道以及提供方便的开关布置。
- 楼梯的照明应该使人能够清晰地分辨楼梯竖板和踏板。
- 人体测量数据是用于决定灯具、开关和电源插座的位置的重要信息。
- 照明规划应该适用于人们可能阅读、写作、看电视或参与交谈的所有不同的位置。
- 食材准备和清理要求特殊的照明考量，因为存在烧伤和割伤的危险。
- 餐厅内，灯具的位置和大小应该经过仔细规划，以照明为用餐区域营造愉悦的感觉。
- 卧室需要一些特别的照明考量，包括房间使用者的年龄、暗度和衣柜。
- 有效的照明是梳妆区域的关键。由于许多事故是在卫生间内发生的，此处的照明设计应该应着重考虑照明环境的安全性。

关键术语

anthropometric data 人体测量数据

cross-lighting 交叉照明

PRADA

第十二章 商业应用

目标

- 描述商用设施的一般照明考量，包括商务实践、终端用户的需求、通用设计的原则和公共区域。
- 在办公室、教育设施和医疗机构内明确并应用重要的照明考量。
- 在酒店、餐厅和零售店内明确并应用重要的照明考量。
- 理解商用照明与 LEED 认证之间的关系。

（摄影：View Pictures / Getty Images）

第十一章中讨论了为住宅设计室内照明时的一些重要考量。本章将探索设计师最常被委托设计的商用室内空间：办公室、学校、医疗机构、酒店、餐厅和零售店。

设计师需要根据项目的参数，包括项目预算和日程，为商用室内空间规划、安装和评价照明。这就需要通过与客户、终端用户及参与规划和施工过程的不同的专业人员进行广泛协作，包括建筑师、工程师、承包商、电工、监工、声学专家和消防专业人员。

优质商用照明空间

对于所有类型的商用建筑结构，以及建筑内的每一个空间，都必须应用优质照明环境的设计原则。在这个前提下，设计师必须彻底理解空间组织的目标及其终端用户的特征（见图12.1）。

设计师还必须准确地了解在商用室内空间发生的活动，因为传统空间内已经经历了活动上的改变。例如，除了传统的货物展示架，一些零售店

图 12.1 在理解了用户需求后对医疗场所作出的富有创意的方法。这个照明方案将安装在管道内的 LED 用于照明，避免了空间内单调的放射性图像分析。（图片版权 ©2008 归 Boris Feldblyum 所有）

还增添了休息室和产品介绍隔间，由此让购物者在商店内停留更长的时间，营造有意思的体验。其他会影响商用结构的问题包括为多样化人群做设计、安全、空间的规则结构、协同工作空间、保护环境和节约能源。

关键考量

在商用建筑内工作或来访的人，见识丰富，观点多样，因此，通用设计的原则就是一个关键元素，为所有的用户设计出尽可能安全的优质照明环境。正如第十一章中讨论的，照明必须针对并满足用户的需求并考虑到建筑、家具、设备及空间元素的特征。

环境必须能够对客户的需求作出回应，还应对在建筑中工作的人及在有限时间内访问建筑的人的要求作出回应。每一个商用建筑都有其独特的要求，必须通过照明设计来满足这些要求。正如第九章论及的，创建功能性和美学的设计要求结合环境的用户以及观察技能的应用。

另外，由于商用空间会消耗大量能源和电力，能源规定也正在变得更加严格。室内设计师可以通过应用有效的节能措施遵守相关规定，这有助于为我们的星球带来积极的影响。

办公室

办公室的照明设计会受到管理理念和雇员使用的科技的影响。管理层人员总是希望通过产出优质的工作成果、留住优秀的员工来运行可盈利的业务。

管理实践与管理政策

一直以来，对于办公室的室内环境，管理者们一直尝试确认能够确保成功、反映企业文化的具体条件（见图 12.2）。这包括设计办公室空间、家具、设备、科技和照明。

常见的管理理念是营造出一种能够灵活适应业务和全球经济带来的不断变化的环境。这通常会涉及缩小规模、减少过剩、消除工作人员差别、建立共同工作的空间，以及寻求国际机会。

想要减少旷工、留住优质员工，管理层会关注雇员的个人需求。例如，为了营造舒适的环境，创建休息室和茶水间，在这些空间员工可以进行会面或者随意的对话。

许多雇员的日程灵活，会在不同的位置工作，还有远程办公的需求。

图 12.2(a) 为一家研究公司创建“清新的新设计”，US Data 的设计师们开发出反常规的照明和室内设计方法。（摄影：Assassi）

图 12.2(b) US Data 采用的反常规的新式设计包括在会议室应用的创新型照明方式。（摄影：Assassi）

这些人通常在来到办公室的时候就需要办公空间。在这些空间内采用定制的照明可以将办公室打造成个性化的、可以供许多人共享使用的空间。

因为协作在管理者的眼中还是很重要的，办公室需要留有用于互动的空间，比如“共享办公”区域或共同办公区域。为了鼓励员工之间即时的协作活动，共享办公空间分布在建筑的多个地方。

为了减少差旅支出，许多管理者会选择投资使用视频会议设施。这些管理理念的变化就要求有相应的、独特的照明设计。

科技

想要决定合适的照明环境，重要的是关注人们现今在办公室内使用的科技。在最早期的时候，员工都是在办公桌的水平表面上完成大部分的工作。这些工作涉及写作、使用打字机、阅读不同的纸质文件。

缺乏强烈对比，追求速度与精确，促使管理人员安装能够发出大量光照的照明装置。另外，为了确保任务上有明亮的光照，会用到没有足够遮挡的直接型光源。

办公室科技的另一重要发展就是便携式电脑。研究人员注重研发最佳照明系统，为使用电脑工作和在桌上书写的人们提供有效照明（见图 12.3）。因为电脑制造商也在不断地改善视频显示终端（VDT）的屏幕表

（a）

（b）

图 12.3 已经有研究展开，探索办公室内的最佳照明。相较于左侧（图 a）一致分布的灯具，右侧（图 b）集群布置的灯具可以在任务表面提供更直接的光照。（图片来自 Zumtobel）

面，与眩光和光幕反射相关的问题最终会得到解决。

使用视频会议技术会带来独特的照明挑战，因为摄像机、传输装置和照明之间的互动是极其复杂的（在为视频会议设计照明时需要考虑的变量会在本章中的后续内容中论及）。

无线科技的进步使员工可以在建筑里的不同位置办公。设计师需要在不同的位置规划有效的任务照明，以适应新型的工作方式。

人体工程学与照明

人体工程学与照明之间的关系是办公室环境内优质照明的关键。在办公室中进行的任务可能导致视力问题和重复性压力损伤，比如腕管综合征（CTS）。

办公室员工可能会反映眼睛疲劳、视觉疲劳和视力模糊等问题。另外，他们指出与以上举例相关的问题会间接导致其他身体疾病，比如头痛。当人们处于不舒适的姿势工作，或是参与重复性动作，会使肌肉与骨骼产生损伤。例如，腕管综合征的一个成因是重复性腕部活动，比如长时间地使用键盘。

局部照明

照明的一个功能是帮助使用者减少视力问题和肌肉骨骼损伤。办公室内的任务照明的设计应该可以适应每一个终端用户的特殊需求（见图 12.4）。

尽管员工可能会参与相同的任务，但是每一个人会有不同的视力要求；因此，员工应该有能力控制它需要的照明类型，以便完成任务。

这可以通过明确终端用户能够操作的灯具和控制器来实现。局部照明技术使得员工可以将光源放在需要的位置，并将光源调整到合适的光照水平。当人们为各自的任务和工作环境创建优质照明的时候，视力问题也会减少。

图 12.4 赫尔曼·米勒的 Tone 任务型灯具，其设计是通过朝几个方向的移动来适应每一个用户的特殊需求，其底部、顶部和中间部分都可以移动。Tone 是可调光的，带有自动关灯设置，其 LED 灯源被测试为可以使用超过 50000 小时。（图片来自赫尔曼·米勒有限公司）

灯具位置不当可能造成肌肉骨骼损伤。例如，终端用户可能不得不移动到不自然或不合适的位置以避免眩光和光幕反射。人们如果长时间处于这样的位置工作，背部或颈部就可能出现问题。为了预防腕管综合征，人们应该经常变换他们的工作位置。这可能需要在站姿和坐姿间做选择。

不过，想要在多个位置都实现成功的照明，就必须设计出适用于不同位置的照明。由终端用户控制的局部照明，可以为变化的视线提供可能。

使得终端用户可以决定他们的照明需求，应该也可以缓解与光照过量的办公环境相关的问题。目前，由于人们相信明亮的光照可以提升生产效率、在工作环境中激发灵感，许多办公室还在使用过度的高光照。

用于电脑、平板电脑、智能手机任务的有效照明应该考虑到由发光 VDT 屏幕带来的光照，并确保屏幕、即刻工作区域和周围区域之间合适的光照水平。可以通过消除灯具和窗户带来的直接角度的光照分布，来避免眩光和光幕反射。

环境因素

办公环境带有一系列不同的用户、自然光照情况、规格参数、家居风格和室内材料（见图 12.5）。照明应该根据每个客户的特别要求和需求来定制，应该包含每个空间内的分层照明。相同的任务中有许多都是在私人办公室和自由式平面布置区域中完成的。

图 12.5 佛罗伦的总部位于意大利米兰，其照明规划适应了独特的家具设计、突出的建筑细节和最大化采光。考虑到可持续性，总部的选址是一处废弃的陶瓷厂。（照片版权归 @ 艾伯特·佛罗伦所有，图片来自 Giorgio Borruso Design）

对于在办公室中完成的任务，照明的设计应该能够：

- 消除工作面上的眩光；
- 避免光照分布的强烈对比；
- 照明垂直表面，减少阴影；
- 为终端用户提供有效的局部照明。

图 12.6(a) 列支敦士登的联邦国家议会（Federal State Parliament）内的会议室采用创新的方式，将采光和电气光源融合成富有戏剧效果的设计。设计师为顶棚倾斜的空间开发出有效的任务照明解决方案。（摄影：Lukas Roth）

为自由式平面布置的办公室设计照明比较复杂，因为很多顶棚装置和可能使用的玻璃外墙可以造成大量眩光和光幕反射。

想要确定位于一大片区域内的多个与灯具相关的视觉问题，设计师必须为空间内的每个位置分析工作区域。设计师还要确保家具或分区不会挡住用户在室外的视野范围。

会议室

科技已经对会议室的设计造成了显著影响。会议室除了是传统意义上举办会议的地方，现在已经变成观看视听演示、使用平板电脑和智能手机工作以及开展电话会议的地方。

图 12.6(b) 图 12.6(a) 中的会议室中所见的建筑的室外景观。注意位于会议室倾斜屋顶部位的天窗。（摄影：卢卡斯・罗斯）

为这种多功能空间设计照明，必须考虑到全部种类的活动，会在一天当中的不同时间发生，还要考虑到每个终端用户的特别需求（见图 12.6）。

用于讨论的照明应该通过设计来增强人的面部特征，使得参与者可以看清白板，并为在纸上或平板电脑和智能手机上做笔记提供任务照明。

当房间的目的变为观看视听演示，应该在整个房间内和显示屏或电视显示器周围区域应用柔和的周边照明。另外，应该为房间中的每一个人提供便于做笔记的任务照明。

教育设施

教育设施的照明应该高效率，并与教育理念一致，因此，设计师必须紧跟研究的前沿，了解当下与教学有关的活动，为学生和教育者营造优质的照明环境。

采光

许多研究和报告已经证明了自然光照对学习的重要性。如第三章提到的，自然光照增强视觉锐度，为阅读和写作提供更好的光照。

一分钟学习指南

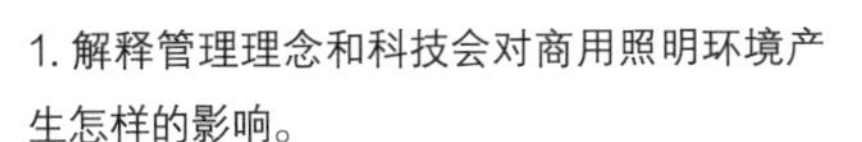

1. 解释管理理念和科技会对商用照明环境产生怎样的影响。
2. 明确与办公室内人体工程学和照明相关的关键考量。

自然光照还可以减少压力、满足昼夜节律、促进学生积极的态度，对人产生积极的心理和生理影响。Heschong Mahone 集团（1999）发现，相较于只有很少或没有自然光照的教室里的学生，拥有显著自然光照的教室里的学生取得的考试分数更高。加拿大阿尔伯塔省教育部和位于北卡罗来纳州罗列市的学校，报告显示出接受自然光照的儿童具有更显著的健康和教育优势（Thayer，1995）（见图 12.7）。研究还发现，由自然光照照明的教学区域内，学生的旷课率更低（Plympton，Conway，& Epstein，2000）。

图 12.7 查特威尔学校（Chartwell School）是教室内采用自然光照最大化的典范。光电池板被用于协调自然光照和电气光源。查特威尔学校通过 LEED 白金评级。（摄影：迈克尔·大卫·罗斯）

学习活动

教室里会发生许多不同的互动。许多教育者认为最好的学习就是让学生接触到不同的教学方式（见图12.8）。这包括讲座、讨论、案头工作、互动媒体和团队合作。

许多教室的设计可以满足讲座形式和协作式小组活动的要求。课堂活动可能发生在课桌周围、讲台周围或者地面上。科技对教育产生了巨大的影响，通过向学生展示一系列学习的方式。教育者可以用电脑、平板电脑、智能手机、电视屏幕、显示器、活动挂图、黑板或白板向学生展示信息。

照明源

正如研究报告中展示的，教室中的自然光照是很重要的，因此，应该尽全力将自然光照融入每个空间，包括走廊。对于现有建筑，可以添加天窗、光井、纵向天窗、矩形天窗、光架和管状天窗。

图 12.8 查特威尔学校的采光涵盖了非传统的学习空间。（摄影：迈克尔・大卫・罗斯）

教室需要变得黑暗，为了适应这些时段，必须在房间内的每扇窗户位置安装有效的遮光装置，包括在墙面上的玻璃。

为了补充自然光照，电气照明系统必须是节能的、易于维护的，并且具有较长的寿命。

悬挂式灯具，无论直接型还是间接型，都可以提供绝佳的漫射型照明。灯具置于适当的位置时，还可以确保统一的分布模式，有助于消除教室内的黑暗区域。高效的镇流器应该与控制器串联使用，比如与自然光传感器或感应传感器串联使用。带有用户可控的自动控制多级开关，可以被用于调节采光轮廓。

教室内的照度水平应该根据《IES照明手册（第十版）》中提供的水平和垂直目标建议设置。IES的建议维护照度目标（勒克斯），可以根据用户的年龄以及具体的应用和任务进行预设。例如，“手写工作”类别中就对铅笔（石墨／HB）、铅笔（红色）、圆珠笔／中性笔／签字笔（黑色）和圆珠笔／中性笔／签字笔(红色、绿色、蓝色）作出细分。

分层照明

分层照明应该被用于整个学校建筑。为了节约能源，建议限制重点照明、指定使用节能灯源。当教室内正在进行讲座时，灯光应该被指向演讲者，任务型灯具应该瞄准课桌，使学生可以做笔记，整个房间还应该有一致的、漫射的照明。

教室中的周边照明非常重要，因为学生总需要阅读垂直平面上的材料，比如白板、黑板、活动挂图或公告板（见图 12.9）。

可能还需要添加特别的照明来照亮窗户周围的墙面，经常有教学材料被置于这些地方。在白天，这些垂直的表面会显得黑暗，除非光照被指向这些区域。

教育者经常把讲座与视听演示相结合（见图 12.10）。这样的黑暗场景可能会比较麻烦，因为会形成明亮与黑暗的对比。

可惜的是，很多教室都没有对在黑暗环境中做笔记所需的不同照明需求作出规划。对于这些情况，低水平照明应该出现在演讲者周围、支撑演讲者笔记的表面、用于做笔记的课桌上及教室的周边。另外，靠近显示器或屏幕的光源必须经过精心规划，避免冲淡屏幕上显示的图像。

图 12.9 为了使学生看见墙面上的学习材料，需要用到周边照明。这需要通过结合采光和电气光源来实现。靠近窗户的墙面应该被照亮，以避免失能眩光或不舒适眩光。（摄影：Sam Kittner / Getty Images）

图 12.10 在不同照明场景出现的房间内，比如大型讲堂，控制器就是关键。（摄影：Ute Grabowsky / Getty Images）

电脑与协同活动

电脑位于整个学校建筑的不同场所中，包括专门用于电脑操作的教室。许多学生在课堂里使用笔记本电脑、平板电脑或智能手机，而老师也会使用电脑中的相关材料和私人文件。

每个涉及使用电脑的场景都必须拥有可以支持任务的照明。本书中提及的适用于电脑的光照考量，也适用于教室。这些房间应该避免眩光，采用漫射的、一致的光照分布。

对于学生在教室内分组工作的情况，应该规划不同的照明效果（见图12.11）。想要促进讨论、激发创造性思考，用于分组讨论的照明应该类似于住宅起居室内用于随意交谈的照明情况。

教室中照明环境的改变是重要的。照明的变化可以刺激心理活动、加强向不同的主题或活动的过渡。教室的可变性还可以支持基于大脑的学习，这是一种以活动为基础的新兴教育心理，与大脑运行的模式一致。其实，在教室内装窗户的原因是与天气状况和室外景观等相关的可变性可以刺激大脑活动。

图 12.11 想要促进讨论、激发创造性思考，用于分组讨论的照明应该类似于住宅起居室内用于随意交谈的照明情况。（摄影：Tim Griffith Photography）

医疗机构

医疗机构包含多种多样的设施，比如医院、医务室、诊所和长期护理单位。与其他商用结构相似，用户的实践会影响照明。

实践与政策

早期的医疗场所主要是注重医生的需求而不是患者及患者家属的需求，因此，医疗建筑内的房间主要是出于医疗目的设计的，满足家庭成员需求的设施以前并不存在。

随着医学行业对家庭及患者康复环境的重要性的了解，医疗场所病房的设计作出了改善，并为满足患者亲友的需求提供可能。新的设施，比如分娩室、临终关怀中心、康复花园和养老住宅单元，都是注重为患者考虑的表现。

一分钟学习指南

1. 描述如何为教室内发生的不同活动设计照明。
2. 解释如何为大型讲堂设计优质的照明环境。

除了为医疗过程和科技提供有效的照明，设施室也需要照明来改善患者的心理健康，满足患者家属的需求。

为了帮助人们定位房间，尤其是在出现危机的时候，照明最好能够增强人的寻路能力（见图 12.12）。照明必须与引导指示有效地结合。出于安全和美学考虑，医疗场所内应该没有黑暗的区域。

探望者在等待手术或医疗结果公布时，经常要待在接待区和等候室；平静的照明环境可以帮助他们减缓与这些情况相关的压力和焦虑。

等待的人在听到结果后可能出现情绪反应，照明还应该在一定程度上帮助保护这些人的隐私。保护隐私的方法包括：避免在人脸上使用直接型照明，采用小片的光亮营造出大房间被分为更小、更独立的区域的印象。

优质照明

优质照明在医疗场景内非常重要，因为其中进行的许多任务都要求精确性。适当的照明可以在营造职业印象和积极印象的同时，消除眩光和阴影。

采光与健康

采光也可以显著帮助营造健康和宜人的环境（见图 12.13）。研究表明，医疗场所里的自然光照会对患者产生积极的影响。如第三章中提到的，Littlefair（1996）就医院房间内的反射自然光产生的积极影响作了报告。

图 12.12 在辛辛那提儿童医院和医疗中心（Cincinnati Children’s Hospital & Medical Center）内，题为“我们的世界（Our World）”的地图，经过照明，可用于寻路。地图的壁画板展示了热带雨林、沿海地区、平原、沙漠、山脉和热带地区。注意这些被照亮的壁画，在为患者及家属精确指明从一处到另一处的路线时，也可作为令人愉悦的消遣。（摄影：Jon Miller，照片版权归 © Hedrich Blessing 所有）

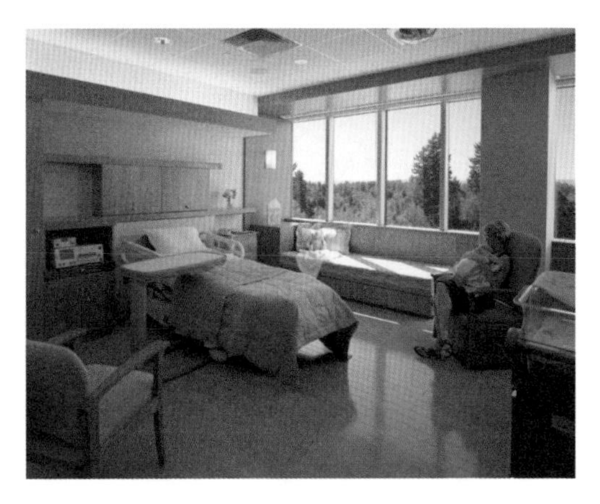

图 12.13 采光是营造健康宜人环境的关键。研究表明，医疗场所里的自然光照会对患者产生积极的影响。（图片来自 ZGF 建筑设计院，照片版权归 © Eckert & Eckert 所有）

自然光照的变化可以用作一种刺激，对于那些必须在一个位置待很长一段时间的人来说，自然光照可以帮助调节身体的昼夜节律。调节身体的昼夜节律对于参加完长时间手术或处于康复阶段的人们来说尤其重要。自然光照还有助于提升皮肤的气色。

电气光源

医疗场所内的电气照明必须能够使医疗人员在工作时清晰地看到事物，比如展开医疗步骤、阅读报告、记录健康信息和进行测试（见图12.14）。另外，照明应该有助于人们对医疗场所形成一种健康、专业和干净的印象。如第四章中提到的，要注意，用于健康或生命安全的照明必须满足ANSI/ASHRAE/IES 标准 90.1 中的相关能源要求。

应该在大部分空间内使用分层照明，尤其是在公共区域和病房内。一些医疗步骤和科技要求专业的照明装置。例如，在磁共振成像（MRI）过程中，由于仪器中会用到磁性物质，照明装置应该由有色材料制成。

外科区域的装置必须经过评级可以用于潮湿的位置，并且满足其他与电磁干扰和无线电频率相关的要求。这类装置的使用规定必须向医疗人员咨询。

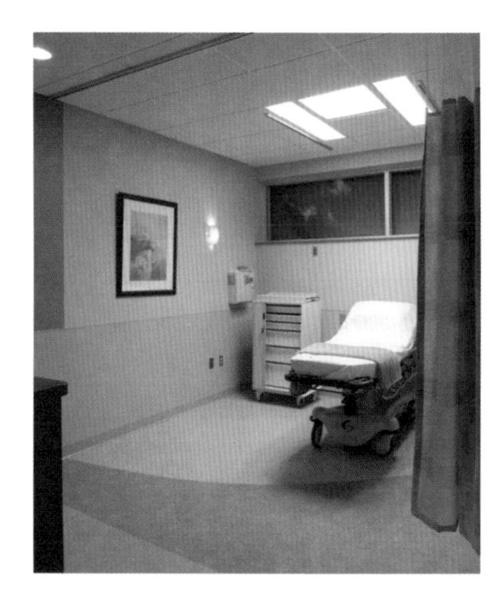

图 12.14(a) 医疗场所中的电气照明必须能够使医务人员在工作时清晰地看到事物，比如展开医疗步骤、阅读报告、记录健康信息和进行测试。（摄影：Brad Feinknopf Photography）

图 12.14(b) 图 12.1 中提及的神经学专家工作站，其功率每平方米为 0.1，照度水平为 30 英尺烛光（Barr，2009）。（图片版权归 © 2008 Boris Feldblyum 所有）

节能光源

应该为每一项任务指定最节能的

电气光源。关键区域中的高度专业化光照和照明可能不要求使用太节能的照明系统。不过，医疗场所内的大部分空间都应该配有高效的照明系统，因为它们需要提供全天候照明。

确保照明位于合适的水平，需要严格遵守照明系统的清洁和维护指南。医护人员必须能够清晰地检查患者肤色，并在做检查时没有阴影妨碍医生查看细节。

空间如果涉及要求高显色精度的活动，应该采用演色性指数（CRI）达100的灯源，这些空间包括检查室、康复病房和实验室。

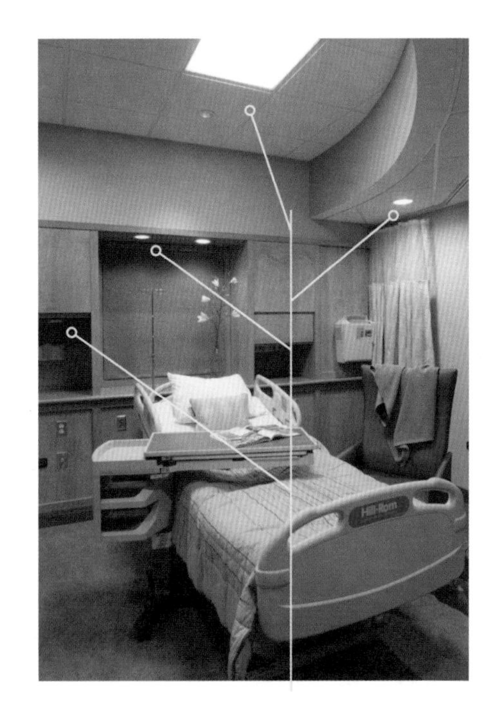

图 12.15 照明必须满足患者和医护人员的需求，必须足够灵活以适应在房间内的不同的位置、活动和地点。（摄影：Brad Feinknopf Photography）

灵活规划

照明必须适应患者和医护人员的需求，而且还要足够灵活以适应房间内的不同位置、活动和地点（见图12.15）。控制器应该可以从不同的位置触及，包括以卧姿（或坐姿）躺（或坐）在床上、或是坐在椅子上。

照明还需要经过规划，用于在椅子上进行的任务、步行穿过房间、卫生间的活动。另外，照明应适应昼夜节律。

床上方的照明应该灵活可变。当患者睡觉时，光照水平应该低（见图5.9），高级中央卧室和洗手间一般采用琥珀色照明，而在有医务活动时要达到足够的光照水平。

医疗职业现已发展得非常专业化，患者的房间内会有许多不同的医疗人

一分钟学习指南 

1. 指出医疗机构中需要卓越显色属性的照明的活动。
2. 你会如何为病房房间设计优质的照明?

员在一起共事。例如，物理治疗师和职能治疗师经常在手术之后一同讨论患者的病情。因此，照明规划必须适用于病房内发生的与医疗步骤和设备相关的不同任务。

酒店

酒店行业源于客栈，致力于为住客提供干净、安全和舒适的房间。这个行业经历了几次在设施上的重要改善和变化，不过，整体专注于提供卓越的服务仍是现今酒店运营商的主导原则。

酒店行业

酒店行业是世界上最大的产业之一。酒店有不同的便利设施、价位和房间大小，而且酒店存在于不同的位置，包括高速公路沿线、市区、郊区及度假区。

酒店分为连锁经营、特许经营和独立经营。连锁经营和特许经营的酒店设计通常取决于企业标准。为了反映一定的共同性并强调主题，一些酒店设计受到其所在位置的影响。一些酒店采用独特的可持续设计和实践。酒店行业的这些不同特征是明确优质照明环境的重要判据。

理想品质和便利设施

人们希望酒店有舒适的就寝环境、干净的卫生间和有效的安保（见图12.16）。许多酒店都希望超越最低期望，提供个性化服务，因此可能需要特别的照明，例如24小时房内用餐、住宅式套间以及为残障人士设置的辅助设施。

图 12.16(a) 这间位于意大利山间度假酒店的客房有舒适的环境，房间带有内部加热的石头分隔，这个分隔也用来分隔就寝区域和洗手间，是一种富有创意的节约空间的方式。（摄影：Design HotelsTM）

图 12.16(b) 这间位于巴西的酒店房间的办公区域，采用富有想象力的方式结合了自然采光。（摄影：Design HotelsTM）

住客必须拥有优质的晚间睡眠，否则他们就不会考虑在未来再次到访这家酒店。根据美国国家睡眠基金会（NSF）的调查，睡眠不足会对人的身体和心理健康产生负面影响。

老年人，尤其是患有痴呆的老年人，会有睡眠紊乱的问题。人们在旅途中，由于昼夜节律的改变，睡眠不足会变得更加显著。

变化的照明情况

客房内明亮的光照会干扰睡眠，使人很难调节作息时间。客房内变化的光照水平和使房间黑暗的窗户装置有助于规范人的生物钟。此外，随着私人设备使用量的增加，客人对于充电的需求也随之增加，也就要求客房内设置更多的电源插座。

为了营造平静、放松的氛围，一些酒店在客房内添加了水疗装置。这会包括尺寸加大的浴缸、多级脉冲的淋浴头、情调音乐、香薰精油和蜡烛。客房内的电气照明可以通过增强气氛、突出任务来烘托氛围。为水疗体验设计的卫生间应该带有灵活的照明系统，为沐浴区域设置低水平照明，在梳妆镜周围设置明亮的光源（见图12.17）。

图 12.17 为水疗体验设计的卫生间应该带有灵活的照明系统，为沐浴区设置低水平照明，在梳妆镜周围设置明亮的光源。（摄影：Gerhard Joren / Getty Images）

能源消耗

住宿业是美国第四大能源消耗的产业。根据能源之星计划（2008），酒店或旅馆的照明消耗约占其总电力消耗的 25%。

想要减少能源消耗、节约资源，酒店里的照明系统必须是高效的，而且要定期维护。应该尽可能用自然光照补充和替代电气光源（见图12.18）。

在酒店的所有房间内，客房和会议空间消耗的能源最多，因此，这些空间应该采用节能高效的照明系统，而且在改造过程中应该首先考虑。

终端用户实践

有关终端用户的实践和能源消耗模式的研究证明，在酒店里未使用空间存在着的大量灯具消耗的能源。例如，在劳伦斯伯克力国家实验室（LBNL）就有研究，应注重明确客房和卫生间内使用的灯具类型、使用灯的频率和开灯的时长。

图 12.18(a) 这家位于乌克兰吉普的酒店用自然光增强了大堂的采光，同时也向路上行人展示了室内空间的景观。（摄影：Design HotelsTM）

图 12.18(b) 可以通过采光实现出色的景观，正如这间位于阿曼绿山的酒店客房所示的。（摄影：Design HotelsTM）

劳伦斯伯克力国家实验室的发现表明，酒店或旅馆灯具的使用时间主要是早上六点至十点和下午五点以后。卫生间的照明装置和桌面灯具是客房内使用最频繁的，平均时长分别为 8 小时和 5 小时。

研究建议，在卫生间内采用感应传感器来节约能源。酒店员工应该被告知及时为没有人的客房和卫生间关灯。第七章中提及的酒店房卡开关也是节约客房能源的一种有效方法。

控制器

酒店内的控制器可以在节约能源方面发挥重要的作用。除了在客房内安装感应传感器，还可以为楼梯和走廊配备运动检测控制器或计时器。

控制器经过校准，在活动和照明需求有波动的区域内可以实现自动的照明变化。例如，接待处在上午常有忙着办理入住和退房的人们。一天中的其他时间里，接待区域就不需要在每个部分都有大量的照明（见图12.19）。

会议室周围的走廊也应根据实际情况的不同发生变化。控制器应该在会议进行的时候降低走廊内的光照水平，因为这个时段走廊上通常是没有人的。

图 12.19 为了适应 24 小时开放的日程，应该为酒店的接待处规划不同的照明场景。注意照明是如何营造出有趣的“漂浮”楼梯的剪影的。（照片版权归 © Paul Warchol 所有）

照明与品牌形象

许多酒店都有主题或品牌，主题或品牌通过酒店的设施设计反映出来。照明可以在不同的方面突出主题。最佳的方式是选用的灯具既能反映主题，又能与环境相结合。

光照水平和特殊照明效果应该在一天中的不同时段里衬托酒店的理想气氛，同时还要考虑特别的设计元素对于整体主题有什么作用。例如，山间的酒店可能采用粗犷的纹理作为主导概念。对于这种情况，就应该选用能够特别增强粗糙纹理的照明技巧。

城市天际线或海面上的日落都是绝妙的景致，经常被作为酒店的视觉焦点。想要尽可能地使住客看到这些景观，必须为终端用户遮蔽自然光，而在晚上，要精心规划光源，避免在玻璃上形成灯具的反射。

照明与第一印象

位于酒店入口处的照明应该给住客留下一种安全、放心的印象。随着人们进入酒店，照明应该第一时间帮助人们寻路。许多人都是酒店设施的首次使用者，所以照明应该为人们找到接待处、公共区域和客房提供帮助。

用于接待区域的照明应该为人们阅读酒店声明和签账单提供绝佳的照明。想要满足酒店员工和住客的需要，必须精心规划接待桌两边的任务照明。

图 12.20 在这家位于东京的酒店内的照明，是交谈和增强面部特征的理想状态。（摄影：Design Hotels™）

图 12.21(a) 在这家位于比利时的酒店内，为水疗区域使用了科技，营造出魔幻的照明效果。（摄影：Design Hotels™）

人们在大堂区域开展各种活动，包括阅读地图和手册，与他人进行会面和交谈（见图 12.20）。大堂里的照明必须足够灵活，以适应这些不同的活动，从不同角度都可以看清人们的面部，并且提供任务照明以满足客人阅读的需求。作为对不同气氛和活动的回应，大堂里的照明还应该在白天和晚上营造出不同的氛围。

图 12.21(b) 在一家位于瑞典斯德哥尔摩的酒店内，房间内为住客带来富有创造性的照明体验。（摄影：Design Hotels™）

住客便利设施

酒店运营商的首要目标是在客房内创建如家一般的环境。这就包括在客房内的不同位置提供能够适应不同任务的照明。科技使人们可以把客房用作不同的目的，包括用电脑办公、玩电子游戏和看电影（见图 12.21）。

人们对与工作相关的便利设施的关注催生 24 小时开放的商务中心和行政科技套房（或楼层）。在这些空间内为与工作相关的活动提供照明必须能满足使用笔记本电脑、平板电脑、智能手机以及阅读和会见的需求。光照还应该提供让人放松的适宜的氛围，包括在卫生间内通过光照与水相互作用这样富有创意的应用。

公共空间

酒店内的大片公共区域用于不同的活动，包括会议、会见、接待和婚礼。

这些空间的设计经常是采用隔声分区，经过布置分成不同规格的空间。

照明必须适用于不同的任务，包括使用电脑工作、使用智能手机、观看试听演示、做笔记、听演讲、用餐、跳舞和交谈。

每一种可能的房间规格都应该带有能够适应不同活动的照明。另外，会议室周围的走廊区域也经常被用于开展业务。因此，想要确保光照能满足与工作相关的任务的需要，这些区域的灯具应该可以由终端用户控制。

餐厅

餐厅、休息室和酒吧会在不同的建筑结构里出现，包括酒店、办公室和独立设施。

餐厅的概念始于18世纪末的法国。从一开始，成功的餐厅反映出客人与主人之间的联系，餐厅主人可能也是厨师长，这个关系会带来稳定的回头客。因此，许多餐厅的设计都会反映餐厅主人或厨师的品位，这一点也应该通过照明概念得到增强。

照明与商业目标

餐厅随处可见，大小不同、规格不一，而且市场基础也不一样。所有的餐厅都有一个共同的目标，就是通过顾客的满意度获取利润。对食物、服务和气氛的品质满意的人们会成为回头客，也会与亲朋好友交流，从而进一步提升餐厅的利润。

烹饪水平的稳定是一家餐厅成功的可贵财富。在了解这一点后，餐厅做出任何改变（包括照明）都可能被认为是食物品质的原因。

由于照明经常是餐厅设计中最重要的元素，一定要确保照明从一开始就是理想的状态（见图12.22）。完美的照明方案为任务提供有效的照明，并且可以烘托餐厅主题的氛围。

照明在吸引人们进入餐厅和让人们在用餐时感到舒适的过程中起到重要的作用。餐厅外的照明必须突出能够吸引人们进入餐厅的特征。

照明还可以向顾客提供有关餐厅正式程度和价格范围的信息：通常，低调的照明技巧适用于正式、昂贵的餐厅，而明亮和一致的照明方案经常反映餐厅更随意的气氛和更适中的价格。照明可以帮助传达着装期望和价位，这对于不熟悉餐厅的潜在顾客来

图12.22 这家纽约市的餐厅设计中，照明是重要的元素。其中的一个房间有自然采光。（图片版权归@Michael Moran/OTTO 所有）

说尤其有用。

照明策略

接待区域的照明应该与众不同，因为这是顾客进入餐厅的第一印象。接待区域作为从室外进入室内的过渡区，应该采用适当的光照水平，辅助人眼的适应功能。积极的人体反应会促使人们留下，还可能减缓等待时带来的焦虑感。

照明还应该有助于人们对餐厅的主题概念做出理想的情绪反应。一家精致的餐厅经常采用柔和、暖色的光照。而吸引那些期待冒险的人的餐厅，在夜晚通常采用明亮、彩色的照明，可能还与音乐同步（见图 12.23）。

用于步行穿过餐厅的照明应该具有几个功能。出于安全原因，必须在过道内提供有效的光照，尤其是涉及台阶的区域。不过，照明不应该突出走廊。随着人们穿过餐厅，光照水平也应该改变，突出空间内的视觉焦点。

餐桌的照明应该包括供人们阅读菜单的足够的光照（见图 12.24）。这对于老年人来说尤为重要，老年人可能会有视力问题。餐桌照明还应该突出食物的外观和坐在桌边的人的样貌。通过照明精确显示食物的颜色也很关键。与真实颜色偏离的颜色可能会引起食物变质的误会。

协调的分层照明

想要适应餐厅内的所有照明目的，应该通过分层照明技术协调不同的光源。在任何可行的时候，自然光照都是餐厅内供应早餐、午餐和早午餐的理想光源（见图 12.25）。

图 12.23 吸引那些期待冒险的人的餐厅，在夜晚通常采用明亮、彩色的照明，可能还与音乐同步。食客在“派对隔间”内选择他们的夜之色。（摄影：杰夫・迈耶，shop12 design。照明设计：乔恩・坎贝尔，shop12 design。）

图 12.24 位于印度加尔各答的这家餐厅，餐桌处的照明是用于阅读菜单的有效光照。（摄影：Design HotelsTM）

图 12.25 这家位于巴黎的餐厅，自然光照成为对比鲜明的照明源。（摄影：UIG 通过 Getty Images）

电气光源应该是暖色且节能的。为了增强食物的外观和人体的肤色，餐厅照明系统中经常采用白炽灯或卤素灯。LED 灯和紧凑型荧光灯是卓越的节能光源，而且荧光灯还有助于减少白炽灯产生的热量。

想要帮助服务生更加高效地完成工作，位于服务台的光照就应为饮料、餐具和菜品提供充足的照明，但不应对餐厅的顾客造成影响。

一分钟学习指南

1. 指出几种可以节约能源的酒店照明方式。
2. 在同一家餐厅里，照明会对午餐和晚餐带来怎样不同的影响？

零售店

为零售店设计优质的照明环境，需要对零售市场、顾客、产品、价格、商店布局和视觉营销策略有所了解。

零售业

最早的零售店是住宅楼的门面房。之后的设计包括集市和商场。这些建筑结构根据自然光照决定运营时间，结合自然光照是安装了美丽的彩色玻璃天窗（见图 12.26）。

图 12.26 最早的零售商店带有采光。一些零售商，比如位于巴黎的老佛爷百货公司，通过使用彩色玻璃来提升购物体验。（摄影：贝特朗・盖伊 / Getty Images）

随着电力的发展和电气光源的进步，许多零售店选择消除自然光照，青睐通过操控电气照明控制环境。例如，许多零售店，尤其是在商场内的零售店，没有室内的自然光，完全依赖电气照明。

零售商的目标与照明

零售商的目标是面向消费者树立一个形象，吸引顾客来到商店，将顾客注意力集中在商品上，减少或消除退货，营造一次印象深刻的体验，这也会促使顾客在未来再次光顾。照明在实现这些目标中发挥主要的作用。

照明应该增强商店的形象。现在一系列的零售店提供各种产品和服务，覆盖了全范围的价位。

折扣店一般采用工业灯具实现一致的、明亮的光照。比较高端的商店通常采用较低的周围照明水平，用聚光灯来营造对比，强调产品。这些照明技巧都可以反映各自商店的形象，宣传相应的价值主张。

入口可以帮助区别一家零售店与其竞争者，吸引目标消费者，并且营造一种认同感。因此，每一家零售店都希望通过店面来吸引消费者看到它们的商品，然后鼓动消费者进到店里购买商品。因此，照明必须能够在入口处增强商店的形象，确保商品足够可见。

商店橱窗

商店橱窗的照明取决于区域的布局。橱窗展示柜分为有背景和没有背景的设计（见图 12.27）。带有背景的橱窗展示柜更可控，所以可以在规定空间内为货品专门规划照明。这样的场景是采用聚光灯来将视线指向产品的理想场景。

没有背景的橱窗展示柜可能会使观众感到迷惑，因为背景里的商品和照明会转移消费者的注意力。不过，许多零售商倾向于使用有开放式背景的橱窗展示柜，因为这可以使人们在走过商店的时候看到很多商品。

在没有背景的橱窗展示柜内，想要突出展示柜里的产品，应该仔细监控不同区域之间的光照对比，还可以考虑其他吸引注意力的方法，例如在橱窗内使用有颜色的光照或会移动的照明。

空间规划

当消费者进入商店之后，照明就在空间、流通和视觉营销的整体规划中起着关键的作用（见图 12.28）。一如既往，照明应该满足有视力缺陷的人们的需求，并在通用设计原则的其他方面起到促进作用。

分层照明技巧一定要支持空间的规划和营销的目的。照明经常被用于指示商店内的不同区域。例如，在百货商场里，化妆品、鞋履、女性百货可能会采用不同的光照水平和灯具。

图 12.27(a) 用于商店橱窗的照明取决于空间的布置。带有背景的橱窗展示柜更可控，所以可以在规定空间内为货品专门规划照明。这样的场景是采用聚光灯来将视线指向产品的理想场景。（照明设计：亚当・海因斯）

图 12.28 这家零售店内的照明通过突出展示柜，指引视线穿过货品和商店。小片的光照将眼睛引导到前景中的每个展示柜上，然后台阶顶部被照亮的橱柜吸引顾客的目光上到二层。（摄影：Armourcoat，伦敦爱丝普蕾）

图 12.27(b) 为没有背景的橱窗展示柜设计照明更具挑战，因为店内还有需要关注的商品和光源。这家位于日本东京的零售店，通过将橱窗内展示的货物与商店的室内相结合，解决了这个问题。（摄影：View Pictures / Getty Images）

零售商经常用不同的顶棚高度、表面和颜色来指示不同的区域或产品。

寻路和流通

照明可以通过照亮通往不同部门和商品的路线来帮助顾客寻路。从周围光源到重点光源的光照经常被用于为过道提供照明。

光照应该帮助消费者寻找商品，通过强调高度的改变、表面材料和展示柜的尖角，保护消费者的安全。

由于消费者从不同的方向走过过道，必须从几个点对照明进行仔细分析，确保场景内没有眩光。这包括监控从光泽饰面上反射到墙面和地板上的光照。例如，高度抛光的大理石地板会使顶棚灯具带来令人讨厌的眩光。

除了过道内的光照，周边照明也可以帮助消费者了解商店的大小和形状，定位商品（见图 12.29）。快速

图 12.29 过道中的照明和周边照明帮助顾客了解商店的尺寸和形状，从而定位商品。（照片版权归 @ Laszlo Regos Photography 所有）

了解商店的规格会促使消费者探索整个商店。

周边照明很容易与垂直表面相结合，必须有效地照亮商店内距离入口最远的区域的引导标志和产品。由于人们会被光照吸引，周围墙面照明也可以促使消费者走遍商店的全部区域，包括那些在角落的区域。

从一个角度来说，消费者倾向于避开黑暗的空间，所以，仔细分析商店的平面图很重要，可以明确这些较暗区域的位置。另外，出于安保、盗窃防范的目的，销售员工必须能够看见商店内的全部区域。

视觉营销

优质照明是视觉营销的关键。有效的照明一定是始于产品，设计师应了解如何照亮商品最吸引人的特征。

对于拥有许多不同颜色、不同材质和不同大小的产品的商店，照明挑战是显著的，因为一个近距离拥有许多物品的场景内，照明必须突出一个产品或者产品的一个细节。这就需要了解产品的特征，以及照明可以如何强调产品的主要特征。从营销的角度来说，可视化优化方案有助于确定产品最重要的属性。

视觉营销的另一个重要考量就是提供灵活度，以适应一年中展示柜的变化。例如，在冬天，零售商可能想要强调商店里的一个特定部分（如圣诞节装饰、产品的某个特征或羊毛衫的质地），而夏天的时候，强调的重点可能就会变成室外的家具或泳装的明亮色彩。

照明的灵活性包含不同的因素，比如瞄准角度、照明强度、色温和聚光度。为了增强产品的外观，为评估商品提供卓越的可见度，光源应该尽可能靠近商品（见图 12.30）。例如，聚光照亮位于桌上或陈列台上的商品，使用将商品暴露在每层展柜上的分层单元更容易实现。

购买点位置

应该为商场里的典型购买点位置做认真考虑。试衣间和结账柜台是重点区域。试衣间内的照明经常采用工业类型的灯具，采用低演色性指数的光源。

然而，试衣间内的照明应该增强

商品的外观和消费者的模样，因为这是消费者做决定的最关键的点。照明应该围绕镜子，提供卓越的显色性。人们购买商品的位置也应该提供高水平的照明，因为消费者可能会轻易改变主意，不购买产品。

能源节约

用于零售店的优质照明必须平衡零售商的目标、能源规定和环境考虑。为了增强营销力度、增加销售量，零售商经常采用高能耗的灯源，比如白炽灯和卤素灯。但是，想要遵守能源规定，满足最大的功率要求，设计师们必须考虑节能的照明系统，产生最低的使用寿命周期成本。采光有助于满足能源规定要求。

图 12.30 靠近商品的照明源强调产品，并为评估衣物提供绝佳的能见度。（摄影：View Pictures / Getty Images）

根据ANSI/ASHRAE/IES 90.1—2013，零售建筑的照明功率密度（LPD）和瓦每平方米 （W/m^2）通过逐空间法计算，包括下列内容（参见第八章）：

- 通用销售区域（1.44 LPD，W/m^2）；
- 试衣间（0.71 LPD，W/m^2）；
- 销售区域（1.44 LPD，W/m^2）。

当照明仅用于这些目的时，标准是允许为装饰性展示柜和零售展示柜增加室内照明功率的（见ANSI/ASHRAE/IES，2013）。

灯具和灯源

为零售店确保节能的照明系统还需要注意选用合适的灯具和电气光源。例如，在一个需要强调多个区域的零售环境内，低功率导轨系统比线电压导轨系统更节能。应该采用窄光束聚光灯而非泛光灯来强调。

零售空间内的光源应该是寿命长、显色卓越、高光照输出的。目前，卤素灯、荧光灯（直线形和紧凑型）、陶瓷金卤灯、光学纤维和LED灯是节能的光源。

陶瓷金卤灯取得的巨大进步促使人们愿意在不同零售空间中使用这种光源。LED、OLED和光线照明的不断进步会在未来提供更加节能的解决方案（见图12.31）。

显色性会一直是零售店的关键。

图 12.31 LED 为这个立面营造出未来主义的印象。（摄影：Esch Collection / Getty Images）

图 12.32 照明被用于为商品和室内设计营造出引人入胜的印象。（摄影：View Pictures / Getty Images）

退货经常是由于消费者在离开商店后对颜色不满意。因此，照明应该尽可能忠实地显示色彩，自然光是能够高度还原颜色的卓越光源。

理想的电气光源拥有 100 的演色性指数，以及 3000 ~ 3200K 的色温。

控制器与维护

与所有的商用环境一样，控制器在节约能源和为不同的场景营造不同的气氛方面发挥重要的作用（见图 12.32）。零售店应该采用与商店运营时间校准过的自动控制器。

在一些应用中，感应传感器可以在没有人的零售区域用于调暗光照，然后当人进入空间时提高光照水平。通常，感应传感器只适用于人流量很小的零售空间。

控制器可以经过编程在一天当中的不同时间段为不同的零售区域设置不同的场景。这包括为晚间维护做特别的设置。

高效的灯源维护对于零售环境来说是关键的，因为黑暗中的产品卖不出去。灯源应该可以快速更换、可触及、易于更换。这样的灯源有助于维护人员操作，以及方便经常得在商店开门的时间内更换灯源的销售人员。

不同类型灯源的数量应该维持在最低水平，因为当在商店中的不同位置使用了多种灯源时，就很容易在换灯的时候给维护人员造成困扰。

为商用结构创建优质的照明环境是一个复杂的过程，不能依赖一成不变的预设解决方案。所有的客户收到的照明方案，对于他们的用户、每个空间的室内元素和场地来说都是独一无二的。照明必须适应不同场景内开展多项任务的不同的人。

另外，室内设计师必须对世界上可能影响企业和机构理念的事件有所了解，因为这些理念会反过来影响室内照明。

科技的不断进步也会对照明系统

产生显著的影响，因此，设计师们应该持续关注照明领域的进步，这样才能选择最节能的科技（参见下文中“案例研究”）。这对于商用建筑来说尤为关键，因为商用建筑会消耗极大量的电力。

章节概念→专业实践

这些项目是基于大脑学习过程的规律——一项研究大脑如何运行和学习所形成的理论（见“前言”）。这些项目可以独自完成，也可以进行分组讨论。

增强观察技能

仔细检查图 12.18（a）、图 12.18（b）和图 12.20 中的室内空间，然后回复下列内容。

- 指出灯具及其目的。
- 描述照明营造的整体气氛。
- 照明对于空间及其用户的目的来说是否有效，为什么？
- 对比和比较图 12.18 和图 12.20 中的照明效果。
- 指出为每个空间改善照明的建议。

一分钟学习指南

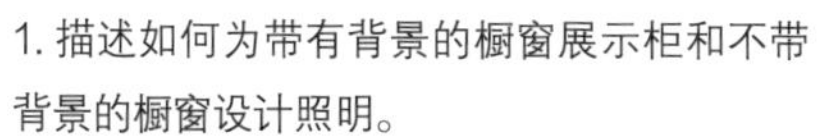

1. 描述如何为带有背景的橱窗展示柜和不带背景的橱窗设计照明。
2. 如何通过设计照明来帮助顾客找到商品，然后购买商品？

思维导图

思维导图是一种头脑风暴的技巧，它可以帮助你理解概念。创建思维导图时，需要画几个圆圈代表每一个概念，用线连接来表示不同概念间的关系。用最大的圆圈表示最重要的概念，用最粗的线条表示最牢固的关系。文字、图像、颜色或其他视觉手段都可以用来代表概念。发挥创造力！

做一份思维导图，包含本章中论及的商业空间（用最大的圆圈），然后用小一些的圆圈、图像、颜色或其他视觉装置来表示每个建筑类型的主要照明考量，包括采光和能源节约策略。

增强观察技能

仔细检查图 12.27（a）和图 12.27（b）中的室内空间，然后回复下列内容。

- 指出被照明的物体，确认哪件灯具被用于强调商品。
- 你会如何评价这些空间内的对比？
- 描述照明营造的整体氛围。
- 照明是否突出了商品，是如何做到的？如果你不认为照明突出了商品，提出能够突出商品的照明建议。

案例研究：白金级 LEED 认证商用建筑内的优质照明

位于俄勒冈州波特兰市的协作生命科学大楼（CLSB）就是采用节能照明的商用建筑典范。该建筑在 USGBC 的 LEED 新建施工评分系统内被评为白金级，也获得了美国建筑师协会的环境委员会的 2015 年度十佳项目奖。

设计问题陈述

设计一座结合了健康、学术和研究的大楼，教育合作关系包括俄勒冈健康与科学大学、波特兰州立大学和俄勒冈州立大学。这栋大楼的概念是一个跨学科教育和研究的创新模型。室内的玻璃墙面使人们可以观察教室内的活动，教学实验室和中庭则为学生提供了协作学习的空间。

项目背景

客户：俄勒冈大学系统和俄勒冈健康与科学大学。

建筑师：SERA 建筑师事务所和 CO 建筑师事务所。

位置：俄勒冈州波特兰市。

项目类型：教育、餐饮和医疗诊所。

尺寸：60387 平方米（650000 平方英尺）。

照明设计策略

该建筑达到 LEED 白金级别，在照明和能源方面有许多可持续设计创新，包括以下内容。

- 对太阳能和阴影模式展开分析，实现实验室、办公室和教室里的最大自然光照，同时为南部的天空创建没有障碍的视野，在顶部照明的中庭内反射光照。
- 研究实验室内的倾斜顶棚实现最大化的自然光照和反射光照。
- 减少光照污染和照明功率密度至 0.60 瓦每平方米。
- 减少大约 45% 的能源使用量，包括采用高性能照明系统、采光、感应控制器、研究实验室里的任务、周围照明、高性能窗户和户外遮蔽策略。
- 中庭内的 LED 艺术品增强了光照对健康和舒适度产生的积极效果。

摄影：Alene Davis Photography

由 Pae White 设计的照明艺术，由不同色温的 LED 制成，模仿自然光照的变动

摄影：Alene Davis Photography

采光

座位旋转使得学生可以以小组的形式互动

有关夏季和冬季月份中自然光照渗透的分析

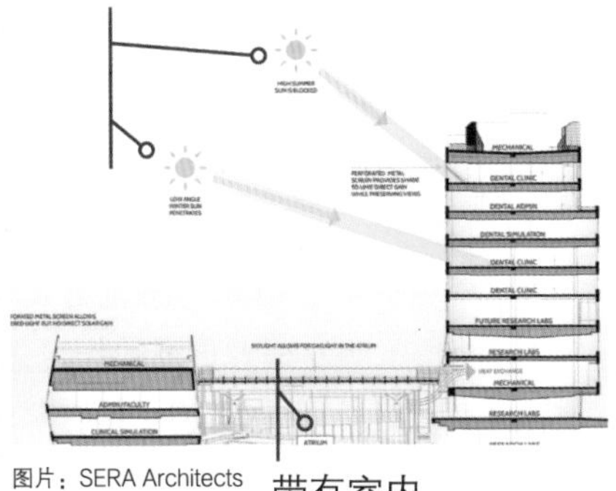

图片：SERA Architects

带有室内玻璃墙面的中庭

摄影：Alene Davis Photography

自然光照经过多孔的金属屏挡板过滤。白色的表面有助于将自然光反射进教室

来源：AIA 的 COTE（2015）.《俄勒冈健康与科学大学、波特兰州立大学和俄勒冈州立大学的协作生命科学大楼（Collaborative Life Sciences Building for OHSU，PSU & OSU）》，2015 年 11 月 10 日访问于 http://www.aiatopten.org/taxonomy/term/10.

一分钟学习指南

将你在“一分钟学习指南”中的回答汇编成一本“学习指南”。对比你的回答与本章中的内容。你的回答准确吗，有没有错过什么重要的信息？你觉得你是否需要重读某些部分的内容？另外，利用“关键术语”列表来测试自己对于每个术语的掌握程度，然后再在本章内容或词汇表中查找相关释义。把难记的术语及其释义加进你的“学习指南”。相应地，完善你的回答，然后创建第十二章“学习手册”。

章节小结

- 用于商业空间的照明系统应该增强视觉舒适度，同时满足功能性和美学要求。
- 商业照明规划的设计必须考虑安全活动、不同的人群、人群的各种能力和能源节约。
- 办公室的照明会受到管理理念和员工使用的科技的影响。
- 办公室内的优化照明系统为使用电脑工作的人、在桌上书写的人和参与会见的人提供有效照明。
- 用于教育场所的照明应该是节能的，能够支撑学习理念，并且适应教室里发生的各种活动。
- 研究报告证明教室内自然光照的重要性。
- 医疗场所需要照明为医疗活动提供有效照明，并且改善患者的心理健康，满足患者家属的需求。
- 医疗场所内的照明必须灵活，以适应各种可能在患者病房内出现的进程与活动。
- 照明应该突出酒店的品牌、标准和价格。
- 考虑到酒店业是美国的能源密集消费产业，照明必须节能，并且定期维护。
- 在吸引客户进入餐厅、树立理想的形象、显示精确的食物颜色及使消费者在用餐时感觉舒适等方面，照明发挥着重要的作用。
- 优质照明在实现零售商目标的过程中发挥主要作用，这些目标包括给消费者树立一个形象，吸引顾客来到商店，将顾客注意力集中在商品上，减少或消除退货，以及给顾客营造一次印象深刻的体验。

关键术语

localized lighting 局部照明

附录 I

照明行业制造商、经销商、供应商名录

控制器和设备制造商

飞利浦 Advance Transformer 公司(美国)
www.usa.lighting.philips.com/home

BRK 品牌电子设备公司(美国)
www.brkelectronics.com

拜仁电气公司(加拿大)
www.bryant-electric.com

松下集团 Douglas Lighting Controls 照明控制器公司(美国)
www.douglaslightingcontrol.com

富能公司(美国)
www.fulham.com

霍尼韦尔公司(美国)
www.honeywell.com

ILC 照明控制器公司(美国)
www.ilc-usa.com

蓝菲光学公司(美国)
www.labsphere.com

立维腾制造公司(美国)
www.leviton.com

哈勃集团 Litecontrol 控制器公司(美国)
www.litecontrol.com

迈特公司(美国)
www.magnetek.com

Pace Technologies
www.pacepower.com

罗格朗 Pass & Seymour 公司(美国)
www.legrand.us

RAB 照明设备公司(美国)
www.rabweb.com

艾迪照明 Sensor Switch 控制器公司(美国)
www.sensorswitch.com

罗格朗 The Watt Stopper 照明系统控制公司(美国)
www.legrand.us/wattstopper.aspx

灯源制造商

Broada 照明公司(美国)
www.broadalighting.com

Bulbtronics 照明公司(美国)
www.bulbtronics.com

Eiko 照明公司(美国)
www.eiko-ltd.com

通用电气照明(美国)
www.gelighting.com

Halco Lighting Corporation 照明公司(美国)
www.halcolighting.com

LEDtronics 品牌 LED 公司(美国)
www.ledtronics.com

欧司朗喜万年(美国)
www.sylvania.com

飞利浦照明(美国)
www.lighting.philips.com

Satco Products 照明产品(美国)
www.satco.com

肖特 -Fostec 有限责任公司(光纤)(美国)
www.schott-fostec.com

西屋照明电器(美国)
www.westinghouselighting.com

灯具制造商

AAMSCO Manufacturing Lighting 照明制造公司(美国)
www.aamsco.com

Access Lighting 照明公司(美国)
www.accesslighting.com

哈勃照明品牌 Alera Lighting 照明公司（美国）
www.aleralighting.com

The American Glass Light Company 灯具公司（美国）
www.americanglasslight.com

美国照明公司
www.americanlighting.net

Andromeda 灯具（意大利）
www.andromedamurano.it

Arroyo Craftsman Lighting 工艺照明（美国）
www.arroyo-craftsman.com

Artemide 照明设计公司（美国）
http://artemide.net

Banci 照明公司（意大利）
www.banci.it

BEGA 照明（德国）BEGA-US 公司（美国）
www.bega-us.com

贝尔弗照明集团（美国）
www.belfergroup.com

Beta-Calco 照明制造公司（美国）
www.betacalco.com

B-K 建筑室外景观照明（美国）
www.bklighting.com

Boyd 照明公司（美国）
www.boydlighting.com

LEDRA 品牌 Bruck Lighting Systems 照明公司（美国）
www.brucklighting.com

Casella 照明公司（美国）
www.casellalighting.com

Christopher Moulder 设计师灯具（美国）
www.christophermoulder.com

City Lights Antique Lighting 古典灯具（美国）
www.citylights.nu

飞利浦 Color Kinetics 照明公司（美国）
www.colorkinetics.com

哈勃照明品牌 Columbia Lighting 照明公司（美国）
www.columbia-ltg.com

Cree LED Lighting LED 照明（美国）
www.creelighting.com

Dabmar Lighting 灯具公司（美国）
www.dabmar.com

Daylight America 采光照明（美国）
www.daylighting.com

Design Centro Italia 意大利进口家具（美国）
www.italydesign.com

Designplan Lighting 照明公司（美国）
www.designplan.com

飞利浦 Dyna-Lite Selection 照明公司（美国）
www.dynalite.com

Edgeline Designs 照明公司（美国）
www.edgelinelighting.com

ELA Lighting 建筑环境照明公司（美国）
www.ela-lighting.com

ELCO Lighting 照明公司（美国）
www.elcolighting.com

Elite Lighting Company 照明公司（美国）
www.elitelighting.com

Engineered Lighting Products（ELP）灯具（美国）
www.elplighting.com

EYE Lighting International 照明公司（美国）
www.eyelighting.com

Flos 设计师灯具（意大利）
http://www.flos.com/en/home

Fontana Arte 灯具（意大利）
www.fontanaarte.it

Foscarini 照明公司（意大利）
www.foscarini.com

Frandsen 照明公司（丹麦）
www.frandsen-lyskilde.dk

Giorgetti 家具（意大利）
www.giorgetti-spa.it

伊顿品牌 Halo Lighting 照明产品（美国）
www.haloltg.com

Hampstead Lighting & Accessories 灯具灯饰（美国）
www.hampsteadlighting.com

H.E.Williams 照明家族企业（美国）
www.hewilliams.com

Historical Arts & Casting 家装公司（美国）
www.historicalarts.com

House of Troy 照明品牌（美国）
www.houseoftroy.com

Hubbardton Forge & Wood 商业锻造厂（美国）
www.vtforge.com

Ingo Maurer 照明设计（德国）
www.ingo-maurer.com

Johnson Art Studio 灯具设计工作室（美国）
www.johnsonartstudio.com

Juno Lighting 照明集团（美国）
www.junolighting.com

Justice Design Group 建筑照明与装饰照明（美国）
www.jdg.com

Kartell 公司（意大利）
www.kartell.com

哈勃照明品牌 Kim Lighting 灯具公司（美国）
www.kimlighting.com

Kreon 灯具公司（比利时）
www.kreon.com

Kundalini 灯具公司（意大利）
www.kundalini.it

LaMar Lighting 照明公司（美国）
www.lamarlighting.com

Lampa 灯具公司（美国）
www.lampa.com

LBL Lighting 照明公司（美国）
www.lbllighting.com

Leucos Lighting 照明公司（意大利）
www.leucos.com

The Lighting Quotient 灯具公司（美国）
www.thelightingquotient.com

Lightway Industries 照明公司（美国）
www.lightwayind.com

Lightworks 照明公司（美国）
www.lightworkslighting.com

Los Angeles Lighting 照明制造公司（美国）
www.lalighting.com

Luceplan 灯具公司（意大利）
www.luceplan.com

Lucifer Lighting Company 灯具家族企业（美国）
www.luciferlighting.com

Lumileds 灯具制造公司（美国）
www.philipslumileds.com

Luminaire 照明公司（美国）
www.luminaire.com

Lumux Lighting 建筑照明公司（美国）
www.lumux.net

路创电子公司（美国）
www.lutron.com

GLAMOX 集团（挪威）Luxo Corporation 照明公司（美国）
www.luxous.com

Lyn Hovey Studio 玻璃设计工作室（美国）
www.lynhoveystudio.com

Mark Architectural Lighting 建筑照明公司（美国）
www.marklighting.com

哈曼国际 Martin Professional 娱乐照明公司（丹麦）
www.martin.com

MaxLite 照明公司（美国）
www.maxlite.com

Molo 设计工作室（美国）
molodesign.com

MP Lighting 照明公司（加拿大）
www.mplighting.com

纽约现代艺术博物馆艺术品商店（美国）
www.moma.org

国家专业照明（美国）
www.nslusa.com

Nessen Lighting 照明设计（美国）
www.nessenlighting.com

Newstamp Lighting 照明公司（美国）
www.newstamplighting.com

Nora Lighting 高效照明公司（美国）
www.noralighting.com

贝尔弗集团 Norbert Belfer Lighting 照明
www.belfergroup.com

Norlux Corporation 灯具公司（丹麦）
www.norluxcorp.com

Oluce 照明设计公司（意大利）
www.oluce.com

Pathway Lighting Products 照明产品公司（美国）
www.pathwaylighting.com

Peerless Lighting 照明公司（美国）
www.peerless-lighting.com

Precision Architectural Lighting 建筑照明公司（美国）
pal-lighting.com

哈勃照明品牌 Prescolite 户内照明产品(美国）
www.prescolite.com

普利思玛照明（意大利）
www.pil-usa.com

Promolux Lighting International 照明公司（美国）
www.promolux.com

伊顿品牌 RSA Lighting 照明产品（美国）
www.rsalighting.com

selux 照明公司（德国）
www.selux.com

Sistemalux 照明经销公司（加拿大）
www.sistemalux.com/en/

SLD Lighting
www.sldlighting.com

So-Luminaire Daylighting Systems 采光系统（美国）
soluminaire.com

Spectrum Lighting 照明公司（美国）
www.spectrum-lighting.com

SPI Lighting 照明公司（美国）
www.spilighting.com

SPJ Lighting 照明公司（美国）
www.spjlighting.com

Steel Partners Inc. 灯具股份有限公司（美国）
www.steelpartnersinc.com

Sternberg Vintage Lighting 照明企业（美国）
www.sternberglighting.com

Studio Italia Design 照明设计公司（意大利）
sid-usa.com

SunLED Corporation 光电器件制造公司（美国）
www.sunled.com

Sunrise Lighting 照明公司（美国）
www.sunriselighting.com

Generation Brands 品牌 Tech Lighting 照明公司（美国）
www.techlighting.com

Times Square Lighting 照明公司（美国）
www.tslight.com

W.A.C. Lighting 照明公司（美国）
www.waclighting.com

Xenon 建筑照明制造公司（XAL）（美国）
www.xenonlight.com

Yankee Craftsman 复古工艺灯具（美国）
www.yankeecraftsman.com

Zaneen Lighting 照明经销公司（美国）
www.zaneen.com

奥德堡照明（Zumtobel Staff）奥地利
www.zumtobel.us

回收公司

美国生态企业（U.S. Ecology）
www.americanecology.com

伯利恒设备公司（美国）
www.bethlehemapparatus.com

Full Circle Recycling 回收公司（美国）
www.fullcirclerecycling.com

Lighting Resources（美国）
www.lightingresourcesinc.com

Mercury Recovery Services 回收服务（美国）
www.hgremoval.com

USA Lights & Electric 照明公司（美国）
www.usalight.com

附录 II

专业组织、政府机构、贸易协会名录

《美国残疾人法》（ADA）
www.ada.gov

美国能源效率经济委员会
www.aceee.org

美国医院协会
www.aha.org

美国饭店业协会
www.ahla.com

美国建筑师协会
www.aia.org

美国照明器材制造协会
www.americanlightingassoc.com

美国国家标准协会
www.ansi.org

美国土木工程师协会
www.asce.org

美国家具设计师学会
www.asfd.com

美国供暖、制冷与空调工程师学会
www.ashrae.org

室内设计师美国协会
www.asid.org

景观建筑师美国协会
https://asla.org

美国太阳能协会
www.ases.org

《建筑照明》杂志（美国）
www.archlighting.com

《建筑实录》杂志（美国）
www.architecturalrecord.com

ARCOM 公司《总说明书》（美国）
www.arcomnet.com

能源工程师协会（美国）
www.aeecenter.org

能源服务人才协会（美国）
www.aesp.org

美国承包商协会
www.agc.org

安大略省注册室内设计师协会（加拿大）
www.arido.ca

英国家具承包商协会
www.thebcfa.com

办公家具制造商协会（美国）
www.bifma.com

健康设计中心（美国）
www.healthdesign.org

注册建筑服务工程师协会（英国）
www.cibse.org

美国色彩协会
www.colorassociation.com

色彩营销集团
www.colormarketing.org

施工规范协会（美国）
www.csinet.org

《Contract》室内设计杂志（美国）
www.contractmagazine.com

室内设计协会所（美国）
www.accredit-id.org

《电气施工与维护（EC&M）》杂志（美国）
www.ecmweb.com

《电气新闻报》（美国）
www.electricalnews.com

节能环保建筑协会（美国）
www.eeba.org

佛罗里达太阳能研究中心（美国）
www.fsec.ucf.edu

绿色照明计划（美国）
www.epa.gov

国际家居协会（美国）
www.hfia.com

北美照明工程协会
www.ies.org

美国工业设计师协会
www.idsa.org

InformeDesign（美国）
www.informedesign.org

人性化设计学院（美国）
www.adaptiveenvironments.org

室内设计协会（美国）
www.interiordesignsociety.org

加拿大室内设计师协会
www.interiordesigncanada.org

国际照明设计师协会
www.iald.org

国际规范委员会
www.iccsafe.org

国际建筑研究与文献委员会
www.cie-usnc.org

国际暗夜协会
www.darksky.org

国际设施管理协会
www.ifma.org

国际室内装饰设计协会
www.ifda.com

国际室内设计协会
www.iida.org

Lambda Research Corporation 公司（美国）
www.lambdares.com

劳伦斯伯克力国家实验室（美国）
www.lbl.gov

照明分析家股份有限公司（美国）
www.lightinganalysts.com

伦斯勒理工学院光学研究中心（美国）
www.lrc.rpi.edu

《大都市》杂志（美国）
www.metropolismag.com

《Mondo Arc》照明设计杂志（英国）
www.mondiale.co.uk

家居创新研究实验室（美国）
www.homeinnovation.com

国家建筑行业妇女协会（美国）
www.nawic.org

国家室内设计师资格委员会室内设计师资格认证（美国）
www.ncidq.org

国家照明专业理事会（美国）
https://ncqlp.org

国家消防协会（美国）
www.nfpa.org

国家职业安全健康局（美国）
www.cdc.gov/niosh

国家厨房浴室协会（美国）
www.nkba.org

国家照明局（美国）
www.nlb.org

国家睡眠基金会（美国）
https://sleepfoundation.org

国家技术信息服务（美国）
www.ntis.gov

国家历史保护信托（美国）
www.preservationnation.org

NeoCon 国际办公家具及室内装饰展
mmart.com www.neocon.com

东北能源效率合作组织（美国）
www.neep.org

职业安全与卫生管理局（美国）
www.osha.gov

太平洋瓦斯与电力公司（美国）
www.pge.com

设计专业协会（美国）
www.aiga.org

魁北克家具制造商协会（加拿大）
www.afmq.com/en

《住宅照明》杂志
www.residentiallighting.com

保险商实验室有限公司
www.ul.com

美国人口普查局
www.census.gov/mcd

美国能源部
www.energy.gov

美国绿色建筑协会
www.usgbc.org

窗户与采光集团
https://windows.lbl.gov

附录 III
参考文献

[1] American History Museum of the Smithsonian Institute(2015). Lighting the Way: A Project at the Smithsonian, accessed September 6,2015 at http://americanhistory.si.edu/.

[2] ANSI/ASHRAE/IES.(2013). ANSI/ASHRAE/IES 90.1-2013 Energy Standard for Buildings Except Low-Rise Residential Buildings. New York: Illuminating Engineering Society.

[3] ANSI/IES.(2010). Nomenclature and Definitions for Illuminating Engineering. New York: Illuminating Engineering Society.

[4] Banbury, S., Macken, W., Tremblay, S., & Jones, D.(2001). Noise Distraction Affects Memory. Human Factors, 43(1), 12-29.

[5] Barr, V.(March 2009). Collegial Not Clinical. LD+A, 39(3), 38-43.

[6] Baumstarck, A., & Park, N.(2010). Impact of Dressing Room Lighting on Shoppers' Perceptions. Journal of Interior Design, 35, 37-49.

[7] Beauchemin, K. M., & Hays, P.(1996). Sunny Hospital Rooms Expedite Recovery from Severe and Refractory Depressions. Journal of Affective Disorders, 40, 49-51.

[8] Benya, J. R.(December 1-6, 2001). Lighting for Schools. Washington, DC: National Clearinghouse for Educational Facilities.

[9] Berry, J. L.(1983). Work Efficiency and Mood States of Electronic Assembly Workers Exposed to Full-Spectrum and Conventional Fluorescent Illumination. Dissertation Abstracts International, 44, 635B.

[10] Blackwell, H. M.(1946). Contrast Thresholds of the Human Eye. Journal of the Optical Society of America, 36, 624-643.

[11] Boray, P., Gifford, R., & Rosenblood, L.(1989). Effects of Warm White, Cool White and FullSpectrum Fluorescent Lighting on Simple Cognitive Performance, Mood and Ratings of Others. Journal of Environmental Psychology, 9, 297-308.

[12] Boyce, P. N., Eklund, N., & Simpson, S.(1999). Individual Lighting Control: Task Performance, Mood and Illuminance. IESNA Conference Proceedings, 1999. New York: Illuminating Engineering Society of North America.

[13] Boyce, P. N., Elkund, N., & Simpson, S.(2000). Individual Lighting Control: Task Performance, Mood and Illuminance. Journal of the Illuminating Engineering Society, 29(1), 131-142.

[14] Boyce, P. R.(1973). Age, Illuminance, Visual Performance, and Preference. Lighting Research and Technology, 5, 125-139.

[15] Boyce, P. R.(2003). Human Factors in Lighting(2nd ed.). New York: Taylor and Francis.

[16] Boyce, P. R., Akashi, Y., Hunter, C. M., & Bullough, J. D.(2003). The Impact of Spectral PowerDistribution on the Performance of an Achromatic Visual Task. Lighting Research and Technology, 35(2), 141-161.

[17] Boynton, R. M., & Boss, D. E.(1971). The Effect of Background Luminance and

Contrast Upon Visual Search Performance. Illuminating Engineering, 66, 173-186.

[18] Butko, D. J.(2011). The Sound of Daylight: The Visual and Auditory Nature of Designing With Natural Light. In K. Domke & C. A. Brebbia(eds.)(2011). Light in Engineering, Architecture and the Environment. Southampton, UK: WIT Press.

[19] Centers for Disease Control and Prevention.(2014). Press Release, accessed September 30, 2015, http://www.cdc.gov/media/releases/2014 /p0327-autism-spectrum-disorder.html.

[20] Clark, C.(2001). VDT Health Hazards: A Guide for End Users and Managers, Journal of End Users of Computing, 13(1), 34-39.

[21] Cohen-Mansfield, J., Werner, P., & Freedman, L.(1995). Sleep and Agitation in Agitated Nursing Home Residents: An Observational Study. American Sleep Disorders Association and Sleep Research Society, 18(8), 674-680.

[22] Desan, P. H., Weinstein, A. J., Michalak, E. E., Tam, E. M., Meesters, Y., Ruiter, M. J., Horn, E., Telner, J., Iskandar, H., Boivin, D. B., & Lam, R.W.(2007). A Controlled Trial of the Litebook Light-Emitting Diode(LED)Light Therapy Device for Seasonal Affective Disorder(SAD). BMC Psychiatry 7, 38.

[23] Ducker Research.(1999, August). Lighting Quality: Key Customer Values and Decision Process. Report to the Light Right Research Consortium.

[24] Duro-Test Lighting.(2003). Importance of Lighting in Schools, accessed September 25, 2012, http://www .full-spectrum-lighting.com. 1-3.

[25] Eklund, N., Boyce, P., & Simpson, S.(2000). Lighting and Sustained Performance. Journal of the Illuminating Engineering Society, 29(1), 116.

[26] ENERGY STAR. (2008). Facility Type: Hotels and Motels. In ENERGY STAR Building Manual. Washington DC: ENERGY STAR.

[27] ENERGY STAR (2015). Why Choose ENERGY STAR Qualified LED Lighting?, accessed September 8, 2015, https://www.energystar.gov/index.cfm?c=ssl .pr_why_es_com.

[28] European Commission(2006). Environment: EU Ban on Hazardous Substances in Electrical and Electronic Products Takes Effect, accessed June 13, 2016, http://europa.eu/rapid /press-release_IP-06-903_en.htm?locale=en.

[29] Evans, G. W., & Cohen, S.(1987). Environmental Stress. In D. Stokols & I. Altman(eds.), Handbook of Environmental Psychology. New York: John Wiley & Sons, pp. 571-610.

[30] Figueiro, M. G.(2003). Research Recap: Circadian Rhythm. Lighting Design and Application(LD + A), 33(2), 17-18.

[31] Figueiro, M. G.(2005a). Research Matters. The Bright Side of Blue Light. Lighting Design and Application(LD + A), 35(5), 16-18.

[32] Figueiro, M. G.(2005b). Research Matters. The Bright Side of Night-Lighting. Lighting Design and Application(LD + A), 35(9), 18-20.

[33] Figueiro, M. G., Applemen, K., Bullough, J. D., & Rea, M. S.(2006). A Discussion of Recommended Standards for Lighting in the Newborn Intensive Care Unit. Journal of

Perinatology, 26(Oct. 1), S19-S26.

[34] Figueiro, M. G., Eggleston, G., &Rea, M.S.(2002).Effects of Light Exposure on Behavior of Alzheimer's Patients: A Pilot Study. Paper presented at the Fifth International LRO Lighting Research Symposium, Orlando, FL.

[35] Figueiro, M. G., Rea, M. S., & Eggleston, G.(2003). Light Therapy and Alzheimer's Disease. Sleep Review. The Journal for Sleep Specialists, 4(1), 1-4.

[36] Figueiro, M. G., & Stevens, R.(2002). Daylight and Productivity: A Possible Link to Circadian Regulation. Poster Session at the Fifth International LRO Lighting Research Symposium, Orlando, FL.

[37] Food and Drug Administration.(1986, September). Lamp's Labeling Found to be Fraudulent. FDA Talk Paper(No. T86-69). Rockville, MA: U.S. Department of Health and Human Services.

[38] Galasiu, A. D., Atif, M. R., & MacDonald, R. A.(2003). Impact of Window Blinds on DaylightLinked Dimming and Automatic On/Off Lighting Controls. Solar Energy, 76, 523-544.

[39] Galasiu, A. D., & Veitch, J. A.(2006). Occupant Preferences and Satisfaction with the Luminous Environment and Control Systems in Daylit Offices: A Literature Review. Energy and Buildings, 38, 728-742.

[40] Gawron, V. J.(1982). Performance Effects of Noise Intensity, Psychological Set, and Task Type and Complexity. Human Factors, 24, 225-243. Granderson, J., & Agogino, A.(2006).

[41] Graham, R., & Michel, A.(2003). Impact of Dementia on Circadian Patterns: Lighting and Circadian Rhythms and Sleep in Older Adults(Technical Memorandum 1007708)Palo Alto, CA: Electric Power Research Institute(EPRI).

[42] Granderson, J., and Agogino, A.(2006). Intelligent Office Lighting: Demand-Responsive Conditioning and Increased User Satisfaction. Journal of Illuminating Engineering Society: Leukos, 2(3), 185-198.

[43] Hedge, A., Erickson, W., & Rubin, G.(1992). Effects of Personal and Occupational Factors on Sick Building Syndrome Reports in Air Conditioning Offices. In J. C. Quirk, L. R. Murphy, & J. J. Hurrell(eds.), Stress and Well-Being at Work. Washington, DC: American Psychological Association, pp. 286-298.

[44] Heschong Mahone Group(HMG).(August 1999) Skylighting and Retail Sales, and Daylighting in Schools. For Pacific Gas & Electric.

[45] Heschong Mahone Group(HMG).(2001). Re-Analysis Report: Daylighting in Schools, Additional Analysis—CEC PIER. For the California Energy Commission's Public Interest Energy Research(PIER)program. CIE Technical Report 177:2007, Color Rendering of White LED Light Sources.

[46] Heschong Mahone Group(HMG).(2003a). Daylight and Retail Sales. For the California Energy Commission's Public Interest Energy Research(PIER)program.

[47] Heschong Mahone Group(HMG).(2003b). Windows and Classrooms: A Study of Student Performance and the Indoor Environment—CEC PIER 2003. For the California Energy Commission's Public Interest Energy Research(PIER)Program.

[48] Heschong Mahone Group(HMG).(2003c). Windows and Offices: A Study of Office Worker Performance and the Indoor Environment—CEC PIER 2003. For the California Energy Commission's Public Interest Energy Research(PIER)program.

[49] Hughes, P. C., & McNelis, J. F.(1978). Lighting, Productivity, and the Work Environment. Lighting Design and Application, 8(12), 32-38.

[50] Hygge, S.(1991). The Interaction of Noise and Mild Heat on Cognitive Performance and Serial Reaction Time. Environment International, 17, 229-234.

[51] Illuminating Engineering Society(IES).(2011). Illuminating Engineering Society: Lighting Handbook(10th ed.). New York: Illuminating Engineering Society.

[52] Illuminating Engineering Society of North America(IESNA).(2000). IESNA Lighting Handbook(9th ed.). New York: Illuminating Engineering Society of North America.

[53] Intelligent Office Lighting: Demand-Responsive Conditioning and Increased User Satisfaction. Journal of Illuminating Engineering Society: Leukos, 2(3), 185-198.

[54] International Association of Lighting Designers(IALD).(2009). Guidelines for Specification Integrity. Chicago: International Association of Lighting Designers.

[55] International Energy Agency(IEA).(2014). 2014 World Energy Outlook, accessed July 22, 2015, http://www.worldenergyoutlook.org/resources /energydevelopment/.

[56] Isen, A. M., Daubman, K. A., & Nowicki, G. P.(1987). Positive Affect Facilitates Creative Problem Solving. Journal of Personality and Social Psychology, 52(6), 1122-1131.

[57] Izsó, L., Laufer, L., & Suplicz, S.(2009). Dynamic Lighting May Impact Task Performance in Older Adults. Lighting Research & Technology, 41, 361-370.

[58] Jaén, M., Sandoval, J., & Colombo, E.(2005). Office Workers Visual Performance and Temporal Modulation of Fluorescent Lighting. LEUKOS. Journal of the Illuminating Society of North America 1(4), 27-46.

[59] Japuntich, D. A.(2001). Polarized Task Lighting to Reduce Reflective Glare in Open-Plan Office Cubicles, Applied Ergonomics, 32, 485-499.

[60] Jennings, J. F., Rubinstein, R., & DiBartolomeo,D. R.(2000). Comparisons of Control Options in Private Offices in an Advanced Lighting Controls Test Bed. Journal of the Illuminating Engineering Society, 29(2), 39-60.

[61] Knez, I., & Hygge, S.(2001). The Circumplex Structure of Affect: A Swedish Version. Scandinavian Journal of Psychology.

[62] Küller, R., Ballal, S., Laike, T., Mikellides, B.,& Tonello, G.(2006). Light and Color Affect Workers' Mood. Ergonomics, 49, 1496-1507.

[63] Küller, R., & Laike, T.(1998). The Impact of Flicker from Fluorescent Lighting on WellBeing, Productivity, and Physiological Arousal. Ergonomics, 41, 433-447.

[64] Lam, R. W., & Tam, E. M.(2009). A Clinician's Guide to Using Light Therapy. Cambridge, UK: Cambridge University Press.

[65] Lane, M.(1996). School Classrooms, accessed September 24, 2012, http://www. lightingdesignlab .com, 1-2.

[66] Lawrence Berkeley National Laboratory(LBNL)(2011). A Meta-Analysis of Energy

Savings From Lighting Controls in Commercial Buildings. Berkeley, CA: Lawrence Berkeley National Laboratory.

[67] Leslie, R. P., Raghaven, R., Howlette, O., & Eaton, C.(2004). The Potential of Simplified Concepts for Daylight Harvesting. Lighting Research and Technology, 37(1), 1477-1535.

[68] Li, D.H.W., & Lam, J. C.(2003). An Investigation of Daylighting Performance and Energy Saving in a Daylit Corridor. Energy and Buildings, 35(4), 365-373.

[69] Li, D.H.W., Lam, T.N.T., & Wong, S. L.(2006). Lighting and Energy Performance for an Office Using High Frequency Dimming Control. Energy, Conversion & Management, 47, 1133-1145.

[70] Light Right Consortium.(2004). Albany Lab Study, accessed June 17, 2016, https://fortress.wa.gov/ga/ apps/SBCC/File.ashx?cid=2202.

[71] Littlefair, P. J.(1996). Internal Report. Garston, UK: Building Research Establishment.

[72] Lockely, S.(2002). Light and Human Circadian Regulation: Night Work, Day Work, and Jet Lag. Paper presented at the Fifth International LRO Lighting Research Symposium, Orlando, FL.

[73] Maniccia, D., Von Neida, B., & Tweed, A.(2000). Analysis of the Energy and Cost Savings Potential of Occupancy Sensors for Commercial Lighting Systems. Proceedings of the 2000 Annual Conference of the Illuminating Engineering Society of North America.

[74] Martin, L. E., Marler, M., Shochat, T., & AncoliIsrael, S.(2000). Circadian Rhythms of Agitation in Institutionalized Patients with Alzheimer's Disease. Chronobiology International, 17(3), 405-418.

[75] Miller, N.(2002). Lighting for Seniors: Obstacles in Applying the Research. Paper presented at the Fifth International LRO Lighting Research Symposium, Orlando, FL.

[76] Mishimia, K., Okawa, M., Hiskikawa, Y., Hozumi, S., Hori, H., & Takashi,(1994). Morning Bright Therapy for Sleep and Behavior Disorders in Elderly Patients with Dementia. Acta Psychiatry Scandinavia, 89, 1-7.

[77] Mistrick, R., & Sarkar, A.(2005). A Study of Daylight-Responsive Photosensor Control in Five Daylighted Classrooms. LEUKOS. Journal of the Illuminating Society of North America, 1(3), 51-74.

[78] Moore C. T., Carter, D. J., & Slater, A. I.(2003). Long-Term Patterns of Use of Occupant Controlled Office Lighting. Lighting Research and Technology, 35(1), 43-59.

[79] Moore, T., Carter, D. J., & Slater, A.(2004). A Study of Opinion in Offices with and without User Controlled Lighting. Lighting Research Journal, 36(2), 131-146.

[80] National Eye Institute.(2012). Prevalence of Vision Impairments in the U.S., accessed November 26, 2012, http://www.nei.nih.gov/CanWeSee/.

[81] National Lighting Bureau.(1988). Office Lighting and Productivity. Washington, DC: National Lighting Bureau.

[82] National Mental Health Association.(2003). Seasonal Affective Disorders, accessed on

May 8，2003，http://www.nmha.org.

[83] Nelson，T. M.，Nilsson，T. H.，& Johnson，M.(1984). Interaction of Temperature，Illuminance and Apparent Time of Sedentary Work Fatigue. Ergonomics，27，89-101.

[84] Noelle-Waggoner，E.(2002). Let There Be Light，or Face the Consequences: A National Concern for Our Aging Population. Paper presented at the Fifth International LRO Lighting Research Symposium，Orlando，FL.

[85] Pacific Gas & Electric Company.(2000). Lighting Controls: Codes and Standards Enhancement(CASE)Study. San Francisco，CA: Pacific Gas & Electric Company.

[86] Park，N.，& Farr，C. A.(2007). The Effects of Lighting on Consumers' Emotions and Behavioral Intentions in a Retail Environment: A Cross-Cultural Comparison. Journal of Interior Design，33(1).

[87] Partonen，T.，& Pandi-Perumal，S.R.(2010). Seasonal Affective Disorder: Practice and Research. Oxford，UK: Oxford University Press.

[88] Phelps，D. L.，& Watts，J. L.(1997). Early Light Reduction for Preventing Retinopathy of Prematurity in Very Low Birth Weight in Infants. Cochrane Library Issue 2.

[89] Plympton，P.，Conway，S.，& Epstein，K.(2000). Daylighting in Schools: Improving Student Performance and Health at a Price Schools Can Afford. ASES Solar 2000 Passive Conference，Madison，WI，487-492.

[90] Quinn，G. C.，Shin，M.，Maguire，M.，& Stone，R.(1999，May). Myopia and Ambient Lighting at Night，Nature，113.

[91] Ravetto，A.(1994). Daylighting Schools in North Carolina，Solar Today，8(2)，22-24.

[92] Rea，M. S.(1998). The Quest for the Ideal Office Controls System. LRC Lighting Futures，3(3).

[93] Rea，M. S.(2002). Light—Much More Than Vision.(Keynote). Light and Human Health: EPRI/LRO5 International Lighting Research Symposium. Palo Alto，CA: The Lighting Research Office of the Electric Power Research Institute，1-15.

[94] Rea，M. S.，Bullough，J. D.，& Figueiro，M. G.(2002). Phototransduction for Human Melatonin Suppression. Journal of Pineal Research，32，209-213.

[95] Rea，M. S.，Figueiro，M. G.，& Bullough，J. D.(2002). Circadian Photobiology: An Emerging Framework for Lighting Practice and Research. Lighting Research and Technology，34(3)，177-190.

[96] Rea，M. S.，Rea，J. D.，& Bullough，J. D.(2006). Circadian Effectiveness on Two Polychromatic Lights in Suppressing Human Nocturnal Melaton. Neuroscience Letters，4(6)，293-297.

[97] Rea，M. S.，Bierman，A.，Figueiro，M. G.，& Bullough，J. D.(2008). A New Approach to Understanding the Impact of Circadian Disruption on Human Health. Journal of Circadian Rhythms，6(7)，accessed June 8，2016，http://www.jcircadian rhythms.com/articles/10.1186/1740-3391-6-7/.

[98] Reynolds，J. D.，Hardy，R. J.，Kennedy，K. A.，Spencer，R.，van Heuven，W. A. J.，& Fielder，Ar. R.(1998). Lack of Efficacy of Light Reduction in Preventing Retinopathy of

Prematurity. The New England Journal of Medicine，338(22)，1572-1576.

[99] Roisin, B., Bodart, M., Deneyer, A.& Herdt, P. D.(2008). Lighting Energy Savings in Offices Using Different Control Systems and Their Real Consumption. Energy and Buildings, 40, 514-523.

[100] Rundquist, R. A.，McDougall，T. G.，& Benya，J.(1996). Lighting Controls: Patterns for Design. Prepared by R. A. Rundquist Associates for the Electric Power Research Institute and the Empire State Electrical Energy Research Corporation.

[101] Satlin，A.，Volicer，L.，Ross，V.，Herz，L.，& Campbell，S.(1992). Bright Light Treatment of Behavioral and Sleep Disturbances in Patients with Alzheimer's Disease. American Journal of Psychiatry，149(8)，1028-1032.

[102] Sherrod, D., & Cohen, S.(1979). Density, Personal Control, and Design. In J. Aiello & A. Baum(eds.)，Residential Crowding and Design. New York: Plenum，pp. 217-228.

[103] Simonson，E.，& Brozek，J.(1948). Effects of Illumination Level on Visual Performance and Fatigue. Journal of the Optical Society of America，38，384-397.

[104] Stevens，R.(2002). Epidemiological Evidence Indicating Light Exposure is Linked to Human Cancer Development. Paper presented at the Fifth International LRO Lighting Research Symposium，Orlando，FL.

[105] Thayer，B.(1995). A Daylight School in North Carolina. Solar Today，9(6)，36-39.

[106] U.S. Census Bureau.(2014). An Aging Nation: The Older Population in the United States，accessed September 30，2015，https://www.census.gov /prod/2014pubs/p25-1140.pdf.

[107] U.S. Department of Energy(U.S. DOE).(2014). How Energy-Efficient Light Bulbs Compare to Traditional Incandescents，accessed August 29，2015，http://energy.gov/energysaver/articles /how-energy-efficient-light-bulbs-compare-traditional-incandescents.

[108] U.S. Department of Energy(U.S. DOE).(2015a). A Comprehensive Program，accessed August 29，2015，http://www.energy.gov/eere/ssl/ solid-state-lighting.

[109] U.S. Department of Energy(U.S. DOE).(2015b). Adoption of Light-Emitting Diodes in Common Lighting Applications. Washington，DC: U.S. Department of Energy.

[110] U.S. Department of Energy(U.S. DOE).(2015c). Transforming the Lighting Landscape，accessed September 7，2105，http://www.lightingprize.org /index.stm.

[111] U.S. Department of Justice.(2010). Americans With Disabilities Act，accessed April 7，2013，at http:// www.ada.gov.

[112] U.S. Energy Information Administration.(2014). International Energy Outlook 2014，accessed June 13，2016，http://www.eia.gov/forecasts/ieo /more_overview.cfm.

[113] U.S. Energy Information Administration.(2008). Emissions of Greenhouse Gases in the United States 2008，accessed July 21，2010，ftp://ftp.eia .doe.gov/pub/oiaf/1605/cdrom/pdf/ggrpt/057308 .pdf.

[114] U.S. Environmental Protection Agency(EPA).(2015). Research Conservation and Recovery Act，accessed September 11，2015，http://www.epa.gov/agricul ture/lrca.html.

[115] U.S. Green Building Council(USGBC).(2013). LEED Reference Guide for Interior Design and Construction. Washington, DC: U.S. Green Building Council.

[116] U.S. Green Building Council(USGBC).(2015). LEED, accessed September 8, 2015, http://www .usgbc.org/leed.

[117] Veitch, J. A.(1997). Revisiting the Performance and Mood Effects of Information about Light and Fluorescent Lamp Type. Journal of Environmental Psychology, 17(1), 253-262.

[118] Veitch, J. A., & McColl, S.(1995). On the Modulation of Fluorescent Light: Flicker Rate and Spectral Distribution Effects on Visual Performance and Visual Comfort. Light Research and Technology, 27, 243-256.

[119] Veitch, J. A., & McColl, S.(2001). Evaluation of FullSpectrum Fluorescent Lighting. Ergonomics, 44(3), 255-279.

[120] Veitch, J. A., & Newsham, G.(1998). Lighting Quality and Energy-Efficiency Effects on Task Performance, Mood, Health, Satisfaction, and Comfort. Journal of the Illuminating Engineering Society, 27(1), 107.

[121] Veitch, J. A., & Newsham, G. R.(1999, June). Preferred Luminous Conditions in Open-Plan Offices: Implication for Lighting Quality Recommendations. Proceedings of the Commission Internationale de l'Eclairage(CIE)24th Session, Vol. 1, Part 2. Warsaw, Poland, Vienna, Austria: CIE Central Bureau, pp. 4-6.

[122] Veitch, J. A., Gifford, R., & Hine, D. W.(1991). Demand Characteristics and Full Spectrum Lighting Effects on Performance and Mood. Journal of Environmental Psychology, 11, 87-95.

[123] Wah Tong To, D., King Sing, L., & Chung, T.(2002). Potential Energy Saving for a Side-Lit Room Using Daylight-Linked Fluorescent Lamp Installation. Lighting Research and Technology, 34(1), 121-133.

[124] Wapner, S., & Demick, J.(2002). The increasing contexts of context in the study of environment behavior relations. In R. Bechtel and A. Churchman(eds.), Handbook of Environmental Psychology. New York: Wiley.

[125] Ward, L. G., & Shakespeare, R. A.(1998). Rendering with Radiance: The Art and Science of Lighting Visualization. San Francisco: Morgan Kaufmann.

[126] Watson, L.(1977). Lighting Design Handbook. New York: McGraw-Hill.

[127] Weston, H. C.(1962). Sight, Light, and Work(2nd ed.). London: Lewis.

[128] Wilkins, A. J., Nimmo-Smith, I., Slater, A., & Bedocs, L.(1989). Fluorescent Lighting, Headaches and Eyestrain, Lighting, Research, and Technology, 21, 11-18.

[129] Wu, W., & Ng, E.(2003). A Review of the Development of Daylighting in Schools. Lighting Research and Technology, 35(2), 111-125.

附录 IV

与优质照明相关的 LEED 认证评分点

LEED 评分项目	得分要求
整合过程（IP）	通过对系统间的相互关系进行早期分析以实现高性能、高经济效益的项目成果
选址与交通（LT）	鼓励紧凑开发、替代交通方式，以及链接便利设施（如餐厅与公园）
能源与大气（EA）先决条件 基本调试和校验	使项目的设计、施工和最后运营满足业主对能源、水、室内环境质量和耐久性的要求
能源与大气（EA） 先决条件最低能源性能	通过实现建筑及其各系统的最低能耗等级以减少因过度使用能源而带来的环境和经济危害
能源与大气（EA）得分点 增强调试	进一步使项目的设计、施工和最后运营满足业主对能源、水、室内环境质量和耐久性的要求
能源与大气（EA） 得分点能源效率优化	实现比先决条件要求更高的节能等级，以减少因能源过量使用所引发的环境和经济危害
能源与大气（EA） 得分点高阶能源计量	通过跟踪建筑级及系统级的能耗来进行能源管理并发现和设定更多节能机会
能源与大气（EA）得分点 可再生能源生产	增加可再生能源的自给，减少与化石燃料能源相关的环境和经济危害
能源与大气（EA）得分点 绿色电力和碳补偿	鼓励通过使用电网可再生能源技术和碳减排项目来减少温室气体排放
材料和资源（MR）先决条件 营建和拆建废弃物管理计划	回收、再利用材料，减少在填埋场和焚化设施中处置的营建和拆建废弃物
材料和资源（MR）得分点 长期承诺	鼓励采用能够节约资源和减少租户搬迁所带来的材料建造和运输对环境危害的策略
材料和资源（MR）得分点 降低室内寿命周期中的影响	鼓励适应性再利用；优化产品和材料在环境方面的性能
材料和资源（MR）得分点 建筑产品的分析公示和优化——产品环境要素声明	鼓励使用提供了寿命周期信息且在寿命周期内对环境、经济和社会具有正面影响的产品和材料。奖励选购被证明能改善寿命周期环境影响的产品的项目团队

续表

材料和资源（MR）得分点 **建筑产品的分析公示和优化——原材料的来源和采购**	鼓励使用提供了寿命周期信息且在寿命周期内对环境、经济和社会具有正面影响的产品和材料。奖励选用被证明以负责的方式开采或采购产品的项目团队
材料和资源（MR）得分点 **建筑产品的分析公示和优化——材料成分**	鼓励使用提供了寿命周期信息且在寿命周期内对环境、经济和社会具有正面影响的产品和材料。对选用以可接受的方法列出其化学成分的产品，以及选用经验证明可最大程度减少有害物质使用和生产的产品作出奖励。奖励那些所生产产品被证明在寿命周期内改善了对环境的影响的原材料制造商
材料和资源（MR）得分点 **营建和拆建废弃物管理**	回收、再利用材料，减少在填埋场和焚化设施中处置的营建和拆建废弃物
室内环境质量（IEQ）得分点 **低逸散材料涂料**	减少会影响空气质量、人体健康、生产效率和环境的化学污染物的浓度
室内环境质量（IEQ）得分点 **热舒适**	提供优质的热舒适，改善住户的生产效率、舒适度和健康
室内环境质量（IEQ）得分点 **室内照明**	提供高质量照明，改善住户的生产效率、舒适度和健康
室内环境质量（IEQ）得分点 **自然光**	将建筑住户与室外相关联，加强昼夜节律，并通过将自然光引入空间来减少电力照明的使用
室内环境质量（IEQ）得分点 **优质视野**	通过提供优质视野，让建筑住户与室外自然环境相关联
室内环境质量（IEQ）得分点 **声环境性能**	通过有效的声学效果设计，提供改善用户健康、生产效率和沟通的工作空间和教室
创新（IN）得分点 **创新**	鼓励项目实现优质性能或创新性能
创新（IN）得分点 **LEED 认证专家**	鼓励 LEED 项目要求的团队整合，以及简化应用和认证过程
地域优先（RP）得分点	为解决特定地域环境、社会公平和公众健康等重点问题的得分点提供激励措施

* 来源：美国绿色建筑委员会（USGBC）. LEED 室内设计与施工参考指南 [m]. 华盛顿特区：美国绿色建筑委员会，2013。

词汇表

A

重点照明（accent lighting）
用于强调空间里的物体或区域的照明。

调节（accommodation）
人眼的对焦功能，使人可以看到位于不同距离的物体。

适应（adaptation）
人眼的对焦功能，通过调节瞳孔适应不同的亮度。

周围照明（ambient lighting）
空间内的整体照明，包括使人可以安全穿过空间的照明和确立室内基调或个性的照明。

入射角（angle of incidence）
从光源射出的光线打在物体或表面上反射前所呈的角度。

人体测量数据（anthropometric data）
人体的详细测量数据，可以用于决定灯具、控制器和电源插座的位置。

孔口（aperture）
在墙面或顶棚开洞，比如窗或天窗。

建筑调光（architectural dimming）
可以使照明输出降低百分之一到百分之二的连续控制系统。

气密级灯具（air-tight-rated fixture，AT-rated fixture）
灯具已被评为能够减少通过顶棚和顶楼的热（冷）损失。

B

背光照明（backlighting）
在物体正后方的照明。也被称为剪影（silhouetting）。

挡板（baffle）
灯具中用于遮蔽光照的线形、圆形或槽形部分。

镇流器（ballast）
与放电灯一起使用的控制装置，可用于启动放电灯，并控制其运行时的电流。

BIN 分（bin）
根据颜色属性分类 LED 的方法。

亮度（brightness）
光源在高照度水平产生的效果，会产生积极的或是干扰的效果。

建筑面积法（Building Area Method）
用于确定整个建筑的室内照明功率允许量（ILPA）的方法，计算方法是由总照明面积乘以标准照明功率密度（LPD）表格中的允许量。

C

加州能效认证规范（California Title 24）
美国加利福尼亚州能源效率标准，包含对住宅和非住宅建筑的照明要求。

新烛光（candela，cd）
国际单位制（SI）中度量光度的单位。一新烛光代表光从光源发出，以球面度为立体角照射的光度。

烛光功率（candlepower）
指光源密度，度量单位为新烛光。

光度配光曲线（candlepower distribution curve）
表示灯具发射出光照的方向、模式和强度的曲线。

白内障（cataract）
晶状体呈云雾状，多见于老年人。

中央（网络）控制系统（centralized / etworked control system）
使用微处理器来监控、调整和规范建筑中多个区域或空间的照明的电子系统，通常与其他系统集成。

专家研讨会（charrette）
与项目相关的专业人员及其他人员一同参与的头脑风暴形式。扁平化过程就是结合了头脑风暴和即时反馈的跨领域和协同合作的活动。

色度（chromaticity）

光源的冷暖程度，度量单位为绝对温度（K），也被称为“色温”。

昼夜节律（circadian rhythm）

通过荷尔蒙和新陈代谢调节睡眠和清醒时间的生物功能。

闭环控制器（closed-loop control）

通过空间值决定控制器电气光源或使电气光源模糊以维持目标物上的目标光照水平的装置。

照明率（coefficient of utilization，CU）

初始灯源流明与工作面上流明之比。

颜色恒常性（color constancy）

物体呈现出可以不受光源或光照水平的影响，维持其颜色不变的现象。

混色系统、三基色（红、绿、蓝）系统（color-mixed system，RGB system）

创造出 LED 中显示为“白色”光的科技，通常是通过混合三种单色 LED（红色、绿色和蓝色）实现；琥珀色（amber）有时也被加入，以增强颜色。

演色性指数（color rendering index，CRI）

衡量光源呈现物体颜色的真实性。指数范围为 0 至 100。CRI 数值越大，光源的演色性越好。

色温（color temperature）

光源的冷暖程度，度量单位为绝对温度（K），也被称为“色度”。

可调色照明（color-tunable lighting）

可以自定义彩色 LED，以达到理想色调的照明系统。

调试（commissioning）

旨在确保能源建筑系统依照规范运行的复杂过程。

紧凑型荧光灯（compact fluorescent lamp，CFL）

由一个或多个小型折叠荧光灯管和螺口灯座组成的灯。独立或内置的镇流器也是该系统的组成部分。

工程图纸（construction drawing，working drawing）

照明系统的图示，是规格参数的补充说明。

控制器（control）

调节光源的装置，可以开关灯和（或）改变光照水平。

檐板照明（cornice lighting）

装在窗户之上的照明技术，光向下照。

相关色温（correlated color emperature，CCT）

由色圈图（由国际照明委员会开发）上的 x 和 y 坐标位置决定的色温，单位是绝对温度（K）。

凹槽照明（cove lighting）

安装在墙面上的照明技术，将光向上照向顶棚。

交叉照明（cross-lighting）

从左右两个方向照向目标物的光照。

D

自然光（daylight）

空间中理想的自然光照。

采光（daylight harvesting）

采集自然光以用于照明一部分室内空间。

采光（daylighting）

最大化地将适宜地太阳光带入室内空间，同时避免阳光直射的不良效果。

装饰照明（decorative lighting）

提供照明且同时有艺术性的灯具。

糖尿病性视网膜病变（diabetic retinopathy）

因糖尿病的血糖过高引起的视网膜血管的损坏。

漫射型灯具（diffused luminaire）

将光指向所有方向的灯具。

漫射反射（diffused reflectance）

亚光饰面导致光照被分散至不同方向的现象。

漫射器（diffuser）

灯具上的覆盖物，将光照分散向许多方向，由白色塑料或毛面玻璃做成。

数字式可寻址灯光接口（digital addressable lighting interface，DALI）

使用低压电线的通信方式，允许信息分配至照明系统和灯具并发回报告。

调光器（dimmer）

通过降低光源能耗来降低光输出的电气设备。

直接眩光（direct glare）

干扰性高照度水平，通常由观看裸露的光源或极大的光照水平反差造成。

直接型灯具（direct luminaire）

将至少 90% 的光指向下方的灯具。

减能眩光（disability glare）
干扰性高照度水平，无法或很难看见物体或人。

不舒服眩光（discomfort glare）
干扰性高照度水平，令人感觉不舒服，但仍可以看见物体或人。

驱动器（driver）
用于控制直流 LED 的变压器。

E

效能（efficacy）
基于光源消耗每单位瓦特所需的流明作出的评定，反映光源的能效。

电力平面图（electrical plan）
指定电力单元及其在空间内位置的工程图纸。

放电灯（electric-discharge lamp）
无灯丝的，在低压或高压下，电流经由蒸气或气体流通的电灯。

椭球反射灯（ellipsoidal reflector lamp，ER lamp）
发出窄光束的光源。

末端发光光纤照明系统（end-emitting fiber optic lighting system）
光照在圆柱形光纤的末端可见。

循证设计（evidence-based design，EBD）
建成环境解决方案来自研究和（或）专业实践的设计。

眼睛的视野（eye's field of vision）
眼睛可见的中央及周边区域。

F

饰带（fascia）
将光源遮入单元的平板或嵌板，比如飞檐和窗沿帷幔。

光纤照明（fiber optic lighting）
使用远程照明源的电气光源。光通过光纤传输。

焰形灯（flame-shaped lamp）
火焰形状的小型灯饰，使用透明或磨砂玻璃材质的灯泡。

泛光（flood，FL）
宽的光束扩展。

荧光灯（fluorescent lamp）
通过电极、荧光粉、低压水银和其他照明气体发光的放电灯。

焦点照明（focal lighting）
用于强调空间里的物体或区域的照明。

英尺烛光（foot-candle，fc）
用于测量每英尺距离内光束照射在表面上的照度单位。

组合家具式灯具（furniture-integrated luminaire）
装在橱柜里或隐藏的灯具。最常见组合灯具的家具包括办公系统、古董橱、断层书柜和书架。

G

整体照明（general lighting）
空间内的整体照明，包括使人可以安全穿过空间的照明和确立室内基调或个性的照明。

眩光（glare）
干扰性高照度水平的光，会造成不舒适或导致残疾。

青光眼（glaucoma）
眼内压升高导致的疾病。

掠射（grazing）
将光源靠近表面或物体，以突出有趣的质地和质感、产生显著的阴影效果的照明技术。

H

卤素红外灯（halogen-infrared lamp）
光源玻璃上带有涂层，将红外线转化为可见光，并提高光视效能。

卤素再生循环（halogen regenerative cycle）
被蒸发掉的钨重新在卤素灯的灯丝上沉积下来的过程。

热沉（heat sink）
用于散逸 LED 中热量的单元。

HID 高（低）顶灯（HID high/low-bay）
曲线形的表面安装灯具，用以适配高光度放电气光源的形状。

高帽灯（high hat）
嵌入安装于顶棚凹槽内的灯具。

高光度放电灯（HID 灯，high-intensity discharge lamp）
放电灯带有由灯泡温度维持稳定的发光电弧，包括水银灯、金卤灯及高压钠气灯。

高压钠气灯（HPS 灯，high-pressure sodium lamp）
使用钠气照明的高光度放电管灯。

灯壳（housing）
灯具（包括聚光灯）中包含多种元素的一个单元。

I

IC 级灯具（IC-rated fixture，insulation-contact-rated fixture）
被评定为可接触绝缘的灯具。

照度（illuminance，*E*）
光落在表面上的总量，度量单位为勒克斯（lx）或英尺烛光（fc）。

照明器（illuminator）
含有用于光纤照明系统的光源的盒子。

白炽碳丝灯（incandescent carbon-filament lamp）
通过电流加热导电材料直至炽热的光源。

间接眩光（indirect glare）
由于光源在表面或物体上的反射所造成的干扰性高照度水平光。

间接光照（indirect light）
由表面或物体反射的照明。

间接照明灯具（indirect luminaire）
将至少 90% 的光指向顶棚的灯具。

间接自然光（indirect natural light）
由云朵、月亮、星星反射的照明。

初始流明（initial lumen）
灯具首次安装时的光照输出。

相互反射（interreflection）
光照在封闭空间或结构内来回反射的结果。

L

光源（lamp）
常被称作“灯泡”，指产生光谱辐射的光源。

灯源寿命（lamp life）
灯泡的使用寿命，度量单位为小时。

灯源流明衰减（lamp lumen depreciation，LLD）
由于灯泡设计导致的流明损耗程度。

分层照明（layered lighting）
包含自然光和多种电气光源的照明设计。

绿色建筑评估体系（Leadership in Energy and Environmental Design，LEED）
国际认可的绿色建筑评级系统，由美国绿色建筑委员会赞助。

LED 模块（LED array，LED module）
印制电路板上的集成 LED 组合或晶粒。

LED 灯源（LED lamp）
集成 LED 组合或 LED 模块。

LED 光引擎（LED light engine）
集成 LED 组合或 LED 模块，包括一个 LED 驱动器器及其他光、热、机械和电气单元（IES，2011）。

LED 灯具（LED luminaire）
一个灯壳内包含基于 LED 照明及其相应驱动器器和热沉的完整照明系统。

LED 组合（LED package）
集成的一个或多个 LED。

透镜（lens）
集中或控制光线照向不同方向的透明装置。

寿命周期评价（life-cycle assessment，LCA）
检测一个产品对环境产生的完整影响的过程，从原材料提取、材料加工，到制造、运输、使用、回收、废弃。

寿命周期成本效益分析（life-cycle cost-benefit analysis，LCCBA）
通过检查静态投资回报进行的照明经济性分析，

包括初始成本、年度耗电量、维护成本和资金的时间价值。

光照（light）
能量的一种形式，属于电磁波谱。

发光二极管（light-emitting diode，LED）
半导体装置，由嵌在塑料胶囊内的化学芯片组成。其光照被透镜聚焦或被漫射器分散。

光损耗系数（light loss factor，LLF）
由于光源类型、空间温度、时间、输入电压、镇流器、灯源位置、室内环境、燃料烧尽等造成的照度损失。

光输出（light output）
光源产生的光照的量，度量单位为流明。

光污染（light pollution）
电气光源造成的天空中过度照明。

照明功率密度（light power density，LPD）
计算某一空间和（或）某种建筑中，单位面积上的照明功率。

光架（light shelf）
置于室内或室外墙面高处的水平单元，用于将自然光反射进空间。

光侵入（light trespass）
光源由一处照向不希望被照的临近处。

照明设计师（lighting designer）
为住宅和商用室内设计、指定和监督自然光和电气光源照明具体实施方法的专业人员。

照明平面图（lighting plan）
指定照明单元及其在空间内位置的工程图纸。

照明细节图（lighting schedule）
列出并描述照明系统细节的工程图纸。

照明平面图、电力平面图（lighting/electrical plan）
指定照明和电力单元及其在空间内位置的工程图纸。

切负荷（load shedding）
减少空间内的电力使用。

局部照明（localized lighting）
可使可使用者将光源放在需要的位置并调整到合适的光照水平的技术。

百叶（louver）
灯具中用于遮蔽光照的格栅形的单元。

流明（lm）
光源的光输出度量单位。

流明衰减（lumen depreciation）
射出光照随时间逐渐降低。

光视效能（luminous efficacy）
表示定量照明所消耗电能的额定功率。

照明装置（luminaire）
照明系统，其中的元素包括光源、灯壳、镇流器、变压器、控制器、安装机制和电源连接。

灯具尘埃减能（luminaire dirt depreciation，LDD）
度量灯具在堆积灰尘后的照度降低程度。

灯具效能比（luminaire efficacy ratio，LER）
灯具发出的总光通量与其所输入的功率之比，单位是光视效能。

辉度（luminance，*L*）
光源客观亮度的度量。

光出射度（luminous exitance）
光在一个表面或材料上反射或发射向所有方向的总量。

光通量（luminous flux，*F*）
从一个光源发出的照明总量，度量单位是流明（lm）。

光度（luminous intensity，*I*）
光照从光源发出，以球面度为立体角照向特定方向的强度。

勒克斯（lux，lx）
国际单位制（SI）中的照度单位。

M

黄斑病变（macular degeneration）
视网膜黄斑部变性，导致中心视觉的丧失、眩光敏感度的增加，是常见的老年人视力受损的起因。

平均流明（mean lumens）
光源寿命周期中的平均光照输出。

水银灯（MV 灯，mercury vapor lamp）
通过水银蒸气产生的辐射发光产生照明的高强度放电灯。

金卤灯（MH 灯，metal halide lamp）
通过金属卤化物及金属蒸气（如水银蒸气）产生照明的高强度放电灯。

同色异谱（metamerism）
相同的颜色，在光源下，由于不同的光谱功率分布（SPD）而呈现的颜色有差异。

造型（modeling）
通过光照和阴影强调一个物件或表面的三维特征。

多级开关（multi-level switching，stepped switching）
通过控制一个灯具中每枚灯源的开关来节约能量的方法。

N

底点（nadir）
烛光功率分布的极坐标曲线的零点。

纳米科技（nanotechnology）
重点研究尺度小于 100 纳米的元素的科技。

自然光（natural light）
来自太阳和星星的照明。

O

感应传感器（occupancy sensor）
通过感应是否有人在房间来开关灯源的装置。

开环控制器（open-loop control）
通过自然光值决定开关电气光源或使电气光源模糊以维持目标物上的目标光照水平的装置。

光控制（optical control）
指用于将光指向特定方向的灯源或灯具。

有机发光二极管（organic light-emitting diode，OLED）
由极薄的碳基化合物层组成，使电极受到电荷刺激后发光的固态科技。

P

持久性生物累积性有毒污染物（persistent，bioaccumulative，toxic，PBT）
在生态系统中积累、在水土中无限留存的有毒物质。

抛物面镀铝反射灯（PAR 灯，parabolic aluminized reflector lamp）
带有背射器和耐热玻璃，可在户外使用的光源。

被动式红外传感器（PIR 传感器，passive infrared sensor）
通过辨识体温来探测人体的存在，要求空间内所有区域为无阻挡视界以保证正常运行。

荧光体转换（phosphor conversion，PC）
一项运用于 LED 中的技术，二极管之上或附近的荧光体将单色光（通常为蓝色光）变为“白色”光。

光生物学（photobiology）
检测光照与生物体之间相互作用的科学。

光度测量学（photometry）
测量光照的科学方法，包括视觉影响。

感光器（photosensor）
探测空间中光照的量，并将信号发送至电气光源开关的装置。

多氯联苯（polychlorinated biphenyls，PCB）
1978 年前生产的镇流器中的有毒物质。

聚合物发光二极管（polymer light-emitting diode，PLED）
使用化学物质作为半导体材料的 LED。

可移式灯具（portable luminaire）
无需支撑物的桌面或地面灯具。

使用状况评价（postoccupancy evaluation，POE）
在一项设计投入使用后的不同时间间隔内做数据收集的过程，用于判断设计的有效性。

远视眼、老花眼（presbyopia）
视力下降导致晶状体的形状改变，影响一个人对焦近处或远处物体的能力。

Q

优质照明（quality lighting）
指降低能量消耗、保护自然资源，且用户可以舒适使用、感到安全并欣赏环境之美的分层照明设计。

R

辐射测量学（radiometry）
测量电磁波形式的辐射能的科学方法。
嵌入式筒灯（recessed downlight）
嵌入安装于顶棚凹槽内的灯具，也被称为“高帽灯”。
嵌入式灯具（recessed luminaire）
安装在石膏夹心纸板顶棚或悬栅顶棚之上的灯具。
嵌入灯（recessed spot）
安装在顶棚或家具中的灯具，其光源将光指向一个集中区域。
反射率（reflectance）
由表面或材料反射的光占入射光的比例。
顶棚反向图（reflected ceiling plan，RCP）
展示顶棚设计的工程图纸，其中包括灯具、建筑元素，以及任何暖通空调（HVAC）设备的位置，就像是在地面上的镜子中能看到的画面。
反射器轮廓（reflector contour）
使灯具能够帮助光照进空间后形成最大化反射的一种设计特点。
反射灯（R 灯，reflector lamp）
带有反射器的光源，配光平滑。
《关于限制使用某些有害成分的指令》（Restriction of the use of certain Hazardous Substances，RoHS）
由欧盟立法制定的一项强制性标准，禁止和限定了电器设备中有害成分的使用。
再启动（restrike）
由于供电中断或电压降低导致光源重新启动。
室空间比（room-cavity ratio，RCR）
用于考虑空间特征，以及灯具与工作面之间的潜在距离的公式。

S

场景控制器（scene control）
照明系统中能够将空间调整和变化至适合不同活动和情绪的装置。
季节性情绪失调（seasonal affective disorder，SAD）
与个人日晒不足相关。
半直接型灯具（semi-direct luminaire）
大部分配光朝下、部分配光朝上的灯具。
半间接型灯具（semi-indirect luminaire）
大部分配光朝上、部分配光朝下的灯具。
半嵌入式灯具（semi-recessed luminaire）
灯具的灯壳有一部分在顶棚之上、一部分在顶棚之下。
半镜面反射（semi-specular reflectance）
由于材料部分光泽面导致光照主要向一个方向反射的现象。
灯罩（shade）
将裸灯遮蔽起来的不透明或半透明的装置。
侧边发光光纤照明系统（side-emitting fiber optic lighting system）
光照在圆柱形光纤的侧边可见。
侧部照明（sidelighting）
使光照从墙面射入建筑的室内采光设计。
同时反射（simultaneous contrast）
一种颜色由于周围颜色而看起来在变化的现象。
天光（skylight）
空间中理想的自然光照。
智能纺织品（smart textiles）
能够对刺激作出回应的纤维织物。
底部照明（soffit lighting）
接近或紧邻顶棚墙面内置元素，控制光向下照向目标物的照明技术。
太阳几何学（solar geometry）
地球围绕太阳运动。
固态照明（solid-state lighting，SSL）
采用半导体的照明类型，包括采用 LED 和 OLED。
逐空间法（Space-by-Space Method）

计算室内照明功率允许量（ILPA）的方法，通过计算每个房间的总照明功率允许量相加而得。

间距判据（spacing criterion，SC）

为光照水平要求一致的空间内指明灯具位置的度量衡。

规格参数（specifications）

照明系统的书面参数说明，是施工图纸的补充。

光谱功率分布（spectral power distribution，SPD）

说明灯源颜色特征与辐射功率相关性的曲线。

镜面反射（specular reflectance）

光滑材料导致光照反射向一个方向的现象。

聚光（spot，SP）

窄的光束扩展。

聚光投光灯（spotlight projector）

允许设计师选取非常精确的区域进行照明的设备。

球面度（steradian）

用于度量光源向特定方向发光的强度的立体角。

结构型灯具（structural luminaire）

建筑内部的照明元素。

日落综合征（sundowning）

阿尔茨海默病症状，与下午和傍晚时的行为问题相关（如焦虑和困惑）。

自然光（sunlight）

直接进入空间的太阳光。

表面安装式灯具（surface-mount luminaire）

安装在顶棚、墙面或地面上，或板架或橱柜下的灯具。

悬挂式灯具（suspended luminaire）

安装在顶棚，通过绳、链、杆或线延伸至房间内的灯具。

可持续设计（sustainable design）

建成环境注重采用的产品和程序为后代保护环境和节约能源。

开关（switch）

通过启动和停止电流来控制灯具的装置。电灯打开时电路闭合，电灯关闭时电路开放。

T

串联配线（tandem wiring）

通过电线控制两个或多个灯具灯源的镇流器。

任务照明（task lighting）

为空间内完成各项具体任务的照明。

任务调谐（task tuning）

调整光照水平以使得照明满足具体活动的需求。

计时器（timer）

通过在指定时间开关灯来控制照明系统的装置。

上部照明（toplighting）

使光照从屋顶射入建筑的室内采光设计。

毒性特征浸出程序（toxicity characteristic leaching procedure，TCLP）

美国环境保护局（EPA）推出的检测灯源汞含量的程序。通过 TCLP 测试的汞含量范围为 4 ~ 6 毫克，不含添加剂。

导轨式灯具（track luminaire）

多个灯头安装在继电器上的灯具。

变压器（transformer）

在照明系统中升降电压的电气设备。

传播（transmission）

光照通过材料。

暗灯（troffer）

安装在顶棚内的嵌入式灯具。

钨（tungsten）

一种导电材料，因其高熔点和低蒸发点而被用作灯丝来加热。

卤钨灯（tungsten-halogen lamp）

含卤白炽灯。

U

热导系数（*U* 值，*U*-factor）

表示材料允许热量通过的能力。热导系数越低，材料保温性能越好。

超声波传感器（ultrasonic sensor）

通过感应人物的移动、分析超声波形的变化来探测空间内的人物。

通用设计（universal design）

对于物理环境的考虑是尽最大可能满足所有使

用者的所有需求且不用变更的设计。

射灯（uplight）

控制光向上照射的灯具，通常是可移式灯具。

紫外线透射比（UV transmittance）

能够穿透玻璃的紫外线比例。

V

感应传感器（vacancy sensor）

通过感应是否有人在房间来开关灯源的装置。

窗帘箱式照明（valance lighting）

装于窗户上方，将光照向上方和下方。

光幕反射（veiling reflection）

由于表面的反射影像而造成视觉对象的对比降低。

可见光透射比（visible transmittance，VT/T_{vis}）

能够穿透玻璃的光照比例。可见光透过率越高，进入空间的光照就越多。

视觉锐度（visual acuity ）

可辨识目标物清晰度的视觉能力。

视觉显示终端（visual display terminal，VDT）

计算机显示器。

伏特（volt，V）

电压单位，用于测量使得电流通过电路时所用的电性“刺激”量。

W

壁灯照明（wall bracket lighting）

安装在墙面上的照明部件，光照向上方和下方。

洗墙灯灯具（wall washer luminaire）

在某一特定区域实现统一配光的灯具。

暗线盒（wallbox）

安装在墙壁上的单元，内有开关。

墙槽（wallslot）

安装在顶棚内的结构照明系统，可将配光指向垂直面。

瓦特（watt，W）

功率单位，度量方法是用电路的做功能力（如产生光和余热）除以用去的电量。

环绕式透镜灯具（wraparound lens luminaire）

通过边缘及底部发出大部分光照的照明部件。

Z

净零能源，零能耗能源（zero-net-energy）

指建筑物通过使用节能技术和现场可再生能源发电系统，在消耗能量的过程中也产生同等的能量。

分区空间计算（zonal cavity calculation）

照明设计程序，用于预算灯泡或灯具数量和类型，房间的特点、作业面平均亮度之间的关系。以直接光通量和反射光通量进行计算。